Contacts & OVNI

L'enquête : les experts témoignent

Des mêmes auteurs

Mathias Lebœuf

Tout ce que je sais c'est que je ne sais rien, Éditions Tallandier, 2009.

Plages Philo ... à l'usage de tous, Éditions Tallandier, 2012.

Petit Traité de la lenteur, Guy Trédaniel Éditeur, 2024.

François Deymier

Ainsi parlait ChatGPT, Diateino Eds, 2024.

92, avenue de France, 75013 Paris
www.telemaque.com
ISBN 978-2-7533-0501-4

François DEYMIER
et
Mathias LEBŒUF

Contacts & OVNI

L’enquête : les experts témoignent

éditions
TÉLÉMAQUE

À Jacques, mon père, lecteur de *Planète*.

ML

I.

UNE ACTUALITÉ SIDÉRANTE
Secrets, mensonges et vidéos

Serions-nous proches d'une révélation ?

Le 13 novembre 2024, Luis Elizondo, ancien responsable du programme Advanced Aerospace Threat Identification Program (AATIP) du Pentagone, a, une nouvelle fois, confirmé ses positions lors d'une audition à la Chambre des Représentants des États-Unis. Sous serment, il a affirmé :

« Soyons clairs : les OVNI existent bel et bien. Des technologies avancées, qui ne sont pas produites par notre gouvernement ou un autre, surveillent des installations militaires sensibles à travers le monde. De plus, les États-Unis, tout comme certains de nos adversaires, possèdent des technologies dédiées aux OVNI. »

Ces déclarations sous serment donnent un poids particulier à ses affirmations. Aux États-Unis, mentir sous serment est un crime extrêmement grave, passible de peines de prison significatives. Cette pratique, encadrée par la loi, vise à garantir la véracité des témoignages, notamment dans les contextes politique et judiciaire. Ainsi, en jurant sur l'honneur, Elizondo engage sa responsabilité légale et morale, rendant ses propos encore plus difficiles à écarter comme de simples spéculations.

Selon lui, ces technologies non humaines seraient au cœur d'une course à l'armement secrète, financée par l'argent des contribuables, sans le consentement des représentants élus ou des organismes de surveillance. Ces propos, aussi spectaculaires que préoccupants, renforcent l'idée que certains gouvernements pourraient cacher au public des informations cruciales.

Elizondo, connu pour ses déclarations fracassantes, a également publié en août dernier un best-seller, *Imminent. Au cœur de la chasse aux OVNI menée par le Pentagone.* Ce livre, largement médiatisé, détaille ses expériences au sein du Pentagone et ses conclusions sur la réalité du phénomène OVNI.

La publication récente d'un rapport du Pentagone a ajouté du mystère au dossier. Le rapport couvre les incidents signalés entre le 1er mai 2023 et le 1er juin 2024, et inclut certains cas antérieurs qui n'avaient pas encore été documentés. L'All-domain Anomaly Resolution Office (AARO), en charge des investigations, rapporte avoir reçu 757 signalements. Parmi eux, 485 concernent la période la plus récente, tandis que 272 remontent à 2021-2022. Vingt et un incidents nécessitent des analyses plus approfondies en raison de caractéristiques ou de comportements inexpliqués. Ces phénomènes incluent des objets présentant des capacités de vol ou de manœuvre qui défient les lois connues de l'aérodynamique.

Ce rapport, qui met l'accent sur la rigueur scientifique et la transparence, vise à évaluer si ces phénomènes représentent une menace pour la sécurité nationale. Cependant, cette démarche soulève également une autre question : pourquoi ce soudain besoin de transparence, après des décennies de secret et de déni officiel ?

Au même moment, la Marine américaine (US Navy) a refusé de divulguer des photos ou vidéos d'objets volants non identifiés (UAP – Unidentified Aerial Phenomena), invoquant des préoccupations de sécurité nationale. Cette décision intervient alors que des discussions intenses ont lieu au Congrès américain sur la transparence gouvernementale concernant les UAP. Mais ce n'est pas tout, l'US Navy aurait même fait disparaître certains documents, selon le témoignage de Tim Gallaudet devant le Congrès, concernant un incident survenu en janvier 2015. À cette époque, alors qu'il dirigeait le Naval Meteorology and Oceanography Command, Gallaudet a reçu un courriel urgent de l'officier des opérations du Fleet Forces Command. Ce message contenait une vidéo déclassifiée montrant un objet volant non identifié (UAP) présentant des caractéristiques de vol et une structure inconnues dans la flotte américaine. L'e-mail, adressé à tous les commandants subordonnés, portait le sujet « Problème urgent de sécurité de vol » et mentionnait des quasi-collisions avec cet objet, menaçant la poursuite de l'exercice naval en cours au large de la côte Est des États-Unis, impliquant le groupe aéronaval du *USS Theodore Roosevelt*.

Malgré la gravité de la situation, l'exercice n'a pas été annulé, et le courriel a été supprimé du serveur de Gallaudet le lendemain. Lors des réunions suivantes concernant le groupe aéronaval, l'incident n'a pas été évoqué. Gallaudet affirme que les agences de renseignement dissimulent des informations sur les UAP au Congrès et aux hauts responsables militaires, ce qui compromet la sécurité des opérations militaires et du public. Il a appelé le Congrès à exiger des agences clés, telles que le All-domain Anomaly Resolution Office du Département de la Défense, qu'elles rendent des comptes sur la divulgation des renseignements relatifs aux UAP susceptibles d'affecter la sécurité nationale.

Déjà, en 2017, le *New York Times*, très sérieuse institution journalistique américaine, révèle dans un article retentissant qu'un programme secret du Pentagone est dédié à l'étude des PAN (Phénomènes Aérospatiaux Non identifiés). L'Advanced Aerospace Threat Identification Program (AATIP) – ou Programme d'identification de menaces aérospatiales avancées – est « outé » pour des raisons bien précises, par des acteurs de premiers plans du renseignement et du contre-espionnage (voir 2e partie). Cette révélation produit une onde de choc considérable, relançant l'attrait pour le sujet OVNI et les spéculations autour de l'existence d'une intelligence extraterrestre. Les médias US s'emballent. Les émissions se multiplient, des vidéos de l'US Navy surgissent montant la stupéfaction et le désarroi de pilotes de la Navy face à des phénomènes incompréhensibles : des « choses » sont enregistrées par les militaires qui défient toute compréhension, tant en termes de trajectoire que de vitesse.

Quelques semaines auparavant, en octobre 2017, le directeur du département d'astronomie d'Harvard défrayait la chronique : Avi Loeb, directeur de l'Institute for Theory and Computation (Institut de théorie et de calcul) et membre de l'Académie américaine des arts et des sciences, émettait une hypothèse fracassante au sujet d'un corps interstellaire repéré par le télescope Pan-Starrs. Selon l'éminent scientifique, l'astéroïde pourrait ne pas être un corps naturel mais un artefact extraterrestre intelligent ! (Voir son interview dans la 2e partie.) Tempête sous les crânes : sa position, radicale et provocante, déclenche les polémiques et les altercations ! Comment peut-on sérieusement émettre une telle idée ? (Voir l'interview de J.-P. Luminet.) Là encore, les médias US font leurs choux gras de l'affaire et s'en donnent à cœur joie, alimentant un véritable feuilleton où se côtoient humeurs, rumeurs, ragots et vérités.

Le maintien du secret autour des OVNI semble alimenté par des enjeux stratégiques. Si ces phénomènes représentent une avancée technologique non humaine, leur divulgation pourrait bouleverser les équilibres géopolitiques et militaires. De même, reconnaître publiquement l'existence de ces phénomènes impliquerait une remise en question des paradigmes scientifiques, religieux et sociaux.

Mais l'argument de la sécurité nationale ne peut tout expliquer. Certains analystes suggèrent que la rétention d'informations sert aussi à protéger des intérêts économiques et industriels, notamment dans le domaine de l'aéronautique et de l'armement. Les technologies associées aux OVNI pourraient représenter une révolution comparable à celle de l'électricité ou d'Internet.

La question reste ouverte : sommes-nous prêts à accepter la vérité, quelle qu'elle soit ? Car, si la révélation est imminente, elle pourrait bien redéfinir notre place dans l'univers. À une époque où le doute laisse place à l'évidence, la vérité, qu'elle soit terrifiante ou exaltante, semble sur le point d'éclater au grand jour.

Les présidents américains et les candidats malheureux face au dossier OVNI

Les OVNI ont longtemps imprégné l'imaginaire collectif, tissant des liens entre le cinéma hollywoodien, les tensions de la guerre froide et naviguant habilement entre récit de science-fiction et théorie du complot. Quand les hommes et les femmes politiques de premier plan, présidents ou candidats à la magistrature suprême, s'emparent du sujet, il prend soudainement une autre dimension.

Pourquoi, en effet, les dirigeants politiques américains se risqueraient-ils à aborder publiquement la question des OVNI, sinon pour des desseins personnels ou pour tenter de gagner la faveur des électeurs ? Ce questionnement suscite un débat passionné, mêlant habilement les enjeux politiques, la sécurité nationale et une curiosité publique qui refuse obstinément de se taire.

L'intérêt pour les OVNI n'est pas récent dans l'histoire américaine ; il remonte à la fin de la Seconde Guerre mondiale et dans l'énigmatique affaire Roswell de 1947, qui continue à alimenter des spéculations jusqu'à nos jours. Depuis lors, le gouvernement américain a entretenu une relation complexe avec ce phénomène, oscillant entre dénégations officielles et enquêtes secrètes, telles que le projet Blue Book de l'Air Force, chargé de recenser et d'analyser les observations d'OVNI entre 1952 et 1969. Cette période a jeté les bases d'un intérêt soutenu, à la fois gouvernemental et populaire pour les OVNI, alimentant ainsi la culture populaire et les théories du complot.

Au fil des décennies, les événements se sont enchaînés, certains y voyant une dissimulation délibérée de la part du gouvernement, tandis que d'autres y trouvaient une quête légitime de compréhension face à un phénomène inexpliqué. Cette dualité a ouvert la voie, dans les années 2000, à des figures politiques abordant le sujet de manière franche, reflétant parfois et influençant même l'opinion publique sur les OVNI. La relation entre les présidents américains et les OVNI est marquée par de la curiosité, des promesses électorales ou encore des révélations publiques. Plusieurs occupants de la Maison Blanche ont été directement ou indirectement impliqués dans cette question, chacun apportant sa propre perspective au débat.

Le premier connu pour s'être intéressé au phénomène est Harry S. Truman, qui a tenu les rênes de la présidence américaine de 1945 à 1953, une époque marquée par la fin de la Seconde Guerre mondiale, et les prémices de la guerre froide. C'était une époque où le monde, à peine remis de ses blessures, se retrouvait confronté à de nouvelles fractures idéologiques. Dans ce contexte explosif, un phénomène tout aussi énigmatique captivait les médias, en particulier la mystérieuse affaire de Roswell :

Juillet 1947 marque en effet le début d'une légende où le mystère persiste. Il s'agit du supposé crash d'un mystérieux objet non identifié près de Roswell, au Nouveau-Mexique. À l'époque, la gestion de cette crise a été maladroite de la part des autorités, le site n'ayant pas été immédiatement sécurisé. Cette gestion défaillante a semé les graines de la spéculation, laissant place à la possibilité d'une rencontre non seulement avec une technologie extraterrestre, mais également avec d'éventuels visiteurs, morts ou vivants, issus d'autres mondes.

Des documents déclassifiés et des témoignages d'époque laissent suggérer que Truman n'était pas un simple observateur, mais plutôt un acteur clé ayant ordonné une enquête discrète mais déterminée sur l'affaire Roswell. Bien que les détails de son implication demeurent flous, il est indéniable que Truman a intégré cet événement ainsi que la question plus vaste des OVNI dans le cadre de la sécurité nationale. Ce geste révèle sa perception de la gravité potentielle de la situation. L'impact de Roswell a laissé une cicatrice dans la confiance du public envers le gouvernement.

Un autre fait pour le moins surprenant concerne cette fois le Président Dwight D. Eisenhower, plus connu sous le surnom d'« Ike », qui aurait eu des entrevues avec des extraterrestres. On pourrait se demander si cette histoire extravagante n'a pas été inventée pour ridiculiser le phénomène OVNI. À trois reprises, l'ancien président américain aurait rencontré des extraterrestres selon les révélations de Timothy Good, ancien consultant du Congrès et du Pentagone. Ces étonnantes confidences ont été faites lors de l'émission « Opinionated » animée par Frank Skinner sur la BBC2 en 2012. Good affirme que ces entretiens auraient eu lieu en 1954 à la base Air Force de Holloman, au Nouveau Mexique. Comme le rapporte *The Daily Mail*, des agents du FBI auraient établi un contact avec les extraterrestres par le biais de « messages télépathiques ».

Good ajoute que de nombreux témoins auraient été présents lors de ces entrevues, décrivant les extraterrestres rencontrés lors du premier rendez-vous comme ayant une apparence « nordique », mais qu'un accord aurait finalement été conclu avec une autre race appelée « grise ». Selon lui, ces extraterrestres auraient établi des contacts avec des milliers de personnes à travers le monde, issues de tous horizons.

Bien que les théories sur les rencontres entre Eisenhower et les extraterrestres circulent depuis longtemps, c'est la première fois qu'un universitaire éminent comme Timothy Good les aborde publiquement, marquant ainsi une étape significative dans le débat sur la vie extraterrestre.

Il convient de noter que la Maison Blanche a souvent été associée à ce type de rumeurs et a parfois été contrainte de démentir officiellement certaines informations pourtant totalement farfelues.

En 1969, avant son accession à la présidence, Jimmy Carter a rapporté avoir observé un objet non identifié dans le ciel de Leary, en Géorgie du Sud, une petite ville située à environ une heure et demie au sud de Columbus alors qu'il était gouverneur de l'État. Cependant, ce n'est qu'en 1973, après avoir reçu un formulaire de l'agence connue sous le nom de Bureau international des OVNI, que Carter a officiellement rapporté cet événement. Conservé à la bibliothèque et musée présidentiels Jimmy-Carter, ce formulaire a été rempli à la main par le Président. Parallèlement, le National Investigations Committee on Aerial Phenomena (NICAP) disposait d'un formulaire similaire, également rempli par Carter le 18 septembre 1973.

L'observation a eu lieu peu après la tombée de la nuit, vers 19 h 15, alors que Carter et dix autres membres du Leary Georgia Lions Club attendaient une réunion prévue à 19 h 30. Un objet brillant a captivé leur attention, suscitant l'étonnement et l'intrigue. Carter décrit cet objet comme une boule de lumière anormale, changeant de taille, de luminosité et de couleur sur une période de 10 à 12 minutes. Bien qu'il n'ait pas fourni de réponse définitive quant à la nature de l'objet, il mentionne qu'il était difficile d'estimer sa proximité, variant parfois entre 300 et 1000 mètres. L'OVNI, autolumineux, semblait se déplacer de manière étrange, s'approchant puis s'éloignant, changeant de couleur et de forme.

Dans un entretien en 2007, Carter a évoqué cette observation dans un podcast, « The Skeptics' Guide to the Universe ». Lorsque les animateurs du podcast l'ont pressé sur la question de savoir si le gouvernement cachait des informations sur les OVNI, il a répondu : « Pour autant que je sache, ils ne cachent pas d'informations. » Après près de quatre décennies, il est resté incertain quant à la nature exacte de l'objet. Il a cependant mentionné que la plupart des témoins pensaient qu'il s'agissait d'un appareil en cours de test, en raison de la proximité de la grande base militaire de Fort Benning.

Carter a été cité par le National Enquirer lors de la campagne présidentielle, déclarant : « Si je deviens Président, je mettrai à la disposition du public toutes les informations dont ce pays dispose sur les observations d'OVNI, car j'en ai vu un. » Cette promesse reflète son engagement envers la transparence gouvernementale et est également influencée par son expérience personnelle avec l'inexplicable.

Bien que cette promesse ne se soit pas réalisée, cela a suscité des spéculations sur ce que le Président a pu apprendre pendant son mandat. Une fois élu, Carter se confronte à la complexité des enjeux de sécurité nationale et aux limites qu'ils imposent à la transparence. Malgré ses bonnes intentions, il prend conscience que la déclassification des informations sur les OVNI s'avère plus compliquée que prévu. Les considérations de sécurité nationale érigent un mur infranchissable contre la divulgation totale, révélant le fossé entre les promesses électorales et les contraintes du pouvoir exécutif.

Jimmy Carter est ainsi le seul président des États-Unis à avoir officiellement reconnu avoir observé un OVNI, mais c'est Ronald Reagan qui a manifesté l'intérêt le plus soutenu pour ce thème.

Ce dernier aurait témoigné de la présence d'objets volants non identifiés à deux occasions distinctes. L'événement le plus détaillé aurait eu lieu en 1974, alors que Reagan, à l'époque gouverneur de Californie, se trouvait à bord d'un avion. Il partagea cette expérience avec Norman C. Millar, un journaliste respecté du *Wall Street Journal* et plus tard rédacteur en chef du *Los Angeles Times*. Reagan lui décrit avoir observé une lumière blanche effectuant des mouvements erratiques autour de l'avion. Intrigué, il se rendit dans le cockpit pour questionner le pilote, qui, tout aussi surpris, lui confirma n'avoir jamais rien vu de tel. Après quelques minutes de poursuite, l'objet s'élança soudainement à grande vitesse dans le ciel.

Cette anecdote, racontée avec passion par Reagan, prit une tournure différente lorsqu'il se rappela s'adresser à un journaliste, moment où il décida brusquement de changer de sujet. La véracité de son récit fut plus tard corroborée par le pilote, Bill Paynter, qui admit l'absence de rapport officiel sur l'incident, évoquant le risque de ridicule associé à de telles déclarations à l'époque.

David Clarke, conservateur du projet OVNI des Archives nationales britanniques de 2008 à 2013, maintient une position sceptique. Selon lui, l'intérêt croissant pour les OVNI est principalement influencé par la popularité de films et séries telles que *Rencontres du troisième type* et, plus notablement, *X-Files*. Clarke souligne dans un article du *Guardian* que les OVNI doivent être envisagés avant tout comme un phénomène socioculturel. Néanmoins, cette approche pourrait omettre un élément clé susceptible d'expliquer l'attrait de Reagan pour les OVNI – à savoir, son expérience personnelle avec ces phénomènes.

Cette expérience, bien plus impactante qu'un simple film de science-fiction, souligne l'importance de ne pas négliger les témoignages personnels dans le débat sur les OVNI.

L'attrait de Ronald Reagan pour les phénomènes OVNI est un fait bien documenté qui ne surprend guère. Parmi les récits fréquemment cités par David Clarke, on trouve une conversation mémorable entre le Président Reagan et Mikhaïl Gorbatchev lors d'un sommet à Genève en 1985. Lors de cet échange, Reagan exprima sa conviction que, face à une hypothétique invasion extraterrestre, les États-Unis et l'Union soviétique uniraient leurs forces.

Clarke souligne également la tendance de Reagan à agrémenter ses discours de références à une possible menace extraterrestre, particulièrement vers la fin de son mandat. Cette habitude exaspérait Colin Powell, son conseiller à la Sécurité nationale entre 1987 et 1989, qui s'efforçait régulièrement d'éliminer toute allusion aux extraterrestres dans les discours présidentiels. Powell, confronté à ces insertions récurrentes, exprimait son agacement en soupirant : « Oh non… Pas encore les petits hommes verts… » à chaque nouvelle mention d'une potentielle « menace alien ».

Dès le début de sa carrière politique, Bill Clinton a manifesté de son intérêt marqué pour les OVNI. Ses déclarations publiques et ses efforts pour accéder aux archives classifiées témoignent de sa volonté de comprendre et de partage dans ce domaine. En dépit des obstacles rencontrés, Clinton n'a jamais caché sa curiosité ni son désir de lever le voile sur ce mystère. Son administration se caractérise par plusieurs initiatives visant à enquêter sur ce phénomène et à promouvoir une certaine transparence.

Pendant son mandat présidentiel, Bill Clinton a chargé ses conseillers d'ouvrir une enquête au sein de l'appareil d'État pour déterminer si le gouvernement américain disposait d'informations confidentielles sur les OVNI. Malheureusement, cette recherche s'est avérée infructueuse.

De plus, il a consulté des dossiers classés top secret sur ce sujet, notamment ceux relatifs à la zone 51 et à l'affaire de Roswell. Cependant, lors d'une apparition sur le « Jimmy Kimmel Show » de la chaîne ABC, l'ancien chef d'État a soulevé le fait que cette quête n'a abouti à aucun résultat concret. Malgré cela, Clinton ne se positionne pas parmi les sceptiques absolus, affirmant qu'une éventuelle visite extraterrestre ne le surprendrait guère. Il exprime toutefois l'espoir qu'une telle rencontre ne suive pas le scénario du film *Independence Day*.

Les déclarations de Bill Clinton ont suscité un vif intérêt du public et maintenu l'attention sur la question des OVNI et des extraterrestres, même en l'absence de preuves tangibles.

Parmi les experts en OVNI, Clinton est considéré comme l'un des ex-présidents les plus ouverts sur le sujet, en partie grâce à sa collaboration étroite avec John Podesta, son chef de cabinet, fervent défenseur de la transparence en matière d'OVNI. Clinton a même envisagé l'idée qu'une invasion extraterrestre pourrait être le catalyseur d'une unité mondiale, rappelant une réflexion similaire de Ronald Reagan à l'ONU en 1987 sur la disparition des différences humaines face à une menace extraterrestre. Ce parallèle entre Clinton et Reagan met en lumière une fascination partagée pour l'inconnu spatial, renforcée par des figures politiques influentes telles que Podesta, qui promeuvent activement la divulgation des informations sur les OVNI.

En encourageant la libération des informations et en soutenant la recherche scientifique, l'administration de Clinton a contribué à accorder une plus grande légitimité à l'étude des phénomènes non identifiés et à attirer l'attention sur l'importance de les comprendre. En comparaison avec les autres présidences, l'approche de Bill Clinton en matière d'OVNI contraste nettement avec celle de la plupart des administrations précédentes, qui ont souvent préféré soit minimiser, soit ignorer le sujet. Au-delà de la recherche scientifique, l'intérêt personnel de Clinton pour les OVNI a inspiré un large éventail de réflexions et de productions médiatiques, perceptibles encore aujourd'hui à travers des films, des livres et des séries.

En 2021, lors de la célèbre émission « The Late Show » de James Corden, l'ancien président américain Barack Obama a été pris de court par une question inattendue du chef d'orchestre de l'émission, Reggie Watts, qui a fait trembler la salle : « Toutes ces histoires sur les extraterrestres… qu'en pensez-vous ? »

Ce simple questionnement a révélé un aspect énigmatique d'Obama, qui a avoué : « En ce qui concerne les extraterrestres, il y a des choses que je ne peux tout simplement pas vous dire à l'antenne. La vérité, c'est que, quand je suis arrivé au bureau, j'ai demandé : "Est-ce qu'il y a un laboratoire quelque part dans lequel on garde des spécimens aliens en état de stase (inertes) ?" Ils ont fait quelques recherches et la réponse était non ». Poursuivant son explication, Barack Obama n'a pas nié que des phénomènes des plus étranges se sont produits aux États-Unis et qu'il reste encore aujourd'hui difficile de les expliquer.

Sous l'administration d'Obama, c'est de nouveau John Podesta, figure chevronnée de la politique américaine et homme influent dans l'ombre, qui a tenté sans succès de rendre publics des dossiers sensibles. L'ancien conseiller de Bill Clinton et de Barack Obama, figure éminente du Parti démocrate, est resté un fervent défenseur de la divulgation des dossiers OVNI, une cause qui lui tient à cœur depuis des décennies.

Un simple tweet, pourtant, laisse entrevoir une piste: «Mon plus grand échec en 2014: une fois de plus, ne pas réussir à obtenir la divulgation des dossiers OVNI.» Ces mots ne sont pas ceux d'un théoricien du complot, mais bien d'un homme d'action, impliqué au plus haut niveau du pouvoir politique américain. Depuis des années, Podesta milite pour l'ouverture totale des archives concernant les phénomènes aériens non identifiés.

En 2007, lors d'une conférence interne, il affirmait avec conviction: «Il est temps pour nous de connaître la vérité sur ce qui se passe là-bas. Nous le devons au peuple américain.»

Lors d'une émission télévisée en Italie, «CheTempoChe Fa», le célèbre chanteur Andrea Bocelli a fait une révélation surprenante: il a eu l'occasion d'interroger Barack Obama, alors président des États-Unis, au sujet des OVNI. Cette confession étonnante a mis en lumière un aspect méconnu de l'intérêt du ténor italien pour les OVNI. Bocelli a partagé cette expérience unique avec le public, racontant comment, lors d'une rencontre dans le Bureau ovale, il avait enfin pu poser au Président la question qui le taraudait depuis des années. «J'avais attendu des années pour pouvoir lui demander ça», a-t-il expliqué. «Juste avant que nous ne prenions congé, j'ai saisi l'occasion et lui ai demandé s'il croyait en l'existence des objets volants non identifiés. Sa réponse a été énigmatique: "Nous ne détenons pas d'extraterrestres, ni de matériel extraterrestre. Toutefois, il y a de nombreux phénomènes que nous sommes incapables d'expliquer."»

Les extraterrestres se sont également invités dans la campagne de Hillary Clinton en 2016. Dans la course présidentielle, toucher divers segments de l'électorat est crucial. Hillary Clinton, candidate à la primaire démocrate, semble avoir pris conscience de cette nécessité en ciblant une audience bien spécifique : les ufologues.

Le *New York Times* a souligné, dans un article du 10 mai, que Hillary Clinton a surpris depuis six mois par ses prises de position, inhabituelles pour une « candidate de l'establishment », sur des sujets tels que les OVNI, la zone 51 et la déclassification de données classifiées liées à des extraterrestres hypothétiques.

En mars, lors de son apparition sur le plateau de Jimmy Kimmel, elle évoquait le sujet, exprimant son intention de rechercher des informations dans les dossiers classifiés du gouvernement concernant la zone 51 et les OVNI. Elle affirmait aussi qu'en cas de découvertes ces informations devraient être partagées avec le public, sauf en cas de risque pour la sécurité nationale.

Un de ses conseillers de campagne a joué un rôle significatif dans ces déclarations : le fameux John Podesta, qui, comme nous l'avons vu précédemment, a travaillé tant pour son mari que pour Barack Obama. En avril, il a déclaré que « les Américains sont prêts à connaître la vérité » à ce sujet.

Les motivations derrière ces prises de position sont multiples. Les ufologues, bien que minoritaires, sont actifs sur les réseaux sociaux et, depuis les déclarations de Clinton, certains la considèrent comme la première « candidate extraterrestre ». De plus, une part significative de la population américaine croit en l'existence des OVNI, comme le montrent plusieurs sondages.

Cependant, ces déclarations suscitent également des réactions mitigées. Certains, comme la journaliste scientifique

Nadia Drake, les qualifient d'« irresponsables », soulignant l'absence de preuves factuelles d'une visite extraterrestre. La recherche de vie extraterrestre, prenant appui sur des analyses scientifiques rigoureuses de l'espace lointain, est une démarche sérieuse et complexe, rappelle-t-elle.

L'équation de Drake, un pilier dans ce domaine, a récemment fait l'objet d'une réévaluation par des chercheurs, aboutissant à la conclusion que la vie extraterrestre intelligente a probablement existé dans l'univers. Cependant, même si de telles civilisations existent, leur capacité à nous contacter reste incertaine.

En somme, bien que le sujet des extraterrestres suscite un vif intérêt, il reste essentiel d'aborder cette question avec prudence et rigueur scientifique, en évitant les spéculations infondées.

Les extraterrestres continuent de faire parler d'eux en 2020 avec Bernie Sanders, qui annonce que, s'il remporte la présidence, il s'engage à lever le voile sur le mystère entourant les OVNI et les extraterrestres, affirmant qu'il partagera toute la vérité avec le peuple américain.

Lors de son passage dans le podcast « Joe Rogan Experience » le mardi 6 août, le sénateur du Vermont, qui avait précédemment concouru sans succès à la primaire démocrate de 2016 contre Hillary Clinton, a évoqué cette promesse : interrogé par le journaliste, Sanders a révélé que sa femme lui posait souvent des questions à ce sujet, ce qui l'inciterait à partager ses révélations dans le même podcast. Cependant, il a souligné que sa femme n'était pas une passionnée d'OVNI, mais plutôt une personne soucieuse d'accéder aux informations.

Cette déclaration soulève la question de savoir si cette promesse est sincère ou simplement une stratégie électorale pour gagner des voix. Selon une étude de 2012, environ

80 millions d'Américains croient en l'existence des extraterrestres, ce qui représente plus d'un tiers de la population en âge de voter. Il est donc possible que Sanders cherche à séduire cet électorat avec une rhétorique orientée vers les théories du complot.

Ces engagements des candidats à la présidence montrent que la question des OVNI n'est pas seulement un intérêt de niche, mais un sujet de curiosité populaire et de débat public. En promettant d'aborder le sujet des OVNI de manière ouverte et transparente, ils ont reconnu son importance culturelle et sa pertinence dans le discours politique américain, contribuant à légitimer davantage la discussion sur les OVNI dans l'espace public.

Les prémices avant le choc de 2017

« Le peuple américain devrait recevoir davantage d'informations. Ils sont prêts pour cela. »

Le sénateur Richard Blumenthal

Le 16 décembre 2017 a marqué un tournant dans l'histoire du phénomène OVNI. Ce jour-là, le très sérieux *New York Times* a publié un article révélant l'existence de l'Advanced Aerospace Threat Identification Program (AATIP). Ce programme secret du Pentagone était dédié à l'étude des objets communément appelés objets volants non identifiés (OVNI).

La révélation de ce programme inconnu du grand public jusqu'à cette annonce a provoqué une onde de choc, particulièrement aux États-Unis. En effet, ce domaine souvent associé aux théories complotistes venait de susciter à nouveau l'intérêt des politiques et du grand public en suggérant que les spéculations entourant les OVNI pouvaient avoir un fondement réel et que les gouvernements en savaient bien plus qu'ils ne voulaient le reconnaître. Ainsi, ce programme a suscité un intérêt considérable quant à la manière dont les autorités américaines abordaient ces phénomènes aériens inexpliqués.

Selon les affirmations du quotidien américain, ce programme vit le jour en 2007 grâce au financement sollicité par Harry Reid disparu en 2021, alors leader des sénateurs démocrates et passionné par le mystère entourant les OVNI. L'ancien sénateur du Nevada exprima sa fierté quant à cette initiative. « À mes yeux, c'est l'une des réalisations dont je suis le plus fier pendant mon mandat au Congrès. J'ai accompli quelque chose d'unique. » Il avait réussi à obtenir un budget de 22 millions de dollars du Département de la Défense pour soutenir ces recherches. Bien que cette somme puisse sembler substantielle, surtout si elle était gardée secrète, elle apparaissait relativement modeste au regard de l'ampleur du sujet et des 600 milliards de dollars alloués au ministère de la Défense, étant une question hautement sensible liée à la défense nationale, voire mondiale.

La majorité de ces fonds était systématiquement attribuée à un proche de Reid, le milliardaire Robert Bigelow, fondateur de l'entreprise Bigelow Aerospace. Cette société était chargée de mener des recherches sur des débris d'OVNI et de conduire des entretiens avec des témoins d'observations ou de contacts avec ces OVNI. En 2012, les responsables de la Défense américaine auraient décidé d'interrompre le financement de cette cellule afin de se concentrer sur d'autres priorités.

Cette affaire devint rapidement l'objet de spéculations, oscillant entre des engins militaires secrets, tels que des drones d'une puissance étrangère, et le survol de la Terre par des extraterrestres d'origine inconnue. Pourtant, le Pentagone demeura silencieux sur les détails spécifiques du programme AATIP, refusant catégoriquement d'identifier les objets filmés. Ce n'est qu'en juin 2020 que la reconnaissance officielle survint. Cependant, l'impact de ces révélations fut significatif, marquant la première fois qu'une agence gouvernementale américaine abordait activement la question des OVNI, inaugurant ainsi un tout nouveau chapitre dans le mystère céleste.

Malgré l'indication du Pentagone selon laquelle le programme avait pris fin en 2012, d'autres sources soutiennent qu'il subsiste, bien que ne bénéficiant plus de financements du Département de la Défense américain.

Néanmoins, l'AATIP n'était pas le premier programme de ce type à voir le jour aux États-Unis, d'autres initiatives avaient déjà été mises en place à la suite du présumé crash d'OVNI de Roswell. En juillet 1947, un objet mystérieux s'écrasa près de Roswell, au Nouveau-Mexique. Les premiers rapports suggérèrent qu'il s'agissait d'un disque volant (*flying disc*), une notion qui alimenta rapidement des théories complotistes et des spéculations sur l'existence de vie extraterrestre. Cette célèbre affaire est souvent considérée comme le point de départ de l'ère moderne des OVNI.

Le 8 juillet 1947, le Roswell Army Air Field (RAAF) publia un communiqué de presse affirmant qu'ils avaient récupéré un « disque volant » crashé. Cependant, cette déclaration fut rapidement rétractée et remplacée par une explication plus conventionnelle : l'objet était un ballon météorologique. Malgré cette clarification officielle, l'incident de Roswell déclencha un intérêt massif pour les OVNI et la possibilité de visites extraterrestres.

La réaction publique à l'incident de Roswell variait entre scepticisme et fascination. Les témoignages contradictoires et le secret entourant l'incident alimentèrent les théories du complot. Certains croyaient que le gouvernement dissimulait la vérité sur des contacts extraterrestres, tandis que d'autres pensaient qu'il s'agissait simplement d'une méprise. Cet événement marqua le début d'une série de recherches et d'enquêtes sur les phénomènes aériens non identifiés par diverses branches de l'armée et du gouvernement américain. Roswell devint un symbole de la culture des OVNI et incita à une surveillance plus rigoureuse des cieux.

En réponse à l'incident de Roswell et à une augmentation des observations d'OVNI, l'US Air Force lança le projet Sign en 1948. Ce programme visait à collecter, analyser et interpréter les données sur les PAN rapportés. Son objectif principal était donc de déterminer si les OVNI représentaient une menace pour la sécurité nationale. Les enquêteurs utilisaient des méthodes scientifiques pour étudier les rapports, en examinant des preuves physiques, des témoignages de témoins oculaires et des photographies.

En 1949, le projet Sign fut remplacé par le projet Grudge. Le rapport final de Sign suggérait que certains des phénomènes observés pouvaient être d'origine extraterrestre, mais ces conclusions étaient loin d'être définitives. Le scepticisme et la controverse entourant ces conclusions menèrent à une approche plus méfiante et critique dans les investigations suivantes : les responsables de Grudge étaient déterminés à prouver que les OVNI n'étaient pas réels en démystifiant les rapports d'OVNI. C'est pourquoi les enquêteurs rejetèrent de nombreux rapports d'OVNI, concluant qu'il s'agissait de canulars ou de malentendus. Cette approche visant à attribuer ces observations à des phénomènes naturels ou à des méprises réduisit temporairement l'intérêt officiel pour les OVNI.

En conséquence, le projet Grudge fut critiqué pour son biais évident contre l'existence des OVNI. Les critiques soulignèrent que cette approche avait pour but de réduire la peur publique plutôt que de découvrir la vérité. En 1951, Grudge fut remplacé par un programme plus neutre et scientifique, le projet Blue Book.

Le projet Blue Book est sans doute le programme de recherche sur les OVNI le plus célèbre et le plus long des États-Unis. Mis en place en 1952, ce programme représenta une tentative plus sérieuse et exhaustive pour comprendre les PAN.

Le projet Blue Book avait trois objectifs principaux: déterminer si les OVNI représentaient une menace pour la sécurité nationale, analyser les données de manière scientifique et diffuser les conclusions au public pour réduire la peur et les spéculations. L'un des responsables que l'histoire a retenu est le capitaine Edward J. Ruppelt qui joua un rôle clé dans la professionnalisation des enquêtes.

En parlant de recherche sérieuse sur les OVNI, on ne peut pas ignorer le rôle crucial de J. Allen Hynek dans le projet Blue Book. Cet astronome de renom a été engagé en tant que consultant scientifique. Initialement choisi parce qu'il était sceptique, il pensait que les OVNI pouvaient être expliqués par des phénomènes naturels ou des erreurs d'identification. Cependant, au fil du temps et des enquêtes, Hynek a changé d'avis. Il a commencé à reconnaître que certains cas d'observations d'OVNI ne pouvaient pas être facilement expliqués par des causes conventionnelles. Cette transformation l'a amené à devenir un des principaux défenseurs de l'étude sérieuse des OVNI, en plaidant pour une approche scientifique rigoureuse et ouverte. Son travail a grandement contribué à donner de la crédibilité au phénomène OVNI et à encourager une investigation plus approfondie et systématique.

Le travail de Hynek montre l'importance de la rigueur scientifique et de l'engagement bénévole dans l'étude des phénomènes aériens non identifiés.

Hynek fut responsable de l'élaboration de méthodes d'analyse systématique des rapports d'OVNI. Il insista sur l'importance de séparer les observations fiables des canulars et des erreurs d'identification. Sa classification des observations d'OVNI, qui allait des « Rencontres rapprochées du premier type » aux « Rencontres rapprochées du troisième type », devint un cadre de référence pour les futures enquêtes.

Entre 1952 et 1969, le projet Blue Book enquêta sur plus de 12 000 rapports d'OVNI. Chaque cas était classé en fonction de sa probabilité d'explication conventionnelle. La majorité des cas furent expliqués comme des phénomènes naturels ou des objets fabriqués par l'homme, mais une petite fraction demeura inexpliquée. Quelques cas célèbres incluent : l'incident de Washington de 1952, avec une série d'observations radar et visuelles d'OVNI au-dessus de Washington DC, qui suscitèrent une forte attention médiatique ; le cas de Lakenheath-Bentwaters (1956), avec une observation radar impliquant des chasseurs de l'armée de l'air américaine en Grande-Bretagne ; l'observation de la rivière Chiles-Whitted (1948) : deux pilotes commerciaux rapportèrent avoir vu un objet cylindrique avec des fenêtres.

En 1969, le projet Blue Book prit officiellement. Le rapport final, souvent appelé le « Rapport Condon », concluait que les OVNI ne représentaient pas une menace pour la sécurité nationale et qu'aucune preuve convaincante d'origine extraterrestre n'avait été trouvée. Ce rapport mené par l'Université du Colorado, sous la direction du physicien Edward Condon, était influencé par le scepticisme et la pression de démontrer l'absence de menace.

Et l'AATIP fut créée

Lorsque l'AATIP fut mis en place dans les années 2000, il bénéficia des leçons tirées des programmes antérieurs. Contrairement à Blue Book, l'AATIP se concentra sur les menaces potentielles que pouvaient représenter les PAN pour la sécurité nationale, en particulier en termes de technologie avancée potentiellement étrangère. Mais ce programme resta secret jusqu'en décembre 2017.

À l'origine de cette révélation se trouvaient deux hommes influents, chacun dans son domaine respectif : l'un œuvrant dans l'ombre des services secrets, l'autre étant une figure de la politique américaine. Luis Elizondo (aussi prénommé Lue) évoluait dans le contre-espionnage militaire, et Christopher Mellon avait été secrétaire adjoint à la Défense pour le renseignement dans les administrations Clinton et George W. Bush. Conscients d'une lacune significative dans la défense nationale et de l'intrusion répétée d'objets non identifiés dans l'espace aérien américain, ils décidèrent d'alerter le secrétaire à la Défense de l'époque, le général Mattis. Toutefois, les conseillers de ce dernier s'opposèrent fermement à l'organisation de ce briefing, craignant que cela ne compromette sa carrière politique. Dans le documentaire « The Phenomenon », Chris Mellon, fit une révélation stupéfiante en admettant être la source ayant fourni au

New York Times les trois fameuses vidéos d'OVNI publiées en 2017, ce qu'il nous confirme dans l'interview qu'il nous a accordée (voir dans la deuxième partie). Cette divulgation n'était pas une simple information, c'était une bombe qui résonnait à travers les couloirs du pouvoir et suscitait une curiosité publique sans précédent.

Mellon raconta sa rencontre clandestine avec un individu non identifié dans le parking du Pentagone, rappelant l'histoire de la source Gorge Profonde dans le scandale du Watergate. C'est là qu'il reçut un paquet contenant les trois vidéos qui allaient former la base de l'article le plus important sur les OVNI de ces dernières années. « J'ai reçu les désormais célèbres vidéos dans le parking du Pentagone de la part d'un fonctionnaire du Département de la Défense. J'ai encore les vidéos et l'emballage », déclara Mellon dans son interview avec le réalisateur James Fox. « Il s'agit d'un cas où quelqu'un a légèrement enfreint les règles, mais il l'a fait pour le bien commun. »

Il faut savoir qu'aux États-Unis divulguer des secrets d'État peut conduire le contrevenant à de longues années de prison, même si l'on a occupé des postes parmi les plus importants du pays.

Mais cette histoire était-elle vraiment réelle ou n'était-ce que de la pure fiction ? Motherboard, un média numérique spécialisé dans la technologie et la science, n'avait pas pu vérifier de manière indépendante le rôle de Mellon en tant que source des vidéos. Cependant, son récit concordait avec les faits connus concernant leur diffusion par l'Académie « To the Stars », dont Mellon fut l'un des premiers membres, qui publia finalement les vidéos. L'une des journalistes du *New York Times* ayant travaillé sur l'article original, Leslie Kean, apparaissait également dans ce documentaire, ce qui ajoutait une crédibilité supplémentaire à ce témoignage.

Quelques mois avant la publication de l'article, à la fin août 2017, Luis Elizondo, l'ancien chef de l'AATIP, avait collaboré avec le Bureau de Révision et de Sécurité de la Défense pour faire déclassifier les vidéos. Le 4 octobre, Leslie Kean rencontra Elizondo et d'autres personnes, dont Chris Mellon, où elle fut informée du programme secret des OVNI.

Ce même jour, Elizondo démissionna de son poste au Pentagone. Peu de temps après, Elizondo et Mellon apparurent sur scène avec Tom DeLonge, ancien membre du groupe Blink-182, pour annoncer la création d'une nouvelle organisation de recherche sur les OVNI, l'Académie « To the Stars of Art & Sciences ».

Tom DeLonge, ancien guitariste et chanteur du groupe de rock Blink-182, a joué un rôle significatif dans la divulgation des trois vidéos du Pentagone. En 2017, il a cofondé « To The Stars Academy of Arts & Science » (TTSA), une organisation dédiée à la recherche sur les phénomènes inexpliqués et à la divulgation d'informations au public. TTSA a pour mission de rassembler des experts des secteurs scientifique, aérospatial et de la défense pour explorer les frontières de la science et de la technologie.

Grâce à TTSA, DeLonge a réuni une équipe comprenant d'anciens fonctionnaires du gouvernement américain, des scientifiques et des experts en défense. Parmi eux, Luis Elizondo, un ancien responsable du Programme avancé d'identification des menaces aérospatiales (AATIP) du Pentagone, a joué un rôle clé dans la divulgation des vidéos.

Le 22 février 2017, DeLonge a également été nommé chercheur de l'année en ufologie lors du Congrès international annuel sur les OVNI. « Je veux que vous, en tant que groupe de personnes instruites, lisiez entre les lignes et regardiez l'histoire de ce que j'ai fait au cours des dernières années et ayez une idée de ce que je suis prêt à faire », a déclaré DeLonge dans son discours d'acceptation enregistré. « Si vous venez pour le voyage, ça va être assez fantastique. »

DeLonge a ajouté : « Mon travail ne fait que commencer sur ce sujet et il y a des choses importantes prévues et j'en suis excité. Rappelez-vous simplement que, quoi qu'il arrive dans le monde civil, le jeu est lancé. »

À la fin des années 1990, DeLonge diffusait déjà le message avec la chanson « Aliens Exist » de l'album *Enema of the State* de Blink-182. Sortie en 1999 et écrite par DeLonge et le bassiste Mark Hoppus, cette chanson fait référence à l'existence d'extraterrestres, aux dissimulations de la CIA et au Majestic 12, l'agence gouvernementale secrète qui aurait été créée pour enquêter sur les preuves de vaisseaux spatiaux extraterrestres.

Hey mom, there's something in the backroom
Hope it's not the creature from above
You used to read me stories
As if my dreams were boring
We all know conspiracies are dumb
What if people knew that these were real
I'd leave my closet door open all night
I know the CIA would say:
"What you hear is all hearsay"
I wish someone would tell me what was right…

Hey Mom, il y a quelque chose dans l'arrière-salle
J'espère que ce n'est pas la créature d'en haut
Tu me racontais des histoires
Comme si mes rêves étaient ennuyeux
Nous savons tous que les conspirations sont stupides
Et si les gens savaient que c'était réel

Je laisserais la porte de mon placard ouverte toute la nuit
Je sais que la CIA dirait :
« Ce que vous entendez n'est que des ouï-dire. »
J'aimerais que quelqu'un me dise ce qui est juste…

Lorsque Blink-182 a donné une série de concerts en 2023 et s'est réuni avec DeLonge, Hoppus a crié « Tom avait raison » à la foule avant que le groupe ne commence « Aliens Exist ». Cela était en rapport direct avec une mention de la compagnie de DeLonge lors d'une audience de la sous-commission de la surveillance de la Sécurité nationale de la Chambre des représentants des États-Unis sur les OVNI.

TTSA a publié trois vidéos de rencontres entre des pilotes de la marine américaine et des objets volants non identifiés, capturées par des capteurs infrarouges de pointe. Ces vidéos, surnommées « FLIR 1 », « Gimbal » et « GoFast », montrent des objets se déplaçant à des vitesses et effectuant des manœuvres défiant les capacités des aéronefs connus.

TTSA a également stimulé une nouvelle vague de recherches sur les PAN. En rassemblant des esprits brillants de divers horizons, l'académie a créé un environnement propice à l'exploration de théories novatrices. Parmi les membres prestigieux de cette équipe, on trouve notamment : Dr. Hal Puthoff, scientifique en chef et expert en énergie et physique quantique ; le sulfureux Luis Elizondo, ancien responsable du Programme avancé d'identification des menaces aérospatiales (AATIP) du Pentagone ; Chris Mellon, ancien sous-secrétaire adjoint à la Défense pour le renseignement, Jim Semivan, ancien officier des opérations de la CIA et expert en renseignement ; Steve Justice, ancien directeur des programmes de la division des systèmes avancés de Lockheed Martin Skunk Works.

Ces collaborations ont permis de recueillir des données précieuses et de développer de nouvelles théories sur l'origine et la nature des PAN.

Le rôle de TTSA ne se limite pas à la recherche scientifique ; l'académie a également investi dans des projets médiatiques pour sensibiliser le public. Par le biais de films, séries télévisées, livres et bandes dessinées, TTSA a capturé l'imagination du public et rendu les questions complexes liées aux PAN accessibles à un large public. Cette stratégie a non seulement diverti mais a aussi éduqué les spectateurs sur les enjeux scientifiques et sociaux des recherches sur les OVNI.

En 2023, TTSA a atteint une reconnaissance institutionnelle sans précédent lors des audiences du Congrès américain sur les OVNI. Des figures clés associées à TTSA, comme David Grusch, ancien officier du renseignement de l'US Air Force, et les anciens pilotes de la Marine David Fravor et Ryan Graves, ont témoigné quant à leurs expériences avec des PAN. Ces témoignages ont validé les efforts de TTSA et ont montré que les enquêtes sur les OVNI sont désormais prises au sérieux au plus haut niveau du gouvernement américain.

Cette série d'événements raviva l'intérêt du public pour les OVNI. En réponse, le Département de la Défense établit le 4 août 2020 une nouvelle Force opérationnelle UAP (Phénomènes Aériens Non Identifiés), pour continuer à enquêter sur les rapports d'OVNI faits par le personnel militaire. Cependant, des déclarations antérieures du Pentagone suggéraient que cette force opérationnelle, impliquant le Bureau de renseignement naval et le Bureau du secrétaire de la Défense, existait bien avant cette annonce officielle.

Étant donné que l'article du *New York Times* n'a pas eu l'impact escompté, des briefings secrets sont organisés pour les représentants du Congrès américain. Ces rencontres leur permettent de discuter avec les pilotes ayant observé ces OVNI lors de leurs entraînements et missions militaires. Ces actions mènent à l'adoption de lois imposant au Département de la Défense de mettre en place un véritable programme de recherche sur le sujet, suivi d'amendements exigeant la déclassification des informations.

En effet, l'article était accompagné de vidéos capturées par les pilotes eux-mêmes, utilisant des appareils de leurs avions non conçus pour filmer à de telles distances. Malgré cela, ces vidéos ont été authentifiées par le Pentagone – une reconnaissance rare, mais pas sans précédent.

C'est la première fois depuis cinquante ans que le gouvernement américain reconnaît officiellement l'existence de ces vidéos, affirmant qu'il s'agit bien de phénomènes aériens non identifiés (PAN) et admettant leur incapacité à expliquer ces objets.

Le mystérieux Luis Elizondo

À la tête du programme depuis 2007, Luis Elizondo, agent des services de renseignement militaire, a décidé de démissionner deux mois avant la diffusion des vidéos par la presse, en raison du manque d'intérêt manifesté par le Pentagone. Dans sa lettre de démission adressée au secrétaire à la Défense, Jim Mattis, Elizondo a exprimé sa frustration face à l'absence de considération pour cette question cruciale. Il a également critiqué les oppositions internes à ses recherches, qu'il considérait comme une menace tactique pour les pilotes, la marine, les soldats, et potentiellement une menace existentielle pour la sécurité nationale.

Selon le *Washington Post*, c'est Elizondo qui a révélé l'existence de cette cellule secrète et divulgué des documents, y compris les vidéos. Après sa démission, l'ancien agent du Pentagone a rejoint la start-up To The Stars Academy of Arts & Science, créée en 2017 et cofondée par Tom DeLonge, ancien chanteur et guitariste du groupe Blink-182, et lauréat du titre de chercheur OVNI de l'année 2017. Elizondo affirme que cette mystérieuse division du Pentagone persiste et qu'il a été remplacé à la tête du « Programme d'identification de menace aérospatiale avancée ». Toutefois, le financement de cette division demeure une énigme. Néanmoins, son existence témoigne de l'intérêt officiel du gouvernement américain pour l'étude de phénomènes aérospatiaux inexpliqués, sans pour autant chercher à prouver l'existence d'une présence extraterrestre.

Elizondo a joué un rôle clé dans la publication des vidéos d'OVNI du Pentagone, les plaçant au cœur du débat public. Il a également fait pression pour une plus grande transparence gouvernementale sur la question des OVNI. Sa crédibilité est toutefois sujette à controverse. Certains le considèrent comme un lanceur d'alerte courageux qui a éclairé un sujet autrefois tabou et souvent moqué. D'autres le voient comme un personnage controversé, exploitant peut-être le phénomène des OVNI à des fins personnelles ou commerciales.

Malgré ces divergences, le passé d'Elizondo dans le renseignement militaire américain et son implication au sein d'un programme gouvernemental d'investigation des OVNI lui confèrent une certaine légitimité. Le mystère qui entoure sa personne et ses révélations continue de captiver l'imagination du public et de nourrir les spéculations sur la réalité des phénomènes aériens non identifiés.

Luis Elizondo demeure ainsi une figure énigmatique, à la croisée des chemins entre vérité et mythe. Son parcours et ses actions ont indéniablement marqué l'histoire contemporaine des OVNI, posant des questions essentielles sur notre compréhension de l'inexpliqué et sur la transparence des gouvernements face à l'inconnu.

Quelles sont ces trois vidéos ?

Le lieutenant Ryan Graves, un ancien pilote de chasse de la marine américaine, assure que les aviateurs observent des phénomènes aériens non identifiés « tous les jours depuis au moins deux ans » au-dessus de la côte Est des États-Unis.

Le Pentagone déclassifie des vidéos d'OVNI en 2019 en noir et blanc, filmées par des pilotes de l'US Navy. Ces séquences, initialement publiées en décembre 2017 et mars 2018 par To The Stars Academy of Arts & Science, suscitent un vif intérêt en révélant des objets volants non identifiés capturés par les caméras infrarouges des avions de chasse de l'US Navy.

Les vidéos, datant de 2004 et 2015, ont été authentifiées par l'US Navy, marquant une année cruciale où le gouvernement reconnaît les survols d'engins non identifiés. Le Sénat montre un intérêt croissant pour ces phénomènes aériens, signalant un changement politique et la nécessité de communiquer, que ce soit du côté des pilotes ou des forces de police.

L'émission « 60 minutes » de CBS, en août 2021, diffuse les témoignages inédits de deux pilotes de l'US Navy, David Fravor et la lieutenante Alex Dietrich. En novembre 2004, le groupe d'attaque du porte-avions *USS Nimitz* observe des phénomènes aériens inexpliqués, avec le radar avancé du

USS Princeton détectant des « véhicules aériens anormaux ». Fravor et Dietrich sont déroutés pour enquêter, découvrant une zone d'eau vive de la taille d'un 737 dans une mer calme.

Le témoignage de Fravor décrit un objet étrange, le « Tic-Tac », de la taille d'un FA-18, effectuant des mouvements brusques et disparaissant mystérieusement. Les pilotes ont rempli leurs rapports, mais pendant cinq ans le mystère est demeuré. Ce n'est que lorsque Luis Elizondo a pris l'initiative de mettre en lumière cette affaire intrigante que l'histoire a commencé à émerger.

En 2004, lors d'une mission d'entraînement de la flotte Nimitz près de la côte Ouest des États-Unis, le radar de l'*USS Princeton* détecte des anomalies. Le commandant David Fravor et la lieutenante Alex Dietrich sont envoyés pour enquêter et observent un objet blanc se déplaçant de manière anormale à la surface de l'Océan. Cet objet, surnommé « Tic Tac » en raison de sa forme, semble défier les lois de la physique.

Fravor descend vers l'objet qui se déplace de manière erratique à quelques mètres au-dessus de l'eau. Il décide de l'approcher, tandis que Dietrich reste en altitude pour surveiller la zone. Elle voit également l'objet de loin et observe une perturbation à la surface de l'eau.

Lorsque Fravor s'approche de l'objet, celui-ci réagit comme s'il percevait la présence du chasseur. Là où ses mouvements étaient irréguliers, il commence à imiter ceux de l'avion. Les deux tournent l'un autour de l'autre en spirale. Fravor décide alors de s'arrêter de tourner pour se diriger directement vers cet objet. À ce moment-là, il s'échappe à une vitesse incroyable, disparaissant à l'horizon en moins d'une seconde, sans aucun effet atmosphérique, épanchement de fumée ou signature thermique.

La vidéo provient d'un autre chasseur envoyé à la poursuite de l'objet. Le *Princeton* détecte que l'objet s'est déplacé presque instantanément vers un autre point, le point de rendez-vous des entraînements de la zone. L'objet arrive à cet endroit seul, une information normalement connue uniquement des opérateurs radar et des pilotes, suggérant un comportement intelligent.

Chad Underwood, un autre pilote, tente de capturer l'objet avec sa caméra. Cependant, un effet de brouillage empêche le verrouillage de la cible. La vidéo montre l'objet se déplaçant à une vitesse dépassant la rotation normale de la caméra de verrouillage.

Performances et enregistrements confisqués

Les appareils ne sont pas conçus pour enregistrer des images en haute définition mais pour identifier toutes les cibles militaires et civiles. Cet objet, inconnu dans la base de données de ciblage militaire, pose de nombreuses questions car il est crucial d'identifier la cible pour utiliser le bon système d'armes. L'opérateur radar Kevin Day observe les objets en groupe à 80 000 pieds (24 000 mètres), soit la limite de portée de son radar. Les objets descendent ensuite à une vitesse extrêmement rapide à 28 000 pieds (8 500 mètres) à environ 100 nœuds (185 km/h), puis atteignent presque la mer en 0,78 seconde, correspondant à une accélération de 60 fois la vitesse du son (74 000 km/h) sans bang supersonique.

Les bandes radar ont été confisquées, rendant difficile l'accès aux données précises. Les recherches auprès des Archives nationales ont montré que les journaux de bord des navires de cette semaine-là sont absents. Les données ont été récupérées par un autre corps de l'armée, inconnu. Cependant, les témoignages sont cohérents entre les différents navires escortant le *Nimitz*, qui ne se déplace jamais seul en raison de sa vulnérabilité. Tous les navires accompagnant le *Nimitz*, y compris les sous-marins, les destroyers et les navires de patrouille, ont signalé des phénomènes similaires, renforçant la crédibilité de l'incident.

L'analyse d'un pilote de chasse

Ainsi, ces témoignages ne sont que des faits rapportés par des professionnels dont l'autorité en la matière est incontestable. En tant que néophytes, nous ne saurions les contredire sans une certaine présomption. Cependant, il s'avère particulièrement enrichissant d'obtenir un regard et une analyse technique par un pilote de chasse chevronné.

Pour cette tâche délicate, nous avons fait appel à Pierre-Henri Chuet, dont les compétences reconnues dans le domaine aéronautique ne sont plus à démontrer. Pilote aguerri de l'US Navy et des Rafale de la Marine nationale, Pierre-Henri « Até » Chuet cumule plus de 2500 heures de vol, de jour comme de nuit. Il appartient à l'élite des pilotes de chasse, ayant effectué des missions depuis des porte-avions.

Au sein de l'armée française, Pierre-Henri a été décoré pour ses actions au combat en Irak. Son expérience est riche de nombreuses situations d'urgence où il a dû prendre des décisions cruciales en un temps record. Ayant volé sur des appareils aussi variés que les Rafale de la Marine nationale, les avions de l'US Navy, ainsi que des Boeing dans le secteur civil, « Até » Chuet possède une compréhension approfondie des capacités, des limites et des comportements des aéronefs dans des conditions diverses. Cette expertise unique lui permet d'évaluer avec une précision inégalée les mouvements et les caractéristiques techniques observés dans les vidéos.

Les vidéos déclassifiées dévoilent des interactions troublantes entre des OVNI et des avions de chasse, lancés depuis un porte-avions, un cadre qu'« Até » Chuet connaît de près grâce à sa formation rigoureuse, ses entraînements intensifs et ses missions au combat. Sa familiarité avec les défis et les procédures spécifiques à ce type d'opérations apporte une richesse incomparable à son analyse des vidéos, fournissant des perspectives précieuses sur la manière dont les pilotes auraient perçu et réagi à ces rencontres énigmatiques.

En tant que formateur expérimenté, « Até » Chuet a développé une aptitude remarquable à communiquer des concepts complexes de manière claire et accessible, une qualité essentielle pour éclairer les subtilités des vidéos à un public non spécialisé. Ses compétences pédagogiques permettent de démystifier les aspects techniques des observations, rendant l'analyse plus compréhensible et plus captivante.

Ayant été décoré pour ses actions au combat, « Até » Chuet comprend mieux que quiconque les enjeux et la pression inhérents aux situations de confrontation. Cette expérience confère une profondeur et une authenticité à son interprétation des réactions des pilotes dans les vidéos, offrant un aperçu pénétrant de leur état d'esprit et de leur prise de décision en temps réel face à des phénomènes inconnus.

Ainsi, l'analyse de Pierre-Henri Chuet ne se contente pas d'être un simple examen technique ; elle est le reflet d'une vie dédiée à la maîtrise des cieux, à la compréhension des mystères de l'aviation et à la quête incessante de la vérité. Sa perspective, forgée dans le feu de l'action et tempérée par une connaissance approfondie, nous invite à regarder le ciel avec un regard neuf et une curiosité renouvelée.

FLIR 1

Le sigle anglais FLIR, signifiant Forward Looking Infra Red (« système infrarouge tourné vers l'avant »), désigne un procédé d'imagerie infrarouge. Cette technologie utilise des capteurs infrarouges pour détecter et produire des images thermiques, permettant ainsi la vision nocturne et par mauvais temps en captant la chaleur émise par les objets, ce qui aide à identifier les cibles potentielles sans dépendre de la lumière visible.

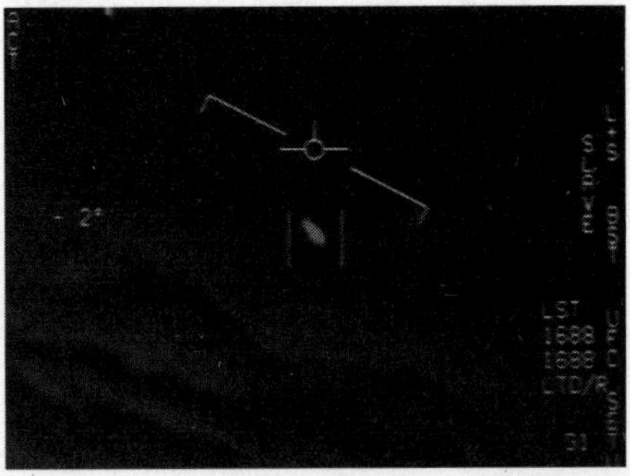

La télémétrie laser, quant à elle, est utilisée pour mesurer la distance jusqu'à une cible avec une grande précision, tandis que le désignateur laser permet de marquer une cible pour qu'elle puisse être suivie et engagée par des munitions guidées au laser. Les capacités de reconnaissance de ces systèmes permettent la capture d'images et de vidéos de haute qualité pour la surveillance et l'analyse des renseignements.

L'utilisation de pods ATFLIR est cruciale dans les opérations militaires modernes, car ils améliorent considérablement les capacités de reconnaissance, de surveillance et d'attaque des plateformes aériennes qui en sont équipées. Dans le contexte de la vidéo déclassifiée du Pentagone, FLIR 1 fait référence à la caméra thermique qui a capturé les images de l'objet non identifié lors de l'incident de l'*USS Nimitz* le 14 novembre 2004. Cette technologie permet aux caméras de capter la chaleur émise par les objets, ce qui est particulièrement utile pour détecter des sources de chaleur, même dans l'obscurité ou à travers certaines conditions météorologiques.

Cette vidéo de 2 minutes et 45 secondes présente un OVNI intercepté par deux F-18 Super Hornets équipés de pods ATFLIR, permettant une observation détaillée grâce à la technologie infrarouge. La vidéo, déclassifiée par le Pentagone, révèle un objet réalisant des manœuvres inexplicables. Selon Chuet, il semblerait qu'il y ait déjà eu une interception d'OVNI par des Super Hornets du porte-avions, bien que cela ne soit pas confirmé. Des observations antérieures avaient été faites, et les radars de la flotte déployée à proximité de la côte américaine avaient déjà capté une multitude d'échos inhabituels entre 20 000 et 80 000 pieds.

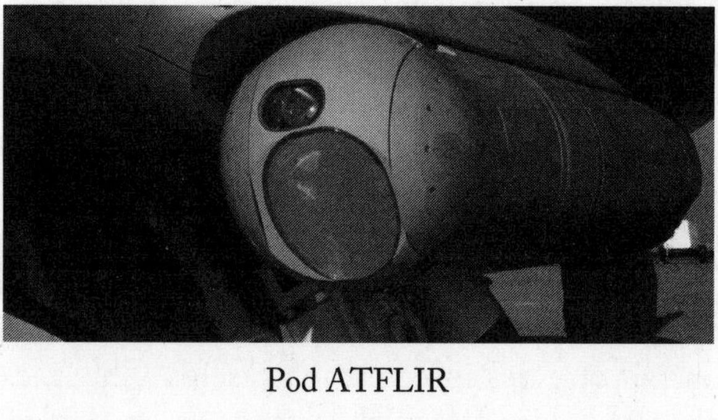

Pod ATFLIR

Pour contextualiser, 20 000 pieds est une altitude classique pour un avion commercial, tandis qu'un avion de chasse peut facilement atteindre 50 000 pieds. Les 80 000 pieds rapportés représentent une altitude extrêmement élevée. Ce qui est particulièrement intéressant, ce sont les phénomènes de « montée en ascenseur » entre 20000 et 80000 pieds. Toutefois, ces informations n'ont pas encore été confirmées. Il est donc essentiel de se concentrer sur les images et ce qu'elles nous révèlent. Cette vidéo provient du *Nimitz*, ce qui explique pourquoi on l'appelle l'incident du *Nimitz* de 2004.

En 2004, les F-18 Super Hornets, parmi les avions les plus modernes de l'aéronavale américaine à l'époque, étaient équipés de pods ATFLIR. Ces capteurs fixés sous l'avion permettent d'observer ce qui se passe au sol ou dans les airs, et même de désigner une cible au laser si nécessaire. Ils peuvent détecter et suivre des sources de chaleur, comme les réacteurs d'un avion ou les gaz d'échappement. Selon les modes choisis, ils peuvent faire ressortir en blanc sur l'image tout ce qui est chaud.

Le capteur est en mode infrarouge, mais il existe également un mode TV disponible. Le capteur regarde à 4 degrés à droite de l'axe de l'avion et à 6 degrés au-dessus. Le F-18 vole à une vitesse de 252 nœuds, soit Mach 0,55, une vitesse relativement lente pour une interception. En mode « hot », les sources de chaleur apparaissent en blanc sur l'écran. L'avion est à 19990 pieds d'altitude, avec deux personnes à bord : le pilote et un WSO (Weapons System Officer).

La vidéo montre une forme étrange, la qualité d'image étant limitée par les technologies de 2004. Le WSO ajuste les paramètres pour affiner l'image. On observe que le suivi de la cible est facile et bien identifié. Il a été suggéré que cela pourrait être des insectes, mais, selon Chuet, c'est peu probable étant donné les échos radar et les déplacements observés.

Ce qui est particulièrement intrigant dans cet incident de 2004, c'est que, la veille, un phénomène similaire s'était déjà produit. Un pilote, commandant d'une unité de combat prestigieuse, a participé à l'interception et a partagé sa version des faits dans le podcast de Joe Rogan en octobre 2019.

Gimbal

La vidéo « Gimbal » tire son nom de l'apparence de l'objet filmé, lequel présente une forme évoquant celle d'un « tic-tac » ou d'une capsule. Cet objet se distingue par l'absence d'ailes, d'hélices ou de systèmes de propulsion conventionnels, arborant une forme ronde et plate qui rappelle un cardan ou un gimbal. Le terme « gimbal » est couramment employé dans le domaine de la stabilisation pour désigner un dispositif permettant de maintenir un objet en position stable, ce qui pourrait expliquer l'apparence et le comportement de l'objet observé dans la vidéo.

Cette vidéo a été enregistrée par des pilotes de chasse de l'US Navy lors d'un incident survenu en 2015. Les détails spécifiques concernant l'emplacement et la date précise ne sont pas toujours disponibles publiquement.

Cette vidéo est la première à avoir été publiée et autorisée par le Pentagone. Elle provient, une fois de plus, d'un Super Hornet et a été captée par un ATFLIR, un dispositif de haute technologie. Ce qui est particulièrement intéressant, c'est que, une fois encore, nous entendons un équipage de deux personnes, le pilote et le navigateur à l'arrière, expliquer qu'ils sont en mode infrarouge.

On peut clairement distinguer les nuages en dessous. Le capteur est orienté à 54 degrés à gauche de l'avion, qui suit une trajectoire circulaire autour de la cible, celle-ci semblant immobile. Ce détail est très intrigant. Nous volons à une altitude d'environ 25 000 pieds, soit 1 500 mètres au-dessus de l'incident de 2004. Quant à la vitesse, le F-18 a ralenti et se trouve maintenant en mode « wheel », c'est-à-dire qu'il tourne autour d'un objet fixe. Cette information est cruciale.

L'équipage pense d'abord que la cible est un drone, comme l'affirme l'un des membres à l'arrière. « Bros » est une expression américaine signifiant *brother* (« frère »). « The whole fleet of them look on the ASA » signifie en gros qu'il y a toute une flotte.

La principale différence entre 2004 et 2015 réside dans la technologie des radars. En 2004, des radars de génération plus ancienne étaient utilisés, efficaces mais présentant certaines limites. En 2015, des antennes actives, une nouvelle génération de radars, avec une portée considérablement améliorée, est entrée en service. Ces radars peuvent voir beaucoup plus loin et détecter même de petits objets. C'est cette avancée technologique qui rend cette vidéo si intéressante. De plus, elle est crédibilisée par une source extérieure. La théorie des insectes peut être écartée, car il existe une corrélation radar entre l'image du POD (ATFLIR) et un radar de nouvelle technologie.

Ce qui est également très intéressant, c'est la présence d'un seul objet mentionné, mais l'équipage parle de toute une flotte. Le terme « flotte » est difficile à quantifier, mais en langage de pilote, s'ils avaient été quatre ou six, cela aurait été précisé. S'il y en avait une dizaine, cela aurait également été mentionné. Selon Chuet, « toute une flotte » signifie probablement plus de douze objets, bien qu'il n'y ait pas de définition précise en termes de nombre. En anglais, cela reste sujet à interprétation.

Un autre fait marquant : ces objets volent tous contre le vent, qui souffle à 120 nœuds vers l'ouest, soit environ 200 km/h. Ils ne sont pas poussés par le vent, ce qui exclut la possibilité qu'il s'agisse de ballons météo, qui n'ont pas de système de propulsion. Ici, il est clair qu'il y a un système de propulsion, car ils volent à une vitesse d'au moins 200 km/h face au vent à une altitude de 25 000 pieds, soit environ 8 000 mètres.

La vidéo Gimbal met en lumière la différence technologique entre les radars de 2004 et ceux de 2015. Le fait qu'il y ait deux personnes à bord renforce la crédibilité des observations, et la corrélation entre les données infrarouges et les données radar est extrêmement intéressante.

« Go Fast »

Enfin, en ce qui concerne la troisième vidéo, intitulée « Go Fast », ce nom fait référence à un terme couramment utilisé dans le contexte de l'observation d'OVNI. « Go Fast » signifie littéralement « aller vite », en anglais. Cette désignation décrit simplement l'action de l'objet capturé dans la vidéo, sans connotation particulière liée à son origine ou à sa nature.

L'analyse de cette vidéo, « Go Fast », nous montre que nous sommes toujours en mode infrarouge. On peut voir la mer en arrière-plan. Le capteur est orienté à 35 degrés à gauche de l'axe de l'avion, donc en bas à gauche. L'objet se trouve à 4 nautiques, soit 7,5 kilomètres de l'aéronef, ce qui n'est pas très éloigné. Le capteur regarde 22 degrés en dessous, et le F-18 est en très léger virage à gauche, ce qui lui permet d'observer attentivement à travers son capteur.

Concernant les réglages de suivi, ils sont en mode automatique et, encore une fois, le F-18 ne va pas très vite : 250 nœuds, soit Mach 0,61, à une altitude constante de 25 000 pieds. Comme dans la vidéo précédente, il n'y a pas beaucoup de différences notables. La température n'est pas très élevée, nous sommes donc à 25 000 pieds.

Pour la petite histoire, il est courant de verrouiller des missiles ou des objets similaires. Par exemple, lorsqu'on escorte un avion qui tire un missile ou un avion qui suit, notamment pour la modulation de tir, nous verrouillons alors le missile. De même, si vous tirez un missile air-sol comme l'AM39 Air-Mer EXO-7 dans la Marine nationale, vous pouvez avoir un avion suiveur. Cet avion suiveur va essayer d'accrocher la cible avec le pod de désignation laser du missile, c'est-à-dire la suivre et surtout analyser ce type d'objet pour en obtenir des images.

La méthode classique du NOSA (Navigateur officier systèmes d'armes) consiste à se positionner en avance sur la trajectoire, c'est-à-dire à suivre une trajectoire constante. Ici, on a réussi à verrouiller la cible. Ce qui m'étonne, en termes de vitesse de déplacement, c'est que les calculs semblent cohérents avec ce que nous connaissons, rien d'incohérent à première vue. Néanmoins, ce qui m'interpelle, c'est l'excitation de l'équipage. Les Américains sont rarement aussi enthousiastes. Soyons francs : en vol dans la marine, nous avons tendance à rester sérieux, surtout face à un phénomène inconnu, que ce soit dans l'armée de l'air ou dans d'autres branches militaires. Mais ce qui est surprenant, c'est cette décontraction face à une situation non totalement maîtrisée ou ambiguë.

Ce qui chaque fois m'interpelle , c'est la vitesse d'évolution des avions, qui n'est pas très tactique, ainsi que l'absence presque totale d'anxiété. L'anxiété prépare au stress mais aussi à l'action. Les équipages semblent extrêmement détendus, alors qu'ils sont à 5 kilomètres d'un objet non identifié. Cela indique clairement que la menace perçue est nulle. Il serait donc intéressant d'avoir plus de contexte autour de cette situation.

L'état d'esprit des pilotes en révèle beaucoup sur l'événement. Cette vidéo « Go Fast » est très intéressante pour ce qu'elle révèle de l'attitude extrêmement détendue de l'équipage. Il affiche des réactions presque enfantines, au mieux, dirais-je, d'adolescents. Et c'est cela qui m'interpelle.

Ce que l'on peut retenir de ses trois vidéos

Ce qui est particulièrement intéressant, c'est de s'informer sur les sources disponibles concernant toute l'activité précédant cette interception. Cela constitue une réelle plus-value. L'accélération en elle-même est certes intrigante, mais difficile à quantifier. Il manque des informations de fond pour pouvoir formuler un avis tranché à ce sujet.

Quant à la vidéo « Gimbal », elle est extrêmement fascinante. On y voit un objet statique qui est particulièrement captivant. Cet objet semble faire du surplace dans une masse d'air se déplaçant à 200 km/h, ce qui signifie qu'il se déplace à des vitesses relativement lentes pour une altitude de 7 000 mètres. De plus, il se déplace en fin de séquence sur des axes inhabituels, différents de ceux auxquels on est habitué avec un avion. Mais c'est surtout le concept de corrélation radar qui retient l'intérêt dans les vidéos « Gimbal » et « Go Fast ».

Ce qui marque le plus dans la vidéo « Go Fast », c'est l'état d'esprit des pilotes. Pour résumer, ces trois vidéos sont très intéressantes, chacune pour des raisons distinctes. Il y a trois facteurs qui les distinguent de l'ordinaire. Le premier est la fiabilité des sources : plusieurs membres d'équipage, formés aux standards les plus élevés, s'accordent à dire qu'ils ont observé quelque chose d'inhabituel. Entre 2004 et 2014, l'expérience accumulée par les pilotes de la Navy, ayant effectué au minimum deux ou trois missions de combat, leur confère une vaste expertise. Ils figurent parmi les meilleurs professionnels de l'aviation au monde. Ainsi, si eux trouvent quelque chose d'étrange, cela signifie assurément que cela ne correspond pas à la norme.

Quant à l'état d'esprit dans la vidéo « Go Fast », il n'y a pas d'explication claire. En ce qui concerne les images et la vitesse de déplacement, rien ne semble vraiment choquant. Concernant le départ dans le FLIR 1, il n'y a pas de précisions sur la vitesse d'accélération. Il est important de noter que le FLIR 1 a souvent tendance à perdre le suivi et peut s'éloigner à une certaine distance sur le côté. À cause du zoom et de la distance, cela peut sembler très rapide, mais la distance dans le FLIR 1 au moment de la séparation n'est pas visible. Ce qui est intéressant, c'est que l'objet disparaît en passant du zoom 1 au zoom 2. La vidéo est coupée à ce moment-là. Il aurait été utile de passer en zoom 1 pour voir si l'objet continuait à se déplacer ou non. Il manque donc des informations pour une analyse complète.

Quel a été le rôle de Donald Trump dans l'authentification de ses vidéos par le Pentagone ?

Il est important de noter que la divulgation des vidéos d'OVNI en décembre 2017 a eu lieu sous la présidence de Donald Trump, mais il n'existe aucune preuve directe indiquant que le Président Trump ait personnellement joué un rôle dans cette révélation. Cependant, le Président Trump a fait des commentaires publics sur le sujet des OVNI pendant son mandat.

Par exemple en juin 2020, lors d'une interview avec son fils, Donald Trump Jr., diffusée sur son compte YouTube, le Président a été interrogé sur les observations d'OVNI. Il a répondu qu'il avait « entendu des choses intéressantes » à propos de Roswell, mais n'a pas donné d'autres détails. Il a également ajouté : « Je ne vais pas vous dire ce que j'en pense, mais c'est très intéressant. »

De plus, en avril 2020, lorsqu'on lui a demandé, lors d'un briefing à la Maison Blanche, ce qu'il pensait des vidéos d'OVNI que le Département de la Défense avait officiellement publiées ce mois-là, après leur diffusion initiale en 2017, Trump a qualifié les images de « sacrées vidéos » et a ajouté : « Je me demande juste si c'est réel. »

Lorsqu'il a reçu un rapport sur les observations d'OVNI par des pilotes militaires en 2019, Trump a déclaré à ABC News : « Je veux qu'ils pensent ce qu'ils veulent. J'ai bien compris, j'ai vu, lu et entendu. Et j'ai eu une réunion au plus haut niveau. Je n'y crois pas particulièrement. »

Rapport sur les Phénomènes aériens non identifiés (PAN) : augmentation significative des observations

Le bureau en charge du suivi des signalements d'OVNI a enregistré près de 400 observations supplémentaires au cours de l'année écoulée, augmentant ainsi le nombre total d'observations d'OVNI à plus de 500. Le Bureau du Directeur du Renseignement national a dévoilé, en janvier 2023, une version non classifiée de son rapport annuel sur les OVNI, ou les phénomènes aériens non identifiés (PAN), confirmant un total de 510 observations depuis 2004, soit une hausse notable par rapport aux 144 observations initiales recensées en 2021.

Parmi les observations supplémentaires, 26 ont été identifiées comme des drones, 163 comme des objets ressemblant à des ballons, et 6 comme des encombrements aériens. Cependant, 171 observations restent inexpliquées, nécessitant une analyse approfondie en raison de leurs « caractéristiques ou performances de vol inhabituelles ».

Cette augmentation des signalements est attribuée en partie à la diminution de la stigmatisation entourant les observations de PAN. La plupart des nouveaux rapports proviennent de pilotes et d'opérateurs de l'US Navy et de l'US Air Force, soulignant une tendance à signaler ces incidents par les canaux officiels sans crainte du ridicule.

Parallèlement, l'intérêt scientifique pour les PAN s'intensifie. En juin 2022, la NASA a lancé une étude approfondie sur ces phénomènes aériens mystérieux, rejoignant ainsi les efforts du Pentagone pour comprendre ces observations énigmatiques. L'étude de la NASA vise à collecter des données et à examiner les cas sous un angle scientifique rigoureux, avec l'objectif de démystifier ces phénomènes et d'améliorer la sécurité aérienne.

L'augmentation des observations est également perçue comme une préoccupation en matière de sécurité nationale, les autorités américaines craignant davantage une menace potentielle de collecte de renseignements par des adversaires étrangers que l'hypothèse d'une invasion extraterrestre.

Les récentes évolutions dans la compréhension et la surveillance des PAN suggèrent un besoin croissant de transparence et d'investigation scientifique pour aborder ces phénomènes complexes. En attendant de nouvelles révélations, les observateurs restent en alerte face à des observations inexpliquées dans le ciel.

Image de l'US Navy : États-Unis. Rencontre d'un pilote de chasse avec un objet inconnu. Cette image est une capture d'écran de l'UAP observée dans une vidéo du survol capturé par le pilote dans le cockpit d'un avion de chasse de la Marine.

Image de la Marine d'un UAP capturée lors d'exercices navals au large de la côte Est des États-Unis au début de 2022. L'image a été capturée à l'aide de lunettes de vision nocturne et d'un appareil photo reflex à objectif unique.

Création de l'AARO et la sécurité nationale

L'AARO (All-domain Anomaly Resolution Office), créé en réponse aux préoccupations croissantes du Congrès américain, sert de pierre angulaire à la stratégie de sécurité nationale des États-Unis face aux phénomènes aériens non identifiés (UAP). L'effort pour comprendre ces mystères ne se limite pas aux frontières nationales ; il englobe des collaborations internationales stratégiques, renforçant ainsi l'échange de renseignements et les capacités analytiques à travers des alliances avec des nations partageant les mêmes idées, comme le Royaume-Uni et le Canada.

Par ailleurs, l'AARO a adopté des technologies avancées, notamment l'intelligence artificielle, pour améliorer l'analyse et la classification rapide des données sur les UAP. Cette intégration technologique permet une évaluation plus précise et plus rapide des menaces potentielles, assurant une réponse plus agile aux incidents de sécurité nationale.

Depuis sa création en juillet 2022, l'AARO a significativement avancé dans la standardisation des procédures de rapport des UAP avec une extension du champ à tous les services, y compris la Space Force, ce qui permet une vue d'ensemble plus complète et diversifiée des observations de phénomènes, enrichissant ainsi la base de données avec une variété de contextes environnementaux.

L'AARO a également pris en charge l'évaluation de rapports historiques tout en intégrant de nouveaux incidents, appliquant des méthodologies d'analyse rigoureuses pour démystifier ou identifier la nature de chaque phénomène observé. Ces efforts conduisent à une meilleure compréhension collective des interactions entre les UAP et les opérations de sécurité nationale.

Le budget de 11 millions de dollars alloué pour l'année fiscale 2024 témoigne de l'importance accrue de l'AARO dans le paysage de la défense nationale. Sous la direction initiale de Sean M. Kirkpatrick et actuellement sous la direction par intérim de Timothy A. Phillips, l'AARO bénéficie d'une expertise en renseignement géospatial, cruciale pour ses opérations. Phillips, avec son expérience approfondie, assure la continuité et l'efficacité des missions de l'office.

En tant qu'incarnation de l'engagement des États-Unis à démystifier les anomalies aériennes et autres phénomènes inexpliqués, l'AARO joue un rôle crucial dans la préservation de la sécurité nationale. À travers ses initiatives de collecte de données, d'analyse approfondie et de partage d'informations, l'office ne renforce pas seulement les capacités de défense du pays mais favorise également une compréhension globale des défis émergents liés aux UAP. Cet engagement vers une transparence accrue et une collaboration internationale sous-tend l'effort continu pour maintenir l'avantage stratégique américain dans un domaine en rapide évolution.

« Des restes biologiques non humains » : le témoignage troublant de David Grush

« Le peuple américain mérite de connaître la vérité à ce sujet ! » C'est ainsi que le sénateur démocrate Jared Moscowitz avait justifié l'organisation d'une audition sensible sur le sujet des OVNI au Congrès américain, le 26 juillet 2023.

Dans l'enceinte du Capitole, trois hommes se tenaient devant les élus, prêts à partager leurs témoignages sur un sujet aussi mystérieux que captivant : les OVNI. Parmi eux, David Grusch, un ancien agent du renseignement, avait fait des déclarations fracassantes sur du matériel non identifié, suscitant l'attention du public et des médias du monde entier.

Dans une salle où régnait une atmosphère solennelle, Grusch s'est présenté en costume bleu marine, une cravate rouge accentuant son sérieux. À ses côtés, deux autres témoins, tous deux anciens membres de la marine américaine : David Fravor et Ryan Graves. Tous avaient vécu des expériences troublantes.

Grusch, se positionnant comme un « lanceur d'alerte », a commencé par retracer son parcours, évoquant une longue carrière dans le monde du renseignement américain. Il a affirmé être « absolument » persuadé que les États-Unis détenaient des objets volants non identifiés, ou UAP, ainsi que des restes de leurs pilotes :

« Dans le cadre de mes fonctions, j'ai appris qu'il existait un programme visant à récupérer les restes d'un appareil non identifié et à les analyser pour comprendre son fonctionnement », a-t-il témoigné. « J'ai pris la décision, en me fondant sur les données que j'ai recueillies, d'en faire part à ma hiérarchie et à plusieurs membres de l'inspection générale et de devenir lanceur d'alerte. »

Pressé de questions pendant cette audition, l'ancien agent a indiqué ne pas pouvoir livrer de détails supplémentaires en public, s'agissant d'informations classifiées. Mais il a tout de même répondu à celle posée par la représentante Nancy Ruth Mace concernant « les corps des pilotes de ces engins ». David Grusch a affirmé que des « restes biologiques » provenant de ces engins étaient « non humains ».

Selon lui, le gouvernement américain cache des informations au public, mais aussi au Congrès. Il a assuré avoir pu interroger « personnellement » des individus ayant eu une connaissance directe de l'existence de ces objets volants non terrestres.

« Ce témoignage est fondé sur des informations qui m'ont été transmises par des personnes dignes de foi, reconnues pour leurs antécédents professionnels et les services rendus à ce pays. Beaucoup ont partagé avec moi des preuves convaincantes, sous forme de photographies, de documents officiels et de témoignages oraux couverts par le secret », a-t-il déclaré, soulevant ainsi un voile sur des récits intrigants.

Toutefois, il est resté évasif sur les détails concrets, refusant de discuter ouvertement de certaines révélations, invoquant à plusieurs reprises des restrictions de confidentialité.

Les deux anciens pilotes de la Navy ont corroboré leurs témoignages antérieurs, mais n'ont pas apporté de nouvelles preuves tangibles.

Quelques mois plus tôt, en avril, le responsable du service du Pentagone chargé d'enquêter sur ces phénomènes et les risques qu'ils posent pour la sécurité nationale avait pourtant assuré qu'aucun signe d'activité extraterrestre n'avait été recensé : « Le bureau n'a détecté aucune preuve crédible d'une activité extraterrestre, de technologie non terrestre ou d'objets défiant les lois de la physique », avait assuré Sean Kirkpatrick.

À la fin de cette séance de questions-réponses de 2 h 30, les élus américains présents ont exprimé leur frustration face aux obstacles rencontrés pour organiser cette audition et ont insisté sur la nécessité d'une transparence gouvernementale. Ils se sont montrés désireux d'obtenir des réponses plus approfondies, avec l'objectif d'explorer davantage ces mystères dans un cadre plus confidentiel.

Ainsi, malgré ces révélations sans preuve, le gouvernement américain manifeste un grand intérêt pour ces phénomènes pris au sérieux. D'autre part, la NASA a récemment appelé à davantage d'efforts pour les étudier scientifiquement, tout comme le Pentagone, qui s'inquiète de possibles activités d'espionnage.

Les tergiversations de Sean Kirkpatrick

Revenons sur Sean Michael Kirkpatrick que nous avons évoqué plus haut : né aux alentours de 1967, ce physicien américain est reconnu pour son expertise dans le domaine des lasers et des matériaux. Originaire de Columbus, en Géorgie, il a grandi dans un environnement familial imprégné de la culture militaire. Après avoir poursuivi des études de physique à l'Université de Géorgie, il a obtenu son doctorat en 1995, se spécialisant dans la dynamique des phonons non linéaires et hors équilibre dans les cristaux de fluorures dopés aux terres rares, un domaine de recherche pointu qui a jeté les bases de sa carrière prometteuse.

Dès la fin de son doctorat, Kirkpatrick a rapidement fait ses preuves en tant que chercheur à l'Université de l'Illinois à Urbana-Champaign, puis au prestigieux Laboratoire de recherche navale des États-Unis. En 1997, son parcours l'a conduit à rejoindre le Laboratoire de recherche de l'Air Force, où il a commencé à côtoyer les sphères du renseignement scientifique et technique.

Son ascension professionnelle s'est poursuivie avec son entrée à la CIA (Central Intelligence Agency) en 2003, où son expertise en physique a été mise à profit dans des projets classifiés. Ses compétences exceptionnelles et son engagement sans faille lui ont valu une reconnaissance au sein de l'agence, ouvrant la voie à des responsabilités de plus en plus importantes.

Entre 2012 et 2016, Kirkpatrick a occupé le poste d'officier de renseignement pour la défense pour l'intelligence scientifique et technique au sein de la Defense Intelligence Agency (DIA), où il a contribué à éclairer les plus hautes sphères du gouvernement sur des questions de sécurité nationale cruciales. Son travail acharné et sa perspicacité ont été récompensés par sa nomination en tant que directeur adjoint du renseignement au Commandement stratégique des États-Unis de 2016 à 2017, une position de responsabilité stratégique au sein de l'appareil militaire américain.

Cependant, c'est en 2022 que Kirkpatrick a été mis sous les feux de l'actualité, lorsqu'il a été nommé directeur du tout nouveau bureau de résolution des anomalies de tous domaines (AARO) du Pentagone. Cette nomination a suscité un intérêt considérable, car l'AARO avait pour mission de rassembler les rapports militaires sur les observations d'UAP (phénomènes aériens non identifiés), plus communément connus sous le nom d'OVNI. Kirkpatrick a apporté une approche scientifique rigoureuse à ce domaine controversé, cherchant à démystifier le sujet et à séparer les faits de la fiction.

Pendant son mandat à l'AARO, Kirkpatrick a supervisé la collecte et l'analyse de données sur les UAP, cherchant à comprendre la nature et l'origine de ces phénomènes.

En décembre 2023, Kirkpatrick a démissionné de son poste à l'AARO, après avoir servi pendant 18 mois. Dans une lettre de démission publiée par *Scientific American*, il a exprimé ses préoccupations quant à la prise de décision fondée sur la conspiration au sein du gouvernement américain. Il a critiqué l'influence des théoriciens du complot au sein du gouvernement, affirmant qu'ils perpétuaient des mythes sur les OVNI qui coûtaient des millions de dollars aux contribuables. Malgré son départ, son influence sur la politique gouvernementale en matière d'OVNI se fait encore sentir, soulignant la nécessité d'une plus grande transparence sur ce sujet mystérieux.

Mais à la surprise générale Sean Kirkpatrick fait de nouvelles déclarations avec un virage à 180 degrés.

D'une part, Kirkpatrick révèle que des documents déclassifiés, y compris des vidéos opérationnelles et des documents historiques, sont prêts à être publiés. Il décrit ces informations comme éducatives et destinées à informer le public. Pendant son mandat, il a pu partager des images déclassifiées d'OVNI, décrivant la majorité comme des sphères métalliques observées à des altitudes allant jusqu'à 30 000 pieds.

D'autre part, il affirme avoir été réduit au silence des informations top secrètes sur la vie extraterrestre. Kirkpatrick réclame la publication de dossiers secrets pour que le public puisse réellement comprendre la situation. Il affirme que ses supérieurs l'ont empêché de divulguer la vérité à plusieurs reprises, et déplore le manque de transparence concernant les mystérieux engins volants. Il souligne les nombreuses fois où il a été contraint de se taire lors de conférences de presse et exprime sa frustration face aux restrictions de communication imposées par la direction du Pentagone.

Le Pentagone nie catégoriquement les allégations de Kirkpatrick, affirmant qu'il était toujours autorisé à s'exprimer librement. Selon le porte-parole Eric Pahon, toute intervention médiatique recommandée ou demandée par Kirkpatrick était approuvée.

En 2022, le Pentagone a également dévoilé un dossier de 1 574 pages sur les OVNI, comprenant des rapports sur les effets biologiques des observations d'OVNI sur les humains et des études sur la technologie de style science-fiction. Malgré cela, Kirkpatrick critique un rapport récent affirmant que les États-Unis ne sont pas prêts pour une invasion extraterrestre, soulignant que le rapport n'a pas pris en compte les travaux de l'AARO, l'organisme qu'il a dirigé.

En août, l'AARO a lancé un nouveau site[1] dévoilant des données déclassifiées sur les OVNI, y compris des zones chaudes d'observations au Moyen-Orient et au Japon.

Kirkpatrick maintient son engagement envers la transparence, estimant que les efforts gouvernementaux pour enquêter sur les observations d'OVNI auraient dû être plus clairs. En outre, il craint que le silence entourant la vie extraterrestre ne serve à alimenter les théories du complot affirmant que le manque d'informations publiques sur les OVNI ne fera que renforcer les théories du complot.

1. https://www.aaro.mil/

Les agences fédérales obligées de révéler les phénomènes aériens non identifiés

Une nouvelle législation demande la création d'un référentiel gouvernemental de dossiers traitant des « phénomènes aériens non identifiés ».

En effet, le Congrès veut savoir ce que les agences savent sur les OVNI et, selon une nouvelle loi, les agences doivent le leur dire.

Les nouvelles dispositions en matière de gestion des dossiers incluses dans le projet de loi sur la politique de défense de 2024 récemment promulgué exigent que les agences fédérales organisent et étiquettent les dossiers relatifs à ce que le gouvernement appelle les « phénomènes aériens non identifiés » ou UAP.

Les agences ont jusqu'à la fin de l'exercice en cours pour « examiner, identifier et organiser chaque dossier UAP en leur possession en vue de sa divulgation au public et de sa transmission aux Archives nationales », selon une note envoyée mardi après-midi par Laurence Brewer, responsable des archives du gouvernement américain, et Chris Naylor, responsable exécutif des services de recherche de la NARA, aux responsables des archives des agences fédérales.

Une nouvelle collection centrale de dossiers UAP sera hébergée à la National Archives and Records Administration.

La loi a été adoptée sans mesures demandées par ses partisans, notamment le leader de la majorité au Sénat, Chuck Schumer. Ce démocrate de New York aurait mis en place une commission présidentielle ayant le pouvoir de déclassifier les dossiers relatifs aux UAP.

« Pendant des décennies, de nombreux Américains ont été fascinés par des objets mystérieux et inexpliqués, et il est grand temps qu'ils obtiennent des réponses », a déclaré Schumer en juillet dernier lorsque la législation bipartite a été introduite. « Le public américain a le droit de connaître les technologies d'origine inconnue, l'intelligence non humaine et les phénomènes inexplicables. »

Brewer et son équipe de la NARA sont chargés de fournir aux responsables des archives des directives sur les informations requises pour mettre en place la collection UAP et de créer un formulaire que les agences peuvent utiliser pour étiqueter les dossiers à collecter dans les archives UAP.

La note entre dans les détails sur ce que les responsables des archives peuvent attendre des exigences en matière de métadonnées, y compris des informations sur les niveaux de classification et de restrictions, ainsi que ce qui peut et ne peut pas être divulgué.

La NARA demande aux agences de commencer à identifier les dossiers pertinents et de s'attendre à d'autres instructions sur l'étiquetage et la transmission des dossiers aux Archives.

Cette nouvelle loi marque un pas en avant dans la quête de transparence sur les phénomènes mystérieux qui ont longtemps captivé l'imagination du public américain.

L'Europe a-t-elle un rôle à jouer ? Francisco Guerreiro et l'Initiative européenne sur les PAN

Le 20 mars 2024 marqua une date historique pour l'étude des phénomènes anormaux non identifiés (PAN) au sein des institutions européennes. À Bruxelles, sous l'impulsion de l'eurodéputé portugais Francisco Guerreiro, une rencontre dédiée à ces phénomènes se tint au Parlement européen. Cet événement rassembla plusieurs organisations ufologiques européennes et internationales, avec environ 150 participants connectés en ligne, soulignant l'intérêt croissant pour ce sujet souvent relégué aux marges des discussions officielles.

Francisco Guerreiro siège en tant que membre du groupe des Verts/ALE et, reconnu pour son pragmatisme et sa rigueur, n'était pas destiné à devenir un champion des PAN. Initialement sceptique, c'est l'intensification des débats publics aux États-Unis en 2023 qui attira son attention. Interrogé sur son cheminement, Guerreiro confia, lors de notre entretien :

« Mon intérêt est ancien. Ma mère était biologiste et elle m'a toujours dit d'être conscient de mon environnement, de remettre en question l'autorité et de faire une évaluation scientifique de ce que nous ne connaissons pas. »

En posant des questions écrites à la Commission européenne, Francisco Guerreiro chercha à obtenir des clarifications sur les rapports et protocoles existants concernant les PAN. Cependant, les réponses reçues étaient souvent évasives, la Commission affirmant ne pas disposer de documents pertinents. Ce manque de transparence renforça sa détermination à poursuivre ses investigations.

Le 26 juillet 2023, David Grusch, ancien officier du renseignement de l'US Air Force, David Fravor, ancien commandant de la marine, et Ryan Graves, directeur exécutif d'Americans for Safe Aerospace, ont affirmé, lors d'une audition de la sous-commission de la Sécurité nationale de la commission de contrôle et de responsabilité de la Chambre des représentants des États-Unis, que le gouvernement américain cachait des informations vitales sur des phénomènes anormaux non identifiés (UAP), ainsi qu'un programme secret de plusieurs décennies visant à récupérer et à procéder à l'ingénierie inverse de technologies non humaines potentielles. Ces affirmations émanant de hauts responsables américains ont de profondes implications sur la responsabilité et la transparence du gouvernement, ainsi que sur la sécurité nationale et internationale.

• 1. La Commission dispose-t-elle d'informations ou de documents sur les PAN qui ont été collectés par les États membres ou les agences de l'UE, telles que l'Agence de l'Union européenne pour le programme spatial ?

• 2. L'Agence européenne de défense (AED) dispose-t-elle de rapports sur les PAN et l'AED dispose-t-elle de protocoles internes pour recevoir les rapports sur les PAN des États membres de manière transparente et responsable ?

• 3. En ce qui concerne l'aviation civile, l'Agence de la sécurité aérienne de l'Union européenne (AESA) dispose-t-elle de rapports sur les PAN et l'AESA dispose-t-elle de protocoles internes pour recevoir des rapports sur les PAN de la part des pilotes et des opérateurs de radar de manière transparente et responsable ?

Le 9 novembre 2023, soit un peu plus de trois mois plus tard (au lieu du délai maximum de six semaines prévues par le Règlement intérieur du Parlement européen), la Commission a affiché son ignorance par la voix du commissaire français Thierry Breton en charge notamment de l'espace et de la défense. Précisant par exemple que « l'EDA ne détient aucun document pouvant correspondre au thème des phénomènes anormaux non identifiés (PAN) », ou encore que la collecte de connaissances ou de documentation sur les phénomènes anormaux non identifiés ne fait pas partie des objectifs du programme spatial de l'Union européenne définis par l'Agence de l'Union européenne pour le programme spatial (EUSPA).

En janvier 2024, Guerreiro soumit deux nouvelles questions écrites, cette fois-ci ciblant la législation sur l'aviation civile et la surveillance spatiale. Sa prise de parole en plénière attira l'attention des réseaux ufologiques à travers l'Europe et au-delà. Il déposa également une résolution individuelle visant à inclure les PAN dans les comptes rendus d'événements de l'aviation civile.

« Il est crucial que nous reconnaissions et investiguions ces phénomènes de manière rigoureuse. Ignorer les PAN, c'est faire preuve d'irresponsabilité vis-à-vis de notre sécurité aérienne et de notre compréhension scientifique. »

Malgré l'absence notable de certaines institutions européennes comme l'ESA, les participants formèrent un front commun. Francisco Guerreiro se montra optimiste quant à l'avenir, malgré les défis : « Nous avons fait un premier pas crucial. Les obstacles sont nombreux, mais notre détermination l'est tout autant. »

Malgré des réponses souvent négatives et un manque apparent de soutien institutionnel, Francisco Guerreiro réussit à faire bouger les lignes. Il provoqua un débat sans précédent sur les PAN au sein du Parlement européen et soutint les témoins de ces phénomènes, s'opposant fermement à leur stigmatisation. L'initiative de Guerreiro aboutit également à la formation d'un lobby européen pour les UFO, une première en Europe. Cette coalition marqua un pas significatif vers la reconnaissance et la recherche sur les PAN. Cependant, le chemin restait semé d'embûches, les efforts pour obtenir des réponses concrètes de la Commission européenne étant souvent entravés par des refus répétitifs.

« Mes collègues n'ont exprimé aucune action, mais nous sommes en période électorale. Ce sujet est très stigmatisé. Bien que je sache qu'il y a quelques députés intéressés par le sujet, dans l'ensemble ils ne se sont pas manifestés parce que, comme nous le savons, c'est un sujet sensible. »

Avec la nouvelle législature européenne de 2024, l'avenir des discussions sur les PAN reste incertain. Francisco Guerreiro et ses partisans doivent continuer à faire pression pour intégrer ces questions dans les politiques publiques européennes. Des sondages d'opinion européens et la publication de documents stratégiques font partie des outils envisagés pour maintenir la question des PAN sur le devant de la scène.

« Étant donné que nous terminons le mandat et que tout le monde est plus préoccupé par la campagne pour un deuxième ou troisième mandat, ce sujet sera mis en attente. Nous devrons attendre la prochaine composition pour voir si quelqu'un est prêt à reprendre le travail que j'ai commencé. Pour l'instant, je pense que ce sujet restera gelé. »

L'entretien complet est à retrouver dans la deuxième partie.

Le Japon face aux observations d'OVNI

Parmi les pays préoccupés par le phénomène des OVNI, le Japon, reconnu pour son avance technologique et ses efforts de recherche, s'engage également activement dans ce domaine. Les observations d'OVNI ne sont pas nouvelles au Japon. Depuis les années 1950, de nombreux rapports ont été enregistrés, allant de simples lumières étranges dans le ciel à des objets aux manœuvres impossibles pour les aéronefs conventionnels. Ces dernières années, une recrudescence de ces observations a été notée, avec des cas souvent bien documentés par des témoins oculaires et des enregistrements vidéo.

En juin 2023, l'International UFO Lab, basé à Fukushima, a publié une série de six photographies et vidéos que l'organisation affirme être fortement susceptibles de représenter de véritables OVNI. Capturées dans diverses régions du Japon telles que Kobe et Fukushima, ces images montrent des objets volants de forme ronde et triangulaire. L'annonce a été faite lors d'une conférence de presse à Fukushima, coïncidant avec la Journée mondiale des OVNI célébrée le 24 juin.

L'International UFO Lab, dirigé par Takeharu Mikami, passionné d'OVNI mais sans formation scientifique formelle, est en train de constituer une équipe d'experts japonais et étrangers pour mener des investigations approfondies. L'organisation est dédiée à l'analyse de près de 494 rapports reçus au cours de l'année passée. Bien que la majorité de ces rapports aient été attribués à des drones, des oiseaux, des réflexions de lumière ou des avions, les six images retenues demeurent inexpliquées. Mikami, également rédacteur en chef du magazine *Mu*, un mensuel qui explore « un large éventail de thèmes tels que les OVNI, la superscience, les pouvoirs psychiques, les cryptes et les civilisations anciennes », a souligné que, malgré la possibilité de manipulations par infographie, la nature réelle de ces objets pourrait indiquer la présence de formes de vie extraterrestres.

Face à l'augmentation des observations et à l'intérêt croissant du public, le gouvernement japonais a pris des mesures significatives. En mai 2024, des législateurs japonais ont formé un groupe multipartite pour encourager le gouvernement à créer une organisation dédiée à l'investigation des UAP (phénomènes aérospatiaux non identifiés). Ce groupe, présidé par Yasukazu Hamada, du Parti libéral-démocrate, avec l'ancien ministre de l'Environnement Shinjiro Koizumi comme secrétaire général, vise à analyser les informations sur les UAP et à coopérer étroitement avec les États-Unis pour une meilleure compréhension et gestion de ces phénomènes.

Le groupe parlementaire a tenu sa réunion constitutive en juin 2024 et a sollicité la participation de membres de tous les partis politiques. Dans sa déclaration fondatrice, le groupe a souligné les risques potentiels que représentent les UAP s'ils s'avèrent être des armes secrètes de pointe ou des drones espions d'autres pays. Une telle menace pourrait avoir des implications majeures pour la sécurité nationale du Japon.

La coopération internationale revêt un aspect crucial dans l'initiative japonaise. Inspiré par les efforts du groupe de travail sur les UAP du Département de la Défense des États-Unis, le Japon cherche à établir des liens étroits avec Washington pour partager des données et analyses. Aux États-Unis, la Federal Aviation Administration (FAA) a admis documenter les rapports d'UAP et partager ces informations avec le groupe de travail sur les UAP, marquant un changement notable dans la manière dont ces phénomènes sont traités par les autorités.

Préparation au « Black Swan » : le Royaume-Uni face à la découverte extraterrestre

Le gouvernement du Royaume-Uni se prépare officiellement à la découverte des extraterrestres. Appelé « Black Swan », ce dispositif fait référence à un événement rare, imprévisible et d'une ampleur considérable, ayant des conséquences importantes et souvent dévastatrices. Une initiative qualifiée de « longtemps attendue » par Nick Pope, le principal expert britannique en ufologie qui a eu accès à une partie de ce document. Cette révélation survient à la suite d'une demande d'accès à l'information, dispositif permettant aux citoyens de solliciter des données détenues par des organismes publics. Il a ainsi été révélé que le DSIT (Département pour la Science, l'Innovation et la Technologie) élabore actuellement des stratégies pour réagir à l'éventualité, aussi imprévisible soit-elle, de la découverte de la vie extraterrestre, incluant la manière dont cette révélation sera communiquée au public. Un événement de cette envergure, bien que surprenant de prime abord, pourrait sembler inévitable avec le recul et aurait des répercussions considérables sur divers aspects de la société.

Nick Pope, expert reconnu dans le domaine des OVNI pour le ministère de la Défense (MoD), a exprimé sa satisfaction quant à l'étude en cours : « Je suis très heureux d'apprendre que cette étude est en cours, car elle était attendue depuis longtemps» (voir notre entretien). Des rumeurs circulent dans la communauté scientifique selon lesquelles le télescope spatial *James Webb* aurait déjà détecté une forte preuve d'une biosignature. «Quoi qu'il ait pu trouver, il est très possible qu'une annonce concernant une biosignature – ou peut-être même une technosignature – soit imminente. Comme toujours, il vaut mieux avoir un plan et ne pas en avoir besoin, que d'avoir besoin d'un plan et ne pas l'avoir.»

Une biosignature est une caractéristique, telle qu'un élément ou une molécule, qui offre une preuve de vie extraterrestre passée ou présente. Les technosignatures, quant à elles, sont des indicateurs d'une technologie passée ou présente. Le DSIT classe à juste titre la découverte de la vie extraterrestre comme un événement scientifique imprévisible. L'impact sociétal de cette découverte est impossible à estimer.

Le rapport initial examine si un plan concret existe déjà – bien qu'aucun n'ait jamais été rendu public – et envisage à quoi un tel plan pourrait ressembler. Il explore également comment le Royaume-Uni pourrait se positionner en première ligne face à une découverte scientifique aussi extraordinaire. Cette étude, s'étalant sur une période de six mois, devrait être finalisée en juillet, au moment où un nouveau gouvernement pourrait en prendre possession. Un rapport interne sera présenté au secrétaire permanent du DSIT, exposant des recommandations pour un plan d'action incluant les opportunités, les défis et les domaines d'expertise à mobiliser.

Malgré les recherches menées par de nombreux pays, il existe peu de directives officielles concernant ce qui se passera en cas de découverte de la vie extraterrestre – ou même de contact. L'Académie internationale d'astronautique (IAA) a élaboré une Déclaration de principes, un ensemble de lignes directrices générales pour un tel événement, mais elle ne fait pas grand-chose au-delà d'établir que le signal doit être vérifié et que le pays qui en fait la découverte peut le partager avec le monde.

Le résumé de l'étude semble indiquer que la vie pourrait être trouvée au-delà de la Terre, notant de nombreuses missions en direction d'autres planètes dans cette recherche. De plus, les satellites et les antennes radio basés sur Terre et dans l'espace recherchent continuellement des signes parmi les étoiles, tandis que les rovers sur Mars poursuivent leur quête de preuves de vie sur la planète rouge.

La préparation du Royaume-Uni aux événements scientifiques imprévus

Étude de cas – La découverte de la vie au-delà de la Terre : Traduction du document du DSTI (Annex B - UK Readiness for Black Swan Scientific Events)

La convergence des avancées technologiques rapides, l'expansion des connaissances sur les capacités de la vie à survivre, et l'identification d'exoplanètes habitables nous ont rapprochés plus que jamais d'une avancée majeure.

Avec des missions visant à étudier les lunes de Saturne et de Jupiter, ainsi que des découvertes exceptionnelles sur Mars, nous nous rapprochons de la découverte d'environnements habitables au sein de notre système solaire. De plus, l'étude des extrêmophiles (un organisme est dit extrêmophile lorsque ses conditions de vie normales sont mortelles pour la plupart des autres organismes sur Terre) et l'utilisation de l'IA pour rechercher des biosignatures ont élargi notre compréhension et nos capacités de détection. Alors que ces facteurs convergent, la découverte imminente de la vie extraterrestre promet de révolutionner notre compréhension du cosmos et de nous propulser dans une ère d'exploration scientifique. Une telle découverte offre une opportunité unique pour le DSIT (Département pour la Science, l'Innovation et la Technologie) de prendre les devants au sein du gouvernement en positionnant le Royaume-Uni comme un pionnier mondial dans ce domaine d'exploration scientifique.

Autour de quel pays cette percée se concrétisera-t-elle ?

À quoi ressemble le paysage actuel du Royaume-Uni ? Avons-nous un plan prêt à être mis en œuvre dès la découverte ? À quoi ressemblerait un tel plan ? Que pourrions-nous faire à l'avance pour positionner le Royaume-Uni en première ligne ? Que pourraient nous apprendre ces considérations sur la réactivité du Royaume-Uni face à des événements scientifiques imprévus ?

Plan

Je consacrerai 6 mois à ce travail de recherche et d'analyse. J'intégrerai ce travail dans mon rôle actuel avec 10 à 15 % de mon temps réservé et une assistance bénévole lorsque cela sera possible. De plus, un petit budget couvrira les besoins en recherche. Le travail inclura des points de contrôle réguliers avec l'équipe de soutien d'IdeasLab.

Résultat

Cette période de recherche générera un court rapport interne pour le Secrétaire permanent du DSIT. Il présentera des recommandations pour un plan d'action incluant les opportunités, les défis et les domaines d'expertise.

Calendrier

Le rapport sera finalisé en juillet 2024, avec un projet intermédiaire et un rapport d'étape en avril.

Portée

Recherche documentaire évaluant le paysage actuel et les modèles historiques. Interviews, ateliers, questionnaires avec les parties prenantes pertinentes, au sein du gouvernement et de l'écosystème spatial élargi.

Le principal objectif du rapport sera l'impact sur le paysage scientifique, avec des considérations plus larges encadrées dans cette perspective. L'accent sera mis sur la préparation et la réponse du département, ainsi que sur le rôle de leader qu'il pourrait jouer au sein du gouvernement.

Bénéfices supplémentaires pour le DSIT

Cette recherche ne mettrait pas seulement en avant le DSIT comme un département dynamique et tourné vers l'avenir au sein du gouvernement. Cette étude de cas mettrait également en lumière la manière dont le Royaume-Uni a historiquement répondu à des percées scientifiques significatives et offrirait des opportunités d'apprentissage pour la préparation du Royaume-Uni à de tels événements de manière plus générale.

Une hypothèse provocatrice : des scientifiques de Harvard suggèrent l'existence d'une civilisation technologiquement avancée cachée sur Terre

Imaginez une civilisation technologique inconnue se cachant parmi nous, enfouie dans des bases souterraines profondes, émergeant parfois sous forme d'OVNI ou se fondant parmi les humains ordinaires.

Dans un nouvel article promettant de faire sensation dans la communauté scientifique, une équipe de chercheurs de Harvard et de l'Université technologique du Montana propose que les observations de phénomènes anormaux non identifiés (UAP) pourraient en fait refléter les activités d'êtres intelligents cachés sur Terre, peut-être sous terre, à proximité de la Terre (comme sur la Lune), ou même parmi nous, en se faisant passer pour des humains.

Les chercheurs reconnaissent que cette idée de « crypto-terrestres » est extrêmement exotique et sera probablement accueillie avec scepticisme par la plupart des scientifiques. Cependant, ils soutiennent que cette théorie mérite une considération sérieuse, avec un esprit d'humilité et d'ouverture.

Ainsi, les chercheurs de Harvard proposent plusieurs théories intrigantes :

1. Une « forme résiduelle » d'une ancienne civilisation humaine avancée pourrait être encore présente et nous observer.
2. Une espèce intelligente pourrait avoir évolué indépendamment des humains dans un passé lointain, peut-être à partir de « dinosaures intelligents », et cache maintenant sa présence.
3. Ces êtres pourraient être venus d'une autre planète ou d'une autre période temporelle.
4. Ces entités mystérieuses pourraient être « moins technologiques que magiques », comparables à des « anges terrestres ».

Les observations d'OVNI entrant ou sortant de points d'accès souterrains, tels que des volcans, pourraient indiquer que ces cryptoterrestres résident dans des bases souterraines ou sous-marines.

L'article mentionne également l'ancien représentant Mike Gallagher, qui a suggéré que les OVNI pourraient être des manifestations d'une civilisation ancienne cachée qui se révèle maintenant.

Les chercheurs ne s'arrêtent pas là, proposant même que ces cryptoterrestres pourraient prendre diverses formes non humaines, telles que des primates ou des reptiles. Ils spéculent également que ces êtres pourraient se cacher sur la Lune ou avoir maîtrisé l'art de se fondre parmi les humains, une théorie populaire dans la science-fiction.

Les chercheurs admettent que ces hypothèses sont « farfelues » et doivent être accueillies avec beaucoup de scepticisme. Toutefois, ils estiment que certaines caractéristiques des UAP sont suffisamment étranges pour justifier des explications non conventionnelles :

« Bien que ces idées soient extrêmement improbables, elles méritent néanmoins d'être envisagées alors que nous cherchons à comprendre le mystère empirique des UAP », concluent les chercheurs.

II.

ENQUÊTE
Les experts témoignent

Christopher MELLON

a servi sous les administrations de George W. Bush et Barack Obama. Sous l'administration Bush, il a été secrétaire adjoint à la Défense pour le renseignement, où il a supervisé diverses opérations de renseignement et de sécurité nationale. Il a poursuivi son service sous l'administration Obama, continuant à jouer un rôle clé dans les questions de renseignement.

Depuis 2017, comment évaluez-vous l'évolution de la perception publique et gouvernementale des phénomènes OVNI ?

Nous avons fait d'énormes progrès pour établir la validité du phénomène. La question n'est plus de savoir si les PAN existent, mais de comprendre ce qu'ils sont, d'où ils viennent, comment ils fonctionnent et quelles sont les intentions de ceux qui les contrôlent.

Quelles sont les implications des OVNI pour la sécurité nationale, et comment les agences de renseignement devraient-elles aborder ces phénomènes ?

Les PAN constituent une question cruciale de sécurité nationale qui nécessite une enquête rigoureuse. Il suffit de regarder la guerre en Ukraine pour voir la puissance des petits engins sans pilote en combat. Aujourd'hui, nous avons des PAN qui suivent des navires de guerre de la Marine en mer pendant des heures et opèrent en toute impunité dans l'espace aérien militaire restreint à terre. Un simple ballon chinois est insignifiant comparé à ces engins souvent rapides et hautement maniables, qui démontrent parfois des capacités extrêmes que nous ne comprenons pas et que nous ne pouvons pas reproduire.

Comment évalueriez-vous le niveau de transparence du gouvernement américain concernant les OVNI ? Quelles informations devraient être rendues publiques ?

Il y a une transparence minimale envers le public ou le Congrès. Le gouvernement a créé un guide de classification qui, en réalité, viole l'Ordre Exécutif du Président sur la classification en présumant que toute divulgation d'informations sur les PAN nuirait à la sécurité nationale. C'est manifestement ridicule. La propre enquête de l'USAF OSI sur les célèbres vidéos que j'ai fournies au *New York Times* et au *Washington Post* a confirmé qu'elles n'étaient pas classifiées et ne nuisaient pas à la sécurité nationale. En vérité, elles ont clairement contribué à renforcer la sécurité nationale en révélant une vulnérabilité stratégique qui était ignorée et qui est maintenant prise en compte. Pourtant, je sais que le gouvernement américain possède d'autres vidéos provenant des mêmes avions et systèmes de capteurs qu'il n'a pas diffusées. Je ne vois pas comment le gouvernement américain peut justifier légalement de retenir des vidéos du même type que celles que j'ai données au NYT. J'ai vu certaines de ces vidéos moi-même. Il y a également une grande quantité d'informations classifiées importantes concernant les PAN qui sont retenues par les comités de surveillance du Congrès, bien que tous les membres et le personnel aient des autorisations de sécurité de haut niveau.

Y a-t-il eu des incidents ou des observations d'OVNI depuis 2017 qui, selon vous, n'ont pas reçu l'attention des chercheurs ?

Absolument. De nouveaux rapports intrigants et crédibles arrivent tout le temps. Par exemple, combien d'investigations ont été menées sur les vidéos publiées par les Douanes et la Protection des frontières ? Ou certains des incidents révélés par The War Zone (par exemple, Guam, le Nord-Ouest Pacifique, Langley) ? Il y a également d'innombrables cas qui n'ont pas encore été révélés à la presse ou au public. Je connais un nouveau cas dans une base de l'USAF (Force aérienne des États-Unis) connu datant des derniers mois et un autre qui sera probablement présenté bientôt par un pilote retraité de l'USAF F-15.

Comment expliquez-vous les capacités de vol avancées observées dans certaines vidéos d'OVNI déclassifiées ? Pensez-vous que ces technologies pourraient provenir d'adversaires étrangers, ou sont-elles au-delà de notre compréhension technologique actuelle ?

Dans le cas du *Nimitz,* il est clair que nous avons un véhicule qui défie notre compréhension de la science, sans parler de nos capacités d'ingénierie. Personne que je connaisse dans le gouvernement américain ne croit que les Russes ou les Chinois opéraient le Tic Tac hypersonique suivi dans le cas du *Nimitz*. Il a démontré des capacités que nous ne pensions même pas possibles.

Quel impact la reconnaissance officielle des OVNI pourrait-elle avoir sur notre société et nos croyances culturelles ?

La reconnaissance officielle des OVNI pourrait avoir un impact profond et multidimensionnel sur la société, façonnant l'avenir de notre civilisation à travers des avancées scientifiques, des changements culturels, des adaptations économiques et des répercussions psychologiques et sociétales. Il est crucial d'aborder ce sujet avec ouverture d'esprit, transparence et volonté d'explorer l'inconnu. Ce serait absolument transformateur et, en supposant qu'il n'y ait aucune intention hostile, probablement bénéfique à long terme. Comment voyez-vous l'avenir de la recherche sur les OVNI, et quelles découvertes espérez-vous voir dans les prochaines années ?

Comment voyez-vous l'avenir de la recherche sur les OVNI et quelles découvertes espérez-vous voir dans les années à venir ?

Je suis un fervent partisan des efforts scientifiques (par exemple, le Projet Galileo, SCU et la Fondation Sol) ainsi que de la poursuite des investigations gouvernementales. J'espère que, grâce au Projet Galileo et à d'autres initiatives, nous aurons bientôt des données non classifiées de haute qualité à partager avec le public. J'espère que nous serons en mesure d'obtenir des données qui mèneront à des percées majeures et à des avancées dans l'identification de la source de ces objets ainsi que de leurs moyens de propulsion et de leurs objectifs.

À titre personnel, croyez-vous à une vie extraterrestre et, si oui, sous quelle forme ?

Il est mathématiquement certain que nous ne sommes pas seuls dans l'univers, ni probablement dans cette galaxie. Les estimations varient, mais de nombreux astronomes ont conclu qu'il existe probablement d'autres civilisations avancées dans notre Voie Lactée. Je suis convaincu que la vie extraterrestre prend de nombreuses formes, y compris certaines que nous n'avons pas encore imaginées.

Faut-il s'en méfier, faut-il avoir peur ? Ou bien est-ce une chance pour l'humanité ?

Je vois cela comme une grande opportunité pour transformer notre vision du monde et améliorer les relations internationales. Cependant, bien sûr, nous devons être prudents. Il semble y avoir un intérêt considérable pour nos capacités militaires et particulièrement nucléaires. Nous ne savons pas encore pourquoi. Cela pourrait n'être que de nature défensive, cherchant à comprendre quelles capacités nous avons et quelles menaces nous pourrions poser. Ou bien cela pourrait être un plan de contingence au cas où ils ressentiraient le besoin d'intervenir, peut-être parce que nous compromettions quelque chose qu'ils valorisent ici. Ou encore, cela pourrait être une préparation pour occuper la planète. Je déteste penser à cette dernière possibilité, mais nous ne connaissons tout simplement pas leurs intentions – donc, bien sûr, nous devons être prudents. L'évolution est cruelle et impitoyable, et si une vie extraterrestre intelligente est derrière l'opération de certains de ces objets, elle est issue de ce processus. Espérons qu'ils ont dépassé cette mentalité grâce à leurs connaissances et capacités, ce qui leur a permis d'échapper à la pression de la concurrence. Il se pourrait qu'en étudiant ce phénomène nous puissions acquérir de nouvelles perspectives et capacités qui aideraient à résoudre la crise énergétique et à améliorer notre productivité et notre niveau de vie. Quoi qu'il en soit, plus nous répondrons rapidement à ces questions, mieux ce sera, car nous aurons plus de temps pour agir en fonction de ces connaissances.

Quel message voudriez-vous adresser au public concernant l'importance de comprendre et d'étudier les phénomènes OVNI ?

Je suis en train d'écrire quelque chose à ce sujet. Ce que je dirais en bref, c'est qu'il est irrationnel de craindre un ballon chinois tout en ignorant des centaines d'engins violant l'espace aérien américain, qui sont hautement manœuvrables et peuvent atteindre des vitesses hypersoniques ! De plus, à mesure que nous explorons l'espace plus en profondeur, nous avons appris que chaque étoile a des planètes et que notre système solaire n'est en fait qu'un grain de sable sur une plage infinie. Nous n'avons pas besoin de paniquer, mais nous devons reconnaître que c'est un sujet d'une importance immense pour la science et la sécurité nationale.

Quelle est l'importance du scepticisme scientifique dans l'étude des phénomènes OVNI, et comment peut-on trouver un équilibre entre l'ouverture d'esprit et le scepticisme critique ?

Le scepticisme est essentiel et fondamental pour la science. Il est vital. Ce qui est regrettable, c'est que certains des prétendus « démystificateurs » ne s'engagent pas dans la science mais jouent à des jeux dans un effort désespéré pour discréditer des données convaincantes. Par exemple, un « démystificateur » nommé Mick West ignore les témoignages des aviateurs qui ont confirmé, grâce à plusieurs sources radar indépendantes, que l'objet Gimbal se trouvait à une distance de 4 à 6 miles lors de son enregistrement. Pourtant, il a créé un modèle que les critiques utilisent, prétendant que l'objet est un avion sans transpondeur à 30 miles, volant dans un espace aérien restreint. Il ne parvient pas non plus à expliquer la formation de plus petits PAN que l'objet Gimbal suivait. Ce genre de raisonnement fallacieux est trompeur, mais efficace pour alimenter les sceptiques abordant la question des PAN, comme les journalistes tels que Julian Barnes, du *New York Times*, qui interviewent et citent Mick West mais n'intéressent pas les véritables experts, les pilotes et les opérateurs de systèmes d'armes.

Je pense que Mick West est un charlatan ingénieux, peu enclin à accepter les faits dérangeants et à considérer le témoignage des pilotes de la Marine, qui sont parmi les observateurs les plus fiables et les mieux formés. Bien qu'ils soient humains et faillibles, rejeter un rapport comme celui de l'incident Nimitz, impliquant quatre aviateurs ayant vu un engin blanc sans ailes de 48 pieds en plein jour à courte distance, ainsi que le témoignage des nombreux opérateurs et techniciens radar, est arrogant, injustifié et inapproprié. Ces individus sont bien plus compétents que Mick en matière d'avions de chasse et de systèmes de capteurs militaires. Bien que ces témoignages aient une valeur limitée pour la science, ils sont cruciaux pour orienter la sécurité nationale et la politique publique, qui ne peuvent souvent pas fonder uniquement sur des données scientifiques parfaites. La communauté du renseignement s'appuie sur les rapports humains au quotidien, tout comme nous nous fions à la fiabilité et à l'honnêteté de notre personnel militaire.

Comment évaluez-vous la qualité des preuves présentées par des documentaristes comme Jeremy Corbell dans le contexte des UAP ? Pensez-vous que leur interprétation des données et des vidéos est scientifiquement valide ?

J'aime beaucoup Jeremy. C'est un type formidable. Il ne prétend pas être un scientifique. Ce qu'il fait, c'est continuer à révéler des informations importantes qui autrement ne seraient pas disponibles au public. Les interprétations des données varient, mais je suis très heureux que nous ayons ces données. Son travail, ainsi que celui de George Knapp, enrichit la discussion.

Le scepticisme du public et des autorités en Amérique et très différent du public français ; pensez-vous que le sujet est toujours tabou ? Avez-vous eu le sentiment de mettre votre réputation en jeu en en parlant ?

Le sujet n'est plus tabou ici en Amérique, bien qu'il reste très controversé. En ce qui me concerne, j'aspirais à occuper un poste public, mais mon implication dans cette question m'a probablement coûté cette opportunité de servir à nouveau. J'aimais travailler au sein du gouvernement pour le peuple américain et cela me rend triste de penser que je ne pourrai plus jamais avoir cette opportunité simplement parce que j'ai pris des mesures pour faire avancer la sécurité nationale.

Dans quelle mesure la désinformation et les théories du complot affectent-elles le domaine de la recherche sur les OVNI, et comment les chercheurs peuvent-ils travailler dans cet environnement pour présenter des informations fiables ?

Les théories du complot menacent de saper le soutien à la recherche sur les PAN. On peut le voir clairement dans le cas du dernier rapport de l'AARO, qui a refroidi les allégations selon lesquelles les États-Unis auraient récupéré une technologie extraterrestre. De nombreux journalistes et une grande partie du public confondent la question de la récupération avec la question plus large des PAN, ce qui est inapproprié et regrettable. Indépendamment de la véracité de ces allégations, les PAN sont très actifs dans l'espace aérien américain. Nous recevons des centaines de rapports chaque année et nous devons tirer cela au clair.

Quel impact les médias et les productions de divertissement ont-ils sur la perception publique des OVNI ? Aident-ils à promouvoir une discussion sérieuse ou contribuent-ils à la stigmatisation ?

Les meilleures productions aident à éduquer et à informer, tandis que d'autres alimentent des théories du complot absurdes. C'est donc un mélange. J'aimerais penser que, dans l'ensemble, l'effet net est positif.

En quoi l'étude des phénomènes OVNI peut-elle contribuer à notre compréhension générale de l'univers et des technologies potentielles ?

Les perspectives que nous pourrions acquérir pourraient s'avérer absolument transformatrices, non seulement en termes de science et de technologie, mais aussi pour notre culture, notre état d'esprit et notre vision du monde.

Nick POPE

est journaliste britannique et ancien fonctionnaire du ministère de la Défense (MoD). De 1991 à 1994, il a enquêté sur les rapports d'OVNI pour le MoD, évaluant leur potentielle menace pour la sécurité nationale. Après avoir quitté ses fonctions en 2006, il est devenu auteur en publiant plusieurs livres sur les OVNI, et expert dans des célèbres émissions UFO américaines. Connu pour son approche équilibrée et son appel à la transparence gouvernementale, Pope est une voix influente dans le domaine de la recherche sur les OVNI.

Comment votre expérience en tant qu'enquêteur gouvernemental pour le ministère de la Défense britannique sur les OVNI a-t-elle suscité votre intérêt pour la question des OVNI ? Quels aspects de ce sujet vous intriguent-ils le plus ?

Je n'avais aucun intérêt pour le sujet des OVNI et des extraterrestres avant d'être affecté au « Bureau des OVNI » du ministère de la Défense en 1991. Pour moi, cela n'a jamais été un passe-temps ou un intérêt personnel, mais mon travail pour le gouvernement. Je trouve le sujet intéressant car la découverte de la vie extraterrestre pourrait être l'histoire la plus importante de l'humanité. En fonction de ce que nous découvrirons et de la façon dont les événements se dérouleront, cela pourrait être le moment le plus marquant de l'histoire de l'humanité en raison des conséquences potentielles qui découleraient de cette découverte. C'est pourquoi je suis toujours resté très concerné, même après la fin de ma mission gouvernementale.

Depuis quand croyez-vous à la vie extraterrestre ? Pourquoi ? Sous quelle forme ? Avez-vous des expériences personnelles ou des raisons spécifiques qui ont influencé votre croyance ?

Depuis que j'ai commencé à réfléchir à la question, j'ai cru à la vie extraterrestre car les lois de la physique et les lois de la chimie semblent être les mêmes dans l'univers observable. Même si les processus exacts sont inconnus, les processus qui ont donné naissance à la vie sur Terre ont presque certainement eu lieu ailleurs. À moins de penser qu'il y avait quelque chose de presque littéralement magique – dans le sens d'Harry Potter ! – et unique sur Terre, il semble logique que la vie se soit répandue dans l'univers. Plus nous regardons, moins notre Soleil et notre Terre paraissent uniques et ordinaires. Bien que j'aie enquêté sur des centaines d'observations d'OVNI pour le compte du ministère de la Défense, je n'ai jamais vu d'OVNI ni vécu d'expérience personnelle moi-même.

Pensez-vous que la fiction (films, livres, etc.) a influencé notre perception des extraterrestres et aurait un impact sur la manière dont nous interpréterions un contact réel ?

Il existe une relation intéressante mais complexe entre la science-fiction et l'ufologie. Si la science-fiction influence sans aucun doute notre vision de ce que peuvent être les extraterrestres, les créateurs de science-fiction utilisent parfois des cas d'OVNI et d'enlèvements comme source d'inspiration pour leurs projets. Que ces cas soient vrais ou non, la science-fiction influencera inévitablement la façon dont nous interpréterons le contact réel. En particulier, l'idée que les extraterrestres constituent une menace sera difficile à surmonter en raison de la masse de science-fiction sur les invasions extraterrestres avec la présence d'extraterrestres malveillants.

*Malheureusement, vos livres n'ont pas été traduits en français. Pourriez-vous présenter la thèse principale d'*Open Skies, Closed Minds *? Vous évoquez le scepticisme du public et des autorités ; pensez-vous que le sujet est encore tabou ? Avez-vous eu l'impression de risquer votre réputation en en parlant ?*

Open Skies, Closed Minds est un aperçu du mystère des OVNI, mais en mettant l'accent sur mes recherches et enquêtes pour le gouvernement britannique. J'ai partagé avec les lecteurs un aperçu de notre étude du sujet au sein du gouvernement, ainsi que de notre perception et de nos opinions sur le phénomène. J'ai également détaillé certains cas figurant dans nos dossiers, certains historiques et d'autres plus récents sur lesquels j'avais personnellement enquêté. J'ai dû soumettre le manuscrit de mon livre à une autorisation de sécurité afin de m'assurer de ne pas divulguer par inadvertance des informations classifiées. Même s'il y avait plus de scepticisme à propos des OVNI qu'aujourd'hui, je ne m'inquiétais pas de ma réputation, car en tant que membre actif du ministère de la Défense je savais que les médias et le public ne pourraient pas contester mes références.

Quels sont, selon vous, les trois cas les plus emblématiques ou troublants du phénomène OVNI ?

Je pense que les trois cas les plus emblématiques sont Roswell, la forêt de Rendlesham et le cas *USS Nimitz*/Tic Tac. Concernant les cas troublants, je choisirais les incidents impliquant Thomas Mantell (parce qu'il est mort), Frederick Valentich (parce qu'il est porté disparu, présumé mort) et l'observation de Cash-Landrum (où il a été montré que les radiations de la rencontre avec l'OVNI lui ont causé une maladie grave).

Que pensez-vous des vidéos déclassifiées par l'armée américaine ?

Les militaires américains ont confirmé l'authenticité des vidéos, et les phénomènes aériens observés restent qualifiés de non identifiés. Prenant appui sur mon expérience gouvernementale, je suis sûr qu'ils ont une « meilleure évaluation actuelle ». Lorsque j'ai interrogé le DOD (Département de la Défense des États-Unis) à ce sujet, il a refusé de commenter.

Que pensez-vous des positions prises par les hommes politiques américains sur ce sujet ? Êtes-vous favorable à ce que la politique s'attaque à ce problème ? Que pensez-vous des polémiques que cela déclenche ?

Il est important que les politiciens américains aient abordé la question des OVNI car le Congrès dicte les actions du gouvernement américain sur ce sujet et oblige l'armée et la communauté du renseignement à rendre des comptes. J'y suis favorable car les législateurs du Congrès ont un véritable pouvoir pour garantir davantage d'enquêtes et d'informations divulguées. Cela a impliqué des politiciens des deux principaux partis, ce qui est positif car cela montre qu'il ne s'agit pas uniquement d'une question politique de parti.

L'approche est-elle la même au Royaume-Uni ? Comment votre rôle a-t-il été perçu au ministère de la Défense ? Aviez-vous des liens avec vos homologues étrangers, notamment les Français du GEIPAN ?

Très peu de responsables politiques au Royaume-Uni se sont engagés de manière significative sur ce sujet. Quelques députés posaient des questions au Parlement, mais aujourd'hui ils sont très rares. Le contraste avec la situation actuelle aux États-Unis est frappant. Lorsque j'enquêtais sur les OVNI pour le ministère de la Défense, mes prérogatives me limitaient à enquêter sur les observations au Royaume-Uni. J'ai parfois pris contact avec d'autres pays, mais cela était rare car les ressources étaient limitées. Au fil des années, j'ai rencontré divers personnels du GEIPAN, dont Claude Poher, Jean-Jacques Velasco et Jacques Patenet, mais je ne me souviens pas si c'était officiellement alors que je travaillais au ministère de la Défense ou plus récemment à titre personnel.

Pensez-vous que les gouvernements détiennent des informations sur les rencontres extraterrestres qu'ils ne divulguent pas au public ? Pensez-vous que l'opinion publique se prépare aux révélations à venir ?

Certains aspects du travail du gouvernement américain sur les OVNI restent classifiés. Nous le savons car le Congrès a reçu des briefings classifiés et des rapports écrits classifiés, seules des versions non classifiées ont été rendues publiques. Mais nous ne savons pas si cela signifie que des éléments du gouvernement américain sont conscients de la présence extraterrestre. Les suppressions et caviardages peuvent protéger des méthodes de collecte de renseignements ou éviter de révéler des détails sur les capacités de défense. Si le gouvernement américain cache des informations sur les visites extraterrestres, il est possible que toutes les révélations récentes fassent partie d'un programme visant à acclimater les gens en prévision d'une annonce officielle. Les révélations aux États-Unis au cours des six dernières années ont intégré ce sujet dans le *mainstream* et ont amené davantage de gens à croire à la réalité de cela.

Si des preuves tangibles de la vie extraterrestre étaient découvertes, comment pensez-vous que l'humanité réagirait ?

Cela dépend de la nature de cette vie, notamment de son intelligence ou non. Trouver la vie microbienne serait une découverte étonnante, mais trouver une autre civilisation serait probablement la plus grande et la plus marquante de toutes les découvertes. Les réactions varieraient : certains avec choc et peur, d'autres avec crainte et émerveillement, certains avec joie et espoir, et la plupart avec curiosité. Inévitablement, il y aura des gens qui ne croiront pas à la découverte et qui construiront des théories du complot autour d'elle.

Qu'est-ce qui changerait et à quels niveaux ? Y aurait-il des changements significatifs dans la politique, l'économie ou la culture ? Cela perturberait-il notre conception de la vie ?

Bien que les effets dépendent de la nature exacte de ce qui est découvert, il est probable que la découverte d'une autre civilisation (en particulier s'il s'avérait qu'elle avait visité la

Terre et que des éléments du gouvernement en étaient au courant depuis un certain temps) aurait des effets profonds et durables sur presque tous les aspects de nos vies. Cela inclurait la politique, la religion, la science, la technologie, l'économie, la médecine, les soins de santé, la psychologie, la philosophie, et bien plus encore. Ce sera le jour où le monde changera pour toujours, et cela pourrait entraîner des perturbations considérables, surtout si les gens perçoivent un danger et paniquent en conséquence. Une crise dans les grandes religions du monde est possible si elles luttent pour intégrer la réalité de la vie extraterrestre dans leurs doctrines religieuses.

Pensez-vous que nous sommes prêts ? Est-ce une opportunité pour l'humanité ? Devons-nous rechercher ce contact ?

Nous ne sommes pas préparés car nous ne savons pas à quoi nous préparer. Nous ne pouvons envisager la question des extraterrestres que dans une perspective anthropocentrique et la réalité dépasse peut-être notre compréhension. Il y a tellement de variables concernant ce à quoi pourraient ressembler les extraterrestres et comment le premier contact pourrait se dérouler qu'il est presque impossible de prédire comment les événements se dérouleraient et comment l'humanité réagirait. Il y aura probablement des menaces et des opportunités, mais les humains ont toujours été motivés par le désir de rechercher de nouvelles connaissances et expériences, et nous ne pouvons probablement pas lutter contre la nature humaine. Il nous est donc impossible de ne pas rechercher ce contact.

Les crashs d'OVNI vous semblent-ils plausibles ? Pensez-vous que nous avons secrètement récupéré du matériel extraterrestre ?

Quelles preuves ou indices vous amènent à le penser ? le cas échéant ?

Si nous recevons la visite d'extraterrestres, il est possible qu'ils s'écrasent. Bien qu'il soit logique de supposer que leur technologie est en avance sur la nôtre (car ils sont capables d'effectuer des voyages interstellaires viables et nous ne le sommes pas), nos avions modernes sont beaucoup plus avancés que les premiers avions mais ils s'écrasent toujours parfois. Nous ne pouvons pas savoir comment les vaisseaux spatiaux extraterrestres sont construits, mais à moins de penser qu'il y a quelque chose de presque littéralement magique dans ces véhicules, la logique veut que les extraterrestres ne soient pas infaillibles ou tout-puissants, que des erreurs se produiront et que des accidents sont donc possibles. Si des accidents se sont produits, il est logique de suggérer que quelqu'un, probablement le gouvernement américain, a récupéré l'engin. Des lanceurs d'alerte de la communauté du renseignement, comme David Grusch, affirment que cela s'est produit. L'organisation « To The Stars Academy » a également affirmé détenir des matériaux provenant d'accidents d'OVNI. Ainsi, même s'il n'existe aucune preuve définitive, il existe des preuves intrigantes.

Comment imaginez-vous d'éventuelles entités extraterrestres ? Pensez-vous qu'ils auraient une forme physique similaire à la nôtre ou complètement différente ? Faut-il avoir peur ?

J'envisage une grande variété de vies, car, en supposant que nous ne soyons pas seuls, il semble plus logique qu'il existe plusieurs autres formes de vie et civilisations plutôt qu'une seule autre planète avec de la vie. Cette vie pourrait prendre de nombreuses formes, y compris des formes fondées sur l'intelligence artificielle (IA) plutôt que biologique. Mais il est logique que la vie s'adapte à son environnement – par le biais de mutations aléatoires et de sélection naturelle – et que cela soit également vrai sur d'autres planètes. Tout comme sur Terre, une conception réussie peut surgir indépendamment plusieurs fois, ce qui signifie qu'une certaine vie peut ressembler beaucoup aux êtres humains ou à d'autres formes de vie sur Terre. Les humains ont souvent peur de l'inconnu, la peur serait donc une réponse logique, surtout si cette vie semble plus avancée technologiquement que l'humanité. Nous ne connaissons peut-être pas les intentions de la vie extraterrestre à notre égard, alors peut-être devrions-nous avoir peur jusqu'à ce que nos craintes soient dissipées.

Dans The Uninvited, *vous abordez le sujet des enlèvements. Que pensez-vous des témoignages de personnes qui affirment avoir vécu ce phénomène ? Sont-ils crédibles ? Pensez-vous qu'il existe des explications psychologiques ou cela pourrait-il être lié à des expériences réelles ? Êtes-vous d'accord avec la ligne de pensée de John Mack ?*

The Uninvited était un aperçu du phénomène des enlèvements de la même manière qu'*Open Skies Closed Minds* était un aperçu du phénomène OVNI. J'ai rencontré de nombreuses personnes qui prétendaient avoir été victimes d'enlèvements et j'ai présenté certaines de ces personnes dans *The Uninvited.* Presque tous semblent sincères et ont peu à gagner à s'exprimer. Mais tout comme les OVNI ont des causes multiples, il est probable que les récits d'enlèvements soient multifactoriels. Il y aura des canulars et certaines expériences pourront être attribuées à des rêves vifs, à des hallucinations ou à d'autres causes psychologiques. L'utilisation de l'hypnose de régression dans de nombreuses enquêtes complique les choses, car certains scientifiques pensent qu'elle peut brouiller les souvenirs, voire créer de faux souvenirs. J'ai rencontré à plusieurs reprises les chercheurs les plus connus dans ce domaine, comme John Mack, Budd Hopkins et David Jacobs. Je ne m'aligne sur aucun individu ou théorie en particulier mais je garde l'esprit ouvert. Comme pour les OVNI, s'il peut être prouvé qu'un seul cas implique des extraterrestres, notre monde changera à jamais.

Que pensez-vous du phénomène Oumuamua ?

Je ne suis pas un scientifique, mais je fais partie des nombreux non-scientifiques que le professeur Avi Loeb a invités à rejoindre le projet Galileo. En tant que non-scientifique, je n'ai pas la capacité de comprendre les détails techniques de son travail, mais tout est fondé sur des données et conforme à la méthode scientifique. En raison de l'importance potentielle de sa découverte, nous devons faire attention à d'autres objets similaires. Nous avons détecté Oumuamua assez tard et devrions veiller à détecter beaucoup plus tôt tout objet similaire entrant dans notre système solaire afin de pouvoir collecter plus de données et peut-être planifier une mission pour l'intercepter.

Pourriez-vous donner votre avis sur la loi proposée par le représentant Burchett concernant la transparence des phénomènes aériens non identifiés (PAN) ? Comment évaluez-vous l'impact potentiel de cette législation sur la recherche et la divulgation d'informations relatives aux PAN ?

Le représentant Tim Burchett est l'un des membres du Congrès (certains républicains, certains démocrates) qui s'intéressent aux phénomènes aériens non identifiés (PAN) – certains au Sénat et d'autres à la Chambre des représentants. Le problème est que tous ces représentants du Congrès ne s'accordent pas sur la meilleure manière de procéder. La rédaction de la législation aux États-Unis est complexe et sera encore compliquée par l'élection présidentielle américaine qui a eu lieu en novembre dernier. Cela signifie que même les domaines où il y a eu un accord bipartite peuvent devenir des questions politiques partisanes. Cela implique qu'il y aura une série complexe de négociations sur toutes les différentes propositions liées aux PAN (il y en a d'autres en dehors de celle proposée par le représentant Burchett), mais nous ne saurons pas ce qui sera réellement inclus dans la Loi d'autorisation de la défense nationale pour l'exercice 2025 avant la fin de 2024. L'année dernière, le président Biden a signé la NDAA (Loi d'autorisation de la défense nationale) fin décembre.

Vous avez annoncé que le gouvernement britannique mène une étude sur la manière d'annoncer la découverte de la vie extraterrestre. Vous avez même publié en exclusivité une page d'un document obtenu du Département pour la Science, l'Innovation et la Technologie. Pourriez-vous, s'il vous plaît, développer ce sujet et expliquer l'importance de ce document selon vous ?

Je suis très heureux d'apprendre que cette étude est en cours, car elle est depuis longtemps attendue. Je pense qu'il est approprié d'appeler cela un plan d'étude. En d'autres termes, il expose le problème (c'est-à-dire que nous pourrions, peut-être par la découverte d'une biosignature par le JWST[1], trouver des preuves solides de vie extraterrestre) et

1. Télescope spatial *James-Webb*.

énonce ensuite les actions prévues et les délais. D'une certaine manière, la chose la plus intéressante à propos de cette étude est qu'elle est réalisée, car je n'ai connaissance d'aucun gouvernement ayant précédemment fait un commentaire public sur la manière dont ils pourraient annoncer la découverte de vie extraterrestre, ou discutant des autres actions pouvant être entreprises. J'ai déjà commenté dans les médias la nécessité pour les gouvernements d'élaborer des plans de contingence pour ce scénario, et j'espère que ce sera l'un des résultats ou au moins l'une des recommandations de cette étude. À l'heure actuelle, la chose la plus proche que nous ayons est la Déclaration de principes du SETI, mais celle-ci est écrite uniquement dans le scénario de la détection d'un signal radio, couvre des questions telles que la vérification et la publication des données, et n'est pas juridiquement contraignante pour les nations. Nous avons besoin de quelque chose qui va bien au-delà de la Déclaration de principes du SETI, car les conséquences sociétales de la découverte de la vie extraterrestre impacteront presque tous les aspects de nos vies, de la politique à la religion, de la science et la technologie à l'économie.

Alain JUILLET

Ancien directeur du renseignement à la DGSE, il a été Haut Responsable chargé de l'Intelligence économique auprès du Premier ministre en 2002. Diplômé de Sciences Po et de l'ESCP, il a aussi dirigé plusieurs entreprises. Auteur et conférencier reconnu, il est une figure influente dans le domaine du renseignement et de la stratégie économique en France.

Croyez-vous en l'existence de la vie extraterrestre ? Qu'est-ce qui vous a poussé à vous intéresser à ce sujet ? Est-ce par le prisme de la sécurité et du renseignement que vous avez abordé ce domaine ?

À mon sens, le problème principal qui nous est posé, au-delà de toutes les conséquences potentielles, est le suivant : nous observons, de manière de plus en plus précise grâce aux technologies actuelles qui minimisent les erreurs d'interprétation, la présence de phénomènes non identifiés, communément appelés PAN ou OVNI. Jusqu'à présent, ces phénomènes n'ont montré aucun comportement agressif. Cependant, si cela venait à changer et qu'ils devenaient hostiles, nous serions confrontés à un problème d'une ampleur considérable, car nous n'avons pas les moyens de les neutraliser. C'est la réalité : nous ne savons pas comment les arrêter. Actuellement, nous ne disposons pas des ressources techniques nécessaires pour nous défendre contre de telles menaces. Voilà ce qui a retenu toute mon attention.

Parce que le phénomène OVNI peut susciter de nombreux fantasmes, votre approche est-elle plutôt pragmatique ? Ce sujet ne vous a-t-il pas fait rêver, par exemple, durant votre jeunesse ?

Non. Comme tout le monde, j'ai lu des livres de science-fiction, j'ai vu des films et je trouvais ça très intéressant. Mais ce qui m'a véritablement motivé, c'est le problème de sécurité nationale. Mais, à partir du moment où l'on commence à considérer ces problèmes, il y a forcément beaucoup de questions qui se posent ensuite.

Est-ce qu'aujourd'hui c'est une question importante pour la sécurité de la France ? Le gouvernement s'intéresse-t-il à cette question ?

Je ne sais pas si le gouvernement français s'y intéresse beaucoup aujourd'hui. Mais je sais que la plupart des grandes puissances s'y intéressent de plus en plus, parce que tout le monde a constaté la même chose. Les Américains se sont réveillés et font beaucoup de choses depuis quelque temps en se posant la question suivante : est-ce que c'est agressif ? Qu'est-ce que ça pourrait nous faire ? Quand il y a des témoignages qui montrent, par exemple, qu'il y a eu, au moins une fois, la déconnexion de tous les missiles nucléaires d'un site de lancement par des engins non identifiés qui étaient au-dessus (*en 1967, sur l'un des sites de Malmstrom), cela pose un sacré problème. Cela veut dire qu'un pays peut être dans l'incapacité de répondre ou d'attaquer dans certaines conditions. C'est donc extrêmement important.

Vous vous rappelez le survol des centrales nucléaires il y a quelques années par des drones ? On n'a vraiment jamais su ce que c'était. Pensez-vous que ça fait partie de ce phénomène ?

Ces cas de survol de centrale nucléaire sont plus confus. Cela pouvait être de l'espionnage pour des pays étrangers. Mais aujourd'hui des satellites font cela très bien à haute altitude. Pas la peine de survoler avec des drones. Cette histoire de drones était due, à l'époque, à des ONG qui faisaient circuler leurs drones au-dessus des centrales pour prouver qu'elles étaient mal protégées.

Vous évoquez les États-Unis et les Américains. Depuis 2017, avec la déclassification d'un certain nombre de vidéos et de témoignages émanant de l'armée et notamment de la Navy, tout l'écosystème OVNI est très agité par les États-Unis. On a un peu l'impression que la France a été à la pointe pendant très longtemps, notamment avec la création du GEIPAN, avec le rapport COMETA, et que c'est un peu moins le cas aujourd'hui.

Le rapport COMETA a été un moment très intéressant, parce que, pour la première fois, des personnalités très différentes et qui ne sont pas censées être des rêveurs, loin de là même, faisaient un rapport disant : « Attention, il faut regarder, il y a un problème. » Et nous étions effectivement les premiers au monde, à ma connaissance en tout cas, à sortir ce type de rapport qui a intéressé le monde entier, d'ailleurs.

Le GEIPAN a ensuite été le précurseur d'un lieu où on compilait toutes les informations qui pouvaient arriver. Essentiellement des témoignages visuels de personnes mais aussi en provenance de la gendarmerie. En revanche, le GEIPAN n'a pas eu beaucoup d'informations émanant de sources militaires. Aux États-Unis, il n'y avait aucune information de la part des militaires et on ne recueillait pas d'information du tout. Ce n'est que depuis très peu de temps qu'ils se sont dit : ce serait intéressant qu'on regarde. La Navy, par exemple, a commencé à sortir un certain nombre d'infos dont les fameux films du *Nimitz* dans lesquels on voit des engins suivis par des avions de chasse qui ont verrouillé leur système de bord sur ces engins. Là, il n'y a pas le moindre doute. On voit ces engins faire des choses incroyables comme aller dans tous les sens et, surtout, le plus intéressant, rentrer dans l'eau et ressortir sans changer de vitesse.

Expliquez-vous pourquoi c'est la Navy qui a ce genre d'image ? Les autres armes aux États-Unis ne proposent rien ?

C'est vrai ! Aux États-Unis depuis les révélations de la Navy, mais aussi les déclarations de Luis Elizondo et plus récemment de David Grusch, et d'autres, on a vu sortir un certain nombre d'informations plus ou moins recoupées. On s'est aperçu en faisant des recherches qu'un certain nombre de choses ont pu se passer, même si on a pu aussi confondre, en tout cas en Californie. Certains systèmes, qu'on a pensés comme OVNI ou PAN, étaient en réalité de nouveaux prototypes d'avions furtifs, les premiers essais des avions furtifs américains. Quand les gens les voyaient dans le ciel, ils avaient l'impression que c'était une soucoupe volante parce qu'ils n'avaient pas d'ailes et étaient tout plats. C'était en fait un chasseur, un Stealth nouvelle version, les F-16 F-17. Mais c'est justement très intéressant, parce qu'il y a eu plein d'analyses, de recoupements. Et, pour un certain nombre de cas, il n'y a pas le moindre doute, c'est autre chose.

Vous avez évoqué David Grusch, un colonel américain. Quand on est dans l'armée ou quand, comme vous, on a des fonctions dans le renseignement, puisque vous avez été directeur du renseignement à la DGSE, est-ce que prendre la parole sur ce sujet c'est mettre sa réputation en jeu ? Risque-t-on de passer pour un illuminé ?

Je peux vous dire que, lorsque j'ai commencé à parler de ça, cela a fait beaucoup de bruit. Comment quelqu'un que l'on croyait sérieux peut-il parler de ces choses-là ? L'organisation Conspiracy Watch a même dit que j'étais un dangereux complotiste parce que je parlais des OVNI.

Et comment fait-on face à cela en termes de réputation ?

Mon problème, ce n'est pas ma réputation, mais mes idées. Et j'ai l'habitude d'assumer ce que je pense. Quand je travaille et que je regarde quelque chose de manière sérieuse, j'essaie de comprendre, je continue parce que cela m'intéresse. Après, certains disent que je suis ci ou ça… Les chiens aboient, la caravane passe, comme dit le proverbe.

Justement, on a l'impression que le gouvernement français ne s'intéresse pas du tout à ces sujetsPensez-vous qu'il faut aller plus largement au niveau européen ?

Comme je pense que c'est un vrai problème de défense, et pas seulement au niveau français mais aussi au niveau international, l'OTAN est concernée au même titre que la France. Mais ça concerne aussi bien les Russes parce qu'ils ont aussi ces problèmes (et ils l'ont reconnu, d'ailleurs) ou les Chinois. En définitive, tout le monde aujourd'hui se pose des questions et se demande ce que c'est. Et effectivement, quand Grusch affirme qu'on a récupéré des morceaux d'engin, c'est probablement vrai.

Bien entendu, les pays qui récupèrent des morceaux ne vont pas le dire. Ils confient ça à leur industrie de défense afin de regarder si ce sont des alliages utilisés sur Terre, comment et avec quels métaux ils sont faits. Cela permet-il effectivement d'avoir des caractéristiques de vol différentes des nôtres ? De nombreuses questions se posent. Les spécialistes travaillent pour tirer des renseignements au niveau de notre propre défense, de nos propres engins, nos avions, nos bateaux et autres. C'est très intéressant. Mais cela peut aussi déboucher sur des choses terribles parce que, si l'on s'aperçoit que ce sont des métaux qui n'existent pas sur Terre, des alliages qu'on n'a pas pu faire sur Terre, alors là se posent d'autres problèmes sur le plan philosophique et autres, bien entendu.

Vous, vous avez l'intime conviction qu'on a récupéré des éléments ou des artefacts de vaisseaux extraterrestres ?

Il semble. Vous savez, Grusch et les autres qui en ont parlé un peu sont tenus par le secret-défense. Et, aux États-Unis, le secret-défense est extrêmement sérieux. Que vous soyez conseiller du Président ou simple militaire, vous allez en prison si vous révélez quelque chose. Dans l'affaire Grusch, c'était très intéressant de voir qu'il y a eu des témoignages, des discussions à la Chambre des représentants et ailleurs. Mais une partie de ces discussions n'a pas été révélée au public.

L'État a décidé de donner à quelques parlementaires les véritables informations. Mais ils doivent les garder pour eux et ne peuvent pas communiquer. Secret-défense ! Cependant, le simple fait qu'ils prennent ce genre de mesures, dans ce cadre-là, montre bien qu'il y a quelque chose. Si vous raisonnez en sens inverse, ça montre qu'il y a quelque chose.

Cela amène à faire un parallèle avec l'affaire des ballons qui ont été observés au-dessus des États-Unis et dans l'Arctique. Il y a une chose étonnante à propos de ces ballons qui ont été abattus par l'armée américaine : il n'y a pas eu de commentaire. Comment interpréter cette absence ?

Cela fait justement partie de ces choses sur lesquelles, lorsqu'on pratique le renseignement, on se pose des questions. Au départ, les Américains ont dit : ce sont des engins envoyés par les Chinois, on tire dessus. Les Chinois ont démenti. On sait que les Américains, après le tir, ont récupéré les morceaux tombés à terre. Et ils n'ont fait aucun commentaire. Ou, plutôt, ils ont reconnu qu'ils avaient récupéré des choses, mais ils n'ont pas dit que c'était un système de repérage chinois. Première hypothèse : on peut penser que c'était simplement un ballon météorologique et que les Américains n'ont pas voulu reconnaître qu'ils avaient pris peur face à un ballon météo, qu'ils ont descendu. Donc, ils ne disent rien. C'est une possibilité.

Mais il y en a eu plusieurs, et plusieurs tirs ! Et c'est ça qu'il faut regarder. Sur un cas, ils auraient pu jouer ça. Ce qui est étonnant, c'est qu'ils n'ont rien dit sur aucun des résultats. On peut donc se poser la question de savoir s'ils n'ont pas effectivement, dans l'un de ces cas, tiré sur quelque chose qui ne correspond pas du tout à un ballon ou à quelque chose d'identifié. Et, à ce moment-là, n'ont-ils pas effectivement récupéré des morceaux qui seraient l'étude aujourd'hui ? Et si c'est le cas, évidemment, ils ne veulent pas en parler.

En France, y a-t-il des budgets qui sont consacrés justement à cette sécurité, à cette recherche ?

Pas à ma connaissance. Le GEIPAN continue à travailler. Mais il n'y a pas, à ma connaissance, pour le moment en tout cas, de budget de mobilisation là-dessus. Cependant, comme ça peut être classifié secret-défense, à ce point-là on ne saura pas. Pour le moment, ce qui est clair, c'est qu'il n'y a eu aucune fuite sur une étude de quelque genre que ce soit en France.

Vous le savez, le monde change beaucoup et très vite en ce moment. Pensez-vous que ces engins mystérieux pourraient provenir de sociétés privées qui feraient des expériences de leur côté ? Cela est-il possible ?

Non, parce qu'une chose est certaine : nous sommes dans un monde très médiatisé, dans lequel il est pratiquement impossible de garder un secret longtemps. Surtout dans le privé où il y a toujours quelqu'un, un lanceur d'alerte, ou quelqu'un qui va lancer une information, pour se valoriser, ou parce qu'il pense que c'est un scandale, ou bien pour tous les motifs qu'on peut imaginer. Quand il y a quelque chose, c'est rarissime que ça ne sorte pas. Nous parlions tout à l'heure des avions furtifs américains : on ne connaissait pas la forme, on ne savait pas comment c'était, mais on savait que les Américains étaient en train de travailler sur quelque chose de très particulier, très secret, et que les essais se faisaient en Californie. Donc on sait toujours un petit quelque chose. En l'occurrence, qu'une entreprise privée puisse avoir fait des choses comme ça, tôt ou tard on l'aurait su. Cela fait trop longtemps maintenant que ça existe, et on l'aurait su.

Elon Musk a déclaré récemment qu'avec son maillage de satellites, s'il y avait quelque chose, il serait au courant…

Exactement. C'est là une chose très intéressante et un point, à mon avis, qu'il faudra regarder pour le futur. Aujourd'hui les satellites de surveillance autour du monde permettent de repérer entre la Terre et l'espace un tout petit morceau (de matière) de 10 centimètres. Quand on envoie des fusées dans l'espace ou quand on fait manœuvrer la station orbitale, on fait attention de le faire à un moment où elle ne risque pas de passer à travers un groupe de débris, qui pourrait l'endommager. Il y a des cartographies, faites par des spécialistes, de tout ce qui circule autour de la Terre. La question est donc : comment se fait-il qu'on n'ait pas identifié des engins qui sont bien plus gros que 10 centimètres, puisque, selon les descriptions, ils peuvent être d'une taille de 1 mètre à des centaines de mètres. Cela pose un problème.

Nous avons mentionné les militaires américains. En France, le général Bruno Mignot et son équipage ont également témoigné avoir observé un OVNI. Quel est votre point de vue sur son témoignage ?

Quand un général, ancien directeur de Centre national des opérations aériennes, un type sérieux, vous raconte ça, et que tout son équipage, avec des gens très divers, concorde sur la description de ce qu'ils ont vu… vous pouvez vous dire que c'est vraiment un témoignage sérieux, il n'y a aucun doute.

Mignot est un des rares pilotes à avoir parlé de ces choses-là avant tout le monde. Mais il y a d'autres cas. Seulement les pilotes étaient terrorisés de parler d'OVNI ; parce que, lorsque vous parliez d'OVNI chez les pilotes, on vous disait que vous étiez dingue. Comme les pilotes sont surveillés sur le plan moral, mental et santé, quand ils passent une visite médicale et qu'ils disent : « J'ai vu des OVNI », on leur dit « Vous ne volez plus, c'est fini, vous êtes malade. » Voilà pourquoi ils n'en parlaient pas. Ils avaient peur.

Depuis très peu de temps, la parole se libère et on voit un certain nombre de pilotes de chasse – comme Mignot ou Jack Krine –, de transport, de ligne, qui commencent à raconter ce qu'ils ont vu. On voit bien qu'au niveau international les preuves existent. Il n'y a pas de doute.

Ce que je pense, c'est qu'on a perturbé le problème de perception des OVNI par le fait qu'on a tout mélangé. Quand on commence par : « J'ai vu un engin et il y avait des petits bonshommes verts qui sont sortis », alors là c'est fini. Mais à partir du moment où ce sont des gens sérieux, qui expliquent ce qui s'est passé et qu'on a des éléments de mesure, qui disent : « Oui, il y a quelque chose qui a été perçu mais on sait pas ce que c'est », alors là on commence à rentrer dans le dur. Quelle que soit la suite de l'histoire, que ça vienne d'ailleurs ou que ça vienne de la Terre, que ce soit dans une autre dimension ou pas, que ce soient des êtres vivants ou des ordinateurs… ce qui est intéressant, c'est de comprendre, au départ, qu'il y a quelque chose ! Alors, on peut ensuite avoir les réponses sur ce que c'est.

Tous ces témoignages de personnes crédibles, notamment de militaires, sont-ils pris en considération de manière sérieuse ?

Maintenant oui ! Les Américains, indiscutablement, prennent ça au sérieux. Vous savez : quand, au Congrès, la patronne de tous les services de renseignement américains, Avril Haines, dit, l'année dernière : « Oui, effectivement, il y a des choses, on sait pas ce que c'est mais c'est réel… » Si elle dit ça, avec tous les moyens qu'elle a, c'est qu'il y a quelque chose !

Le dossier OVNI s'est beaucoup ouvert depuis 2017 mais on a l'impression qu'il est en train de se refermer depuis les récentes déclarations de Sean Kirkpatrick affirmant qu'il n'y a rien dedans. Qu'en pensez-vous ?

D'un côté, il y a des choses qui deviennent des évidences, mais, d'un autre côté, les États essaient de mettre des barrières dans tous les sens pour que ça ne sorte pas trop. Le coup du « Circulez, il n'y a rien à voir ». Le dernier rapport de l'AARO aux États-Unis dit qu'il n'y a rien. C'est effarant, puisqu'eux-mêmes avaient dit un an auparavant qu'il y avait des choses. Donc ils prétendent tout et son contraire. Pourquoi ? Ils sont en train d'essayer de noyer le poisson. Peut-être qu'ils ont des éléments intéressants et que ça les gêne de dire la vérité.

Vous avez évoqué le Congrès et la Défense américaine, faisons-nous un peu l'avocat du diable : cet intérêt pour les PAN (phénomènes aérospatiaux non identifiés) et les phénomènes similaires ne pourrait-il pas être motivé par le besoin de justifier une augmentation de budget ou de crédits pour l'armée ?

Je ne le pense pas. Pour le moment, tout le monde en parle sauf l'Air Force. Ce qui est intéressant, car l'Air Force serait la plus motivée pour parler et demander les budgets de défense contre ces phénomènes. Or ils n'en parlent pas. Ce sont les autres corps, et en particulier la marine qui en parle parce qu'elle a des choses qui l'inquiètent. Par exemple, on sait qu'il y a eu des enregistrements sous-marins d'engins qui allaient sous l'eau à des vitesses folles, pour nous c'est impossible. Mais cela a été mesuré. Et quand on voit sur les vidéos du *Nimitz* l'engin qui rentre dans l'eau, on se demande si, en définitive, ces engins-là ne sont pas autant dans l'eau qu'en dehors. Et l'on a des témoignages d'émergence de PAN ou d'OVNI de la mer, dans le monde entier. Donc ça pose d'autres questions : n'y a-t-il pas quelque chose sous l'eau ? Mais on n'a pas de réponse. Les budgets sont trop petits pour apporter des réponses sérieuses. Il faudrait investir des milliards.

Ce sujet était-il évoqué dans le privé, parmi vos contacts, qu'ils soient familiaux ou politiques ?

Il faut être honnête : en France, jusqu'au rapport COMETA, le sujet n'était vraiment pas pris au sérieux. Et si le rapport COMETA a fait beaucoup de bruit, il a été repris dans un milieu assez restreint. Il a intéressé quelques personnes de la sécurité, notamment de la DGA (Direction générale des armées), mais le reste de la France, non.

Puisque nous parlons de sécurité : si demain un engin mystérieux se posait au-dessus d'une grande ville, y existe-t-il des protocoles prévus par les autorités ?

C'est quelque chose qui n'est pas imaginé. Dans tous les pays du monde, le problème qui se posera à ce moment-là sera de faire face à l'inconnu. Il s'agirait d'identifier si c'est agressif ou pas. Quels sont les signaux ? Mais il y aurait aussi une énorme curiosité. Vous savez, quand on a envoyé des sondes dans l'espace on a toujours mis des messages sur des plaques résumant la civilisation terrienne en se disant qu'en face, peut-être, il y a des gens qui savent et que ça les intéressera. Les grands savants ont toujours pensé qu'il y avait peut-être quelque chose, mais on ne sait rien. Cela reste une hypothèse. Donc, si un engin se posait, les scientifiques et les techniciens se diraient que c'est l'occasion peut-être d'en savoir un peu plus. Alors que les militaires se demanderaient si l'on doit riposter ou non. Quant aux politiques, ils regarderaient en se demandant comment va réagir la population. Chacun a son point de vue.

Pardonnez-moi cette question qui va vous paraître peut-être un peu naïve, mais en la matière quelle est votre conviction ? Vous pensez qu'une vie extraterrestre, une civilisation, une intelligence supérieure peut exister ?

Je n'en sais rien. Dans l'univers, on découvre des milliards d'exoplanètes. S'il y a sur la Terre une vie organisée, pourquoi n'y en aurait-il pas dans d'autres coins de l'univers, sur des exoplanètes qui permettent les conditions de la vie, ou d'une forme de vie ? Je pense que la raison pure fait qu'il est légitime de penser qu'il y a d'autres endroits dans l'univers où il y a aussi une forme de vie. Après, comment elle fonctionne, de quoi elle est constituée, à quel niveau elle en est, on n'en sait rien. Mais oui, c'est parfaitement possible.

De même, on sait depuis les travaux de Jean-Pierre Petit, et en particulier ce qu'il a appelé le système Janus, que la théorie de la vitesse de la lumière est une théorie qu'on peut modifier. En définitive, on peut aller beaucoup plus vite que la lumière. Les déplacements peuvent donc être beaucoup plus rapides que ce qu'on nous raconte.

J'entends bien votre réponse sur l'argument probabiliste, mais justement, quand on est comme vous un homme de renseignement et qu'on connaît les dossiers, qu'on est face à des faits et qu'on a documenté la question est-ce que ça joue sur votre conviction ?

Moi, je suis comme saint Thomas, je crois quand je vois. Pour le moment, je dis que sur le plan intellectuel, sur le plan de la réflexion, il n'y a aucune raison qu'il n'y ait pas ailleurs une forme de vie sur des planètes qui sont semblables à la Terre et qui peuvent fournir les conditions nécessaires à l'existence d'une forme de vie. Et, à partir de ce moment-là, il peut parfaitement y avoir des choses qui se passent. Mais est-ce que ce sont des gens venus d'ailleurs, dans leurs engins, pour voir ce qui se passe chez nous ou est-ce sur cette planète, avec des univers parallèles ou qui s'entrecroisent ? Ou est-ce encore autre chose qu'on n'a pas compris ? C'est là la question. Et je n'ai pas la réponse. S'il y a, comme il semble aujourd'hui, des fragments qui ont été récupérés, je fais partie de ceux qui sont très intéressés de connaître les résultats des analyses qui vont être faites par les spécialistes. Parce que cela nous donnera des éléments de réponse sur le fait de savoir si cela provient de notre univers terrestre ou d'ailleurs.

La recherche d'Avi Loeb, qui monte une expédition pour aller chercher des artefacts dans les eaux de l'Antarctique, vous paraît-elle justifiée ?

Mais oui, il a raison ! Parce qu'on voit bien qu'à partir du moment où l'on peut récupérer un morceau, évidemment, ça change tout. On va enfin pouvoir savoir et avoir une idée de l'origine. Ça sera très intéressant. On sait, par exemple, aujourd'hui, que certaines soudures ou certaines constructions peuvent être faites dans l'espace et ont, à ce moment-là, des caractéristiques qui sont différentes de celles qu'on obtient sur Terre. On le sait, ça a été testé par les missions spatiales. Ça nous permet aussi de progresser sur le plan scientifique. On peut considérablement progresser en comprenant les choses. Quand Avi Loeb a affirmé que ce corps interstellaire qui dérivait dans le système solaire, Oumuamua, était probablement un vaisseau spatial (alors que les autres prétendaient au contraire que c'était un morceau qui s'était détaché d'ailleurs), confirmant qu'il n'obéissait pas aux lois d'attraction qui régissent l'univers, c'était très intéressant ! Il posait un vrai problème. Bon, c'est vrai que, si l'on avait pu récupérer un échantillon, cela nous aurait peut-être permis d'apprendre des choses.

À propos de recherche, Jean-Pierre Petit a travaillé sur le problème de la propulsion de ces engins. Pensez-vous qu'on aurait eu intérêt à l'écouter ?

Jean-Pierre Petit est un homme qui a des intuitions géniales. Mais il a un caractère qui n'est pas facile, et s'est mis beaucoup de gens à dos. Je crois aussi que ses intuitions ont beaucoup gêné parce qu'elles ont mis en difficulté des théories qui se révèlent aujourd'hui fausses. Tous nos montages sont en train d'être cassés par les découvertes faites grâce au télescope de Webb. Or Petit est l'un des très rares qui expliquait en grande partie ce qui se passait. Alors peut-être, comme ça a été dit par certains, qu'il y avait quelques erreurs de calcul. Mais je pense que ses intuitions étaient bonnes et qu'on a eu tort de ne pas les suivre. La preuve de ça, c'est la MHD, ce qu'il avait trouvé pour expliquer les vitesses hypersoniques. On n'y a pas cru. Les grands scientifiques français ont dit : « Petit, il ne comprend rien, on le suit pas. » Mais les Russes ont trouvé l'idée bonne et ont amélioré les recherches de Petit depuis vingt ans. Ils produisent des missiles hypersoniques qu'aujourd'hui ni les Américains ni les Occidentaux ne savent arrêter parce qu'ils vont trop vite par rapport à nos systèmes de défense. Ils ont également produit la torpille Chkval qui va dix fois plus vite sous l'eau que les nôtres. Là encore, on ne sait pas les arrêter.

Jean-Pierre Petit n'a-t-il pas aussi un peu brouillé son message scientifique par les histoires qu'il racontait, notamment sa supposée abduction. Cela ne l'a-t-il pas fait passer pour un illuminé ?

Quand Jean-Pierre Petit vous dit : « Moi, j'ai eu des contacts avec des extraterrestres », oui, il est totalement atypique. Mais il est scientifique. Les savants, vous savez, les vrais savants, ceux qui ont inventé des trucs, ils sont tous particuliers !

Les témoignages de gens qui disent avoir été abductés, est-ce une chose qui peut vous sembler intéressante ?

Non, je suis très méfiant. Il faut bien faire la part des choses. Vous avez des gens qui ont une sensibilité particulière, ça c'est prouvé. Les médiums sont des gens capables d'avoir des sensations ou de percevoir des choses que les autres ne perçoivent pas dans certains domaines. Ça, c'est intéressant, même s'il y a quantité de charlatans. Mais ça peut vous apporter des éléments de réflexion intéressants. En revanche, les gens qui vous disent : « Je suis en contact avec les extraterrestres qui me parlent et me disent ce qu'il faut faire sur Terre », non ! Les gourous qui ont été touchés par la grâce d'en haut et qui vous expliquent qu'il faut grimper sur la montagne parce qu'il va y avoir la fin du monde, il faut les arrêter de suite en disant stop. Même si ces gens-là peuvent être de bonne foi.

Et en aucun cas cela peut être une source de renseignement ?

Non. Vous ne pouvez pas prendre ça en compte. Parce que le renseignement, c'est quelque chose qui est recoupé. Un renseignement crédible, c'est quelque chose qu'on a recoupé pour être sûr que c'est quelque chose de vrai. Là, vous ne pouvez pas le faire. Vous avez quelqu'un qui vous dit : « Les extraterrestres m'ont dit qu'ils venaient de la planète Alpha, qu'ils sont arrivés avant-hier et qu'ils ne mangent que de l'herbe. » Moi, je veux bien, mais je ne recoupe pas.

En matière de sécurité, il y a ceux qui pensent qu'il faut se montrer, envoyer des messages dans l'espace, et d'autres, comme Stephen Hawking, qu'il faut se cacher, ne pas montrer l'endroit où l'on se trouve. Vous faites partie de quelle « école » ?

Il n'y a ni à se cacher ni à se montrer. On est comme on est. Regardez, Elon Musk, par exemple, quand il a prétendu qu'il allait ramener le premier étage d'une fusée sur Terre, je peux vous dire que chez les grands spécialistes spatiaux en France, à Toulouse, ils étaient morts de rire et considéraient qu'il était complètement fou. Quand il y est arrivé, ça a tué Ariane. Alors, pourquoi je vous dis ça ? Musk a des intuitions géniales, un peu comme Petit. Quand il vous dit : « Mon rêve, c'est d'envoyer des gens sur Mars qui y resteront et y vivront », cela paraît quand même énorme. Or, quand il disait ça il y a quinze ans, on le prenait pour fou à lier. Aujourd'hui, les premiers essais de l'énorme fusée qui pourra emmener des gens sur Mars sont en train d'être démarrés. Et on se dit qu'il y a peut-être un côté sérieux là-dedans. Il n'est peut-être pas si fou. De plus, quand on aura installé des gens sur la Lune, on n'aura pas à se cacher. Si « les autres » sont si développés qu'on le dit, puisqu'ils nous enverraient des engins chez nous pour voir ce qui se passe, ils verront avec beaucoup d'intérêt qu'on est sur la Lune et qu'on veut aller sur Mars. Peut-être qu'à ce moment-là ils nous feront des signaux. Tout est possible.

Si demain il se passe vraiment quelque chose, un contact, qu'est-ce que cela va changer selon vous ?

S'il y avait un vrai contact, avec quelque chose d'extérieur, je pense que ça aurait forcément un impact sur la Terre. Nous étions 1 milliard et demi en 1900. Nous sommes 7 milliards et demi aujourd'hui. Nous serons 10 milliards à la fin de ce siècle. On atteindra alors la limite de ce qui est supportable. Qu'est-ce qu'il va falloir faire à ce moment-là ? On réduit la population ? On fait un enfant par famille comme les Chinois il n'y a pas si longtemps ? Mais c'est tout notre mode de vie qui change. Si on avait un contact et qu'on découvrait qu'on peut aller coloniser des planètes ailleurs, des exoplanètes dans d'autres coins, parce que « les autres » nous en donneraient la possibilité, ça changerait tout. Ce serait la conquête de l'espace comme lorsqu'on a découvert l'Amérique. Évidemment, si quelqu'un nous apporte une aide complémentaire, c'est mieux. Et d'ailleurs, entre parenthèses, si vous regardez les livres de base des vieilles civilisations, que ce soit les Mayas, les Égyptiens, les Tibétains…, ceux qui ont marqué l'histoire du monde, vous vous apercevrez que chaque fois ils mentionnent qu'à un moment donné il s'est passé quelque chose. Quelque chose est venu et a révélé aux hommes, en l'occurrence aux hommes de cette civilisation-là, des éléments qui leur ont permis de se développer et d'arriver à être bien meilleurs. Donc, pourquoi pas ?

Quel est pour vous le cas le plus troublant de phénomène OVNI ?

Je reviens à ce que je vous ai dit. Ce qui m'intéresse, ce sont les cas véritablement les plus validés, les plus vérifiés possible. Le cas du *Nimitz* m'a beaucoup intéressé parce que c'est une des premières fois où l'on voit, et pendant un certain temps, ces engins. Il y a donc des éléments. Récemment, des vidéos sont sorties avec des choses intéressantes. Mais maintenant que nous avons des capteurs extraordinaires sur nos avions, sur nos satellites, au sol, de tous les côtés, dans le monde entier, ce que j'attends, c'est qu'on puisse avoir un ensemble avec des films et des éléments de mesure dans tous les domaines : sur la gravitation, sur les infrarouges, sur la chaleur, sur les émissions d'ondes, sur les émissions radio… afin qu'on puisse essayer de comprendre ces phénomènes. C'est ça qui m'intéresse.

Pensez-vous, sans tomber dans le reproche qu'on pourrait vous faire de complotisme, qu'on nous cache des choses découvertes mais non divulguées au grand public ?

Non. Bien sûr qu'il y a toujours des choses qu'on cache, mais pour des raisons « techniques ». Aucun pays n'a intérêt à dire qu'il a compris un certain nombre de choses que les autres ne connaissent pas encore.

Ça veut dire que, sur ce sujet-là, il n'y a pas de coopération internationale ? C'est chacun pour soi ?

Bien sûr. Vous savez, si l'intérêt national devient prioritaire, on va le privilégier. Et ce dans tous les coins du monde. Pour un État comme pour une entreprise, si vous trouvez quelque chose qui vous donne un avantage concurrentiel, vous le gardez. Prenez l'exemple de la bombe nucléaire : ceux qui la détiennent ont un véritable avantage par rapport aux autres. Les États-Unis, la France, la Russie, la Chine, le Pakistan, l'Inde ou Israël divulguent-ils comment on peut fabriquer une telle bombe ? Bien sûr que non. Ils gardent ce secret pour eux parce qu'ils savent que c'est un moyen d'être plus fort que l'autre. Pour les OVNI, c'est exactement la même chose.

Du coup, quand les États-Unis et notamment la Navy, déclassifient un certain nombre de vidéos, avec des témoignages, n'est-ce pas un aveu de faiblesse ?

Deux cas sont possibles. Soit c'est parce qu'ils veulent informer et préparer leur population à de nouvelles informations ou bien dire : « Attention, on est très fort mais on n'est peut-être pas si fort que vous le croyez » et il peut y avoir là un but derrière : revendiquer plus de budget. C'est possible. Soit vous avez des révélations parce qu'ils ont tellement de choses, qu'ils divulguent un peu. Mais ils ne sortent jamais la dernière version. Les films du *Nimitz*, ça fait plus de quinze ans qu'ils ont été enregistrés[1]. Ils ont attendu près de quinze ans avant de nous les montrer. Ça veut dire qu'ils en ont d'autres, qui sont meilleurs et plus récents. Et, ceux-là, ils ne les montrent pas. C'est évident. Ils les montreront en 2030.

Et pensez-vous, justement, qu'on cherche à préparer l'opinion publique à un certain nombre de révélations importantes ?

Oui… il y a des choses que l'opinion publique et les médias trouvent normales ; d'autres choses, par contre, peuvent faire

1. *Note de l'auteur*, 2004.

peur. Il faut donc préparer la population. Les gens n'ont jamais peur quand ils savent ce qui peut se passer. Le pire, c'est quand quelque chose arrive et que vous ne savez pas du tout ce que c'est. Là, c'est vraiment la panique. Quand vous êtes devant quelque chose que vous ignorez et que vous n'avez plus aucun point de repère. Plus vous manquez de points de repère et plus vous avez peur. C'est pour ça que chez les militaires, notamment dans les Forces spéciales, on vous entraîne à quantité de problèmes. Sur le terrain, c'est jamais le problème que vous aviez prévu qui arrive. Mais on vous a entraîné à tellement de choses que vous avez des points de repère et des références.

Alors, dernière question : pensez-vous qu'on doive avoir peur ?

Non, parce que, comme je vous le disais au début, jusqu'à maintenant il n'y a jamais eu aucune attaque. À part un cas, qui reste très suspect, on peut dire qu'il n'y a jamais eu aucune attaque de la part de ces engins, de ces PAN, de ces OVNI ou quoi que ce soit. Le seul cas est au Brésil, mais cette affaire-là est très suspecte : on peut se demander si ce ne sont pas effectivement des hélicoptères de nuit qui tiraient… Donc j'élimine cette histoire très douloureuse. Pour le reste, il n'y a pas et il n'y a jamais eu d'agression. Donc, à partir de là, on peut penser que ces gens-là observent. Enfin, ces « gens-là »… ces engins observent mais ne vont pas plus loin.

Francisco GUERREIRO

est député européen portugais. Il est connu pour son engagement en faveur des droits des animaux, de l'environnement, et des politiques durables. Il s'est également engagé dans la lutte pour la déstigmatisation des Phénomènes aériens non identifiés (PAN). Conscient de l'importance de traiter ces phénomènes avec sérieux et transparence, il milite pour que les gouvernements et les institutions européennes abordent la question des PAN de manière scientifique et ouverte.

Pourquoi et comment vous êtes-vous intéressé à ce sujet?

Mon intérêt est ancien. Ma mère était biologiste et elle m'a toujours dit d'être conscient de mon environnement, de remettre en question l'autorité, de faire une évaluation scientifique de ce que nous ne connaissons pas. Depuis le début, j'ai lu beaucoup d'articles et recherché de nombreux documentaires, j'ai donc toujours été très intéressé par le sujet. Il s'agit d'une continuation du travail effectué par un grand nombre de professionnels dans plusieurs domaines: l'aviation civile, l'armée, la communauté scientifique… et cela découle évidemment des auditions des comités qui ont eu lieu aux États-Unis où des professionnels les plus qualifiés, des employés ou anciens employés de l'État se sont prononcés en tant que lanceurs d'alerte pour souligner l'existence de phénomènes anormaux non identifiés que nous ne pouvons pas expliquer par les connaissances traditionnelles.

C'est pourquoi j'ai pensé qu'il serait intéressant de faire cet effort au Parlement européen avec plusieurs actions possibles : des questions à la Commission, des interventions en plénière, une proposition de résolution individuelle pour améliorer le règlement de l'aviation civile pour surveiller les PAN. *(Il s'agit du règlement n° 376/2014 du Parlement européen et du Conseil du 3 avril 2014.)* Concernant les comptes rendus, l'analyse et le suivi d'événements dans l'aviation civile, j'ai organisé une séance, le 20 mars dernier : *UAP: rapports et évaluation scientifique*, pour parler de ces sujets au Parlement européen.

Pourquoi avez-vous pris cette initiative de proposer un système de notification UAP au Parlement européen ?

À cause du manque de rapports et de suivi clairement axé sur les PAN. Dans l'aviation civile, il existe déjà un système de rapports de sécurité auprès de l'AESA – l'Agence de l'aviation civile –, mais il ne prend en compte que la sécurité. Certains des événements de PAN ne sont pas directement corrélés à la sécurité. Ce ne sont que des phénomènes qui ne représentent aucune menace pour les avions, mais les pilotes doivent les signaler. Or ils n'ont pas de processus de classement spécifique pour signaler ces problèmes puis les analyser à travers un œil scientifique afin de comprendre si c'était juste un phénomène naturel, de la technologie humaine ou autre chose. C'est pourquoi j'ai présenté cette proposition de résolution au Parlement européen pour améliorer cette réglementation. Évidemment, cela ne concerne que l'aviation civile. Il faudrait aussi considérer l'espace, la mer, et différents domaines, comme l'armée de terre. Mais c'est une première étape pour réduire la stigmatisation entourant le sujet et améliorer les outils dont nous disposons dans l'Union européenne.

Quelle a été la réaction de vos collègues députés : intéressés ou indifférents ? Êtes-vous le seul concerné par ce sujet ?

Mes collègues n'ont exprimé aucune réaction, mais nous sommes en période électorale. Bien qu'il y ait quelques députés intéressés par le sujet, dans l'ensemble ils ne se sont pas manifestés parce que c'est un sujet sensible. La plupart des politiciens en ont très peur, je ne comprends pas vraiment pourquoi. J'ai donc agi individuellement en espérant réduire la stigmatisation entourant ce sujet, toujours corrélé à des petits hommes verts ou gris. J'espère aussi que les agences, les autres institutions de l'Union européenne et les politiciens comprendront qu'il y a des milliers, voire des millions de citoyens dans le monde qui veulent mieux comprendre ces phénomènes et qui demandent plus de transparence lorsque nous débattons de cette question de manière scientifique. Je pense que c'est une obligation morale de le faire.

En abordant ce sujet, avez-vous peur pour votre future carrière au Parlement ?

Autant que je sache, il n'y en a pas car je ne me représenterai pas pour un second mandat.

Est-ce parce que vous ne briguez pas un second mandat que vous n'avez plus peur d'évoquer le sujet des OVNI ?

Non, comme je l'ai dit au début, cela fait suite aux interventions au Congrès américain, où il y avait une approche politique bipartisane sur le sujet. Cela a ouvert la porte à d'autres politiciens dans le monde pour parler du sujet. J'ai pensé qu'il serait intéressant de surfer sur la vague américaine, pour ainsi dire.

Êtes-vous satisfait des résultats de ces échanges sur l'évaluation des PAN ? Quels en sont les résultats ?

Cela a été très positif. C'était le premier événement de ce type organisé au Parlement européen ; donc, encore une fois, nous brisons la stigmatisation. L'un des objectifs était de commencer le débat et de montrer qu'il y a des professionnels dans des organisations privées et dans la communauté scientifique qui parlent déjà de ce sujet de manière très crédible. L'événement était aussi une opportunité pour eux de débattre, de s'interroger sur ce qui se passe autour du sujet des PAN. Ce n'est pas nouveau, il y a beaucoup de phénomènes inexpliqués qui sont signalés depuis plusieurs décennies. Nous n'avons pas de système harmonisé et l'Union européenne doit s'améliorer. Nous avons essayé de faire participer d'autres agences et, bien que certaines n'aient pas pu être présentes, des membres de ces organisations ont suivi la conversation en ligne. Les principaux objectifs ont donc été totalement atteints.

Nous avons maintenant un impact très important sur les réseaux sociaux. J'ai reçu beaucoup de commentaires et de messages de personnes de toute l'Union européenne qui se sentent représentées par cette action au Parlement européen, non seulement parce que je parlais du sujet, mais surtout parce que je le faisais à travers un œil scientifique, avec des objectifs clairs.

Était-il difficile d'organiser cela, d'imposer ce sujet ?

Non, je pense que, lorsque vous avez la volonté, vous avez le pouvoir. Les participants ont été très réceptifs. Nous avons également eu Ryan Graves (un ancien navigateur de la Navy) des États-Unis. Il n'a pas pu nous rejoindre physiquement, mais il a fait une présentation en ligne très intéressante. En fin de compte, tous les intervenants ont répondu aux questions du public, ce qui était également très important. Tout le monde a pu débattre, poser des questions, et nous avons établi des liens avec les spécificités de l'Union européenne. Ce sujet est principalement concentré aux États-Unis, mais il se passe beaucoup de choses en Europe. Et il y a beaucoup de différences dans la manière dont les États-Unis, en tant que pays, et nous, en tant qu'Union non fédérale, fonctionnons. Expliquer ces différences est également très pertinent pour ceux qui veulent comprendre comment nous pouvons aborder ce sujet de manière commune, puisque c'est un sujet mondial.

Question plus personnelle : croyez-vous que nous sommes seuls dans l'espace ou croyez-vous qu'il existe une vie extraterrestre ?

Eh bien, il est fort probable qu'il existe de la vie en dehors de la planète Terre. Nous ne savons tout simplement pas à quel point elle serait avancée. Il y a même une forte probabilité qu'il y ait des milliers, sinon des millions de planètes habitables par des formes de vie. Nous devons prendre en compte que certaines formes de vie intelligente peuvent également être présentes dans cet univers vaste et infini. C'est donc évidemment une question philosophique. Si nous n'avons pas de données, nous ne faisons que spéculer. C'est pourquoi je pense qu'il est important pour nous d'avoir de la transparence et de pousser pour une approche scientifique commune. Mais, encore une fois, tant que nous n'avons pas de preuves physiques, nous avons juste des spéculations. C'est pourquoi je pense que nous devons améliorer le système de surveillance dans l'Union afin d'avoir ces données et une meilleure compréhension des phénomènes non identifiés.

Pensez-vous que nous devrions avoir peur de la vie extraterrestre ? Croyez-vous qu'ils sont plus « verts » que nous ?

Vous voulez dire : plus écologiques ? Eh bien, ce ne sont que des supputations. S'ils ont la technologie pour voyager entre les planètes et les galaxies, je pense donc qu'ils seraient certainement développés au point de comprendre que les écosystèmes doivent être protégés parce que nous faisons partie d'un écosystème planétaire. Philosophiquement, je pense qu'ils pourraient être plus écologiques que nous.

Peut-être qu'ils nous rendent visite parce qu'ils ont détruit leur planète et qu'ils veulent nous envahir ?

Eh bien, s'ils voulaient faire cela, ils l'auraient déjà fait. Si c'était leur but, pourquoi ne l'ont-ils pas déjà fait ? Ce ne sont que des spéculations. Je n'ai aucune preuve de visite ou d'intentions malveillantes s'ils existent. Ils peuvent aussi avoir l'opposé, de bonnes intentions. Il pourrait y avoir plus d'une civilisation. Pourquoi pas ? Si nous ouvrons la porte à ces considérations, nous devons mettre toutes les questions et toutes les possibilités sur la table. Certaines d'entre elles peuvent nous échapper en raison de notre manque de compréhension de la physique, de la biologie ou de la perception du temps. Il y a tellement de choses que nous pourrions remettre en question. C'est pourquoi, pour moi, c'est un débat plus philosophique que pratique. La chose la plus importante est d'essayer d'arriver à une conclusion avec des données. Mon sujet principal, plus que de débattre de philosophie ou de possibilités, est d'améliorer le système de surveillance pour comprendre si ces phénomènes, ces PAN, sont des phénomènes naturels, des technologies humaines, ou autre chose.

Pensez-vous que l'Europe et le Parlement européen sont en retard sur ce sujet par rapport aux États-Unis ?

Oui, nous savons que c'est un sujet brûlant aux États-Unis. En ce qui concerne les institutions de l'Union européenne comme la Commission, le Parlement et le Conseil, je ne vois pas beaucoup d'intérêt parce que ce n'est pas leur priorité. Si quelqu'un commence à parler des PAN, cela peut poser une menace politique pour lui, car, comme on dit, ils ont d'autres chats à fouetter et ce n'est pas un sujet très sensible pour les politiciens en général. Donc je pense que le chemin doit être tracé. J'ai fait ma part et j'espère que, lors des prochains mandats, plus de députés et de groupes, ainsi que d'autres institutions ou membres d'autres institutions, parleront de cette question de manière plus concrète.

Nous pouvons également examiner cela à travers le prisme des États membres, pour qu'ils puissent également faire entendre leur position au Conseil. Si des États comme l'Allemagne, l'Espagne ou la France ont déjà une organisation qui analyse ces phénomènes, ils pourraient pousser à l'harmonisation des réglementations, par exemple sur l'aviation civile ou sur le droit spatial européen qui est proposé par la Commission au sein de l'Union européenne. Si vous avez la volonté politique, vous avez le pouvoir de faire quelque chose.

Selon vous, les révélations aux États-Unis sont-elles à prendre au sérieux ?

Je pense que c'est sérieux parce qu'il y a beaucoup de professionnels travaillant dans des domaines très spécifiques, notamment dans le renseignement et l'armée, qui veulent plus d'informations sur le sujet. Il semble que cela soit bloqué par les structures politiques qui continuent de tromper, de désinformer et de ne pas faciliter l'accès à cette information.

Cela mine également notre démocratie parce que, dans ma perception, si nous n'améliorons pas notre système démocratique avec cette transparence et ces critères, sur ce sujet ou tout autre sujet sensible, nous créons une barrière entre ceux qui sont élus pour gouverner et qui ont la responsabilité d'améliorer les institutions, de représenter les citoyens, et d'autre part les élites qui continuent de gouverner comme elles le faisaient au XVIe siècle, comme si elles étaient des monarques avec tout le pouvoir et peu ou pas de transparence dans leur processus de gouvernance. Si nous croyons en la démocratie, je pense que nous devons améliorer nos outils de transparence et de communication avec la société civile. Nous devons aussi poser les questions difficiles : Faisons-nous bien notre travail ? Gérons-nous bien les ressources ? Et cachons-nous, ou non, des connaissances qui pourraient bénéficier à l'humanité dans son ensemble ? Je pense donc que c'est aussi une question de démocratie et d'amélioration de nos institutions démocratiques.

Quel doit être le rôle des armées sur ce sujet et quelles pourraient être les perspectives ?

Nous avons une perspective et une organisation différentes de celles des États-Unis. Nous ne sommes pas une fédération. La compétence et la responsabilité de la gestion de l'armée relèvent principalement des États membres. En matière d'aviation civile, nous avons plus de responsabilités au niveau européen, mais dans le domaine de la sphère militaire ce sont principalement les États membres qui ont les responsabilités. Il y a une coordination entre les États membres, et nous faisons également partie de l'OTAN, donc nous avons plusieurs niveaux d'organisation. Mais la compétence relève principalement des États membres, ce qui rend difficile le partage d'informations, surtout sur ce sujet. Encore une fois, nous savons qu'il y a beaucoup de sujets sensibles, beaucoup de questions de sécurité nationale entourant cette question. Cela nécessite donc un leadership politique que, pour l'instant, je ne vois pas venir des États membres de l'Union européenne.

Est-il difficile de convaincre les gens que ce sujet est sérieux ?

Bien sûr, cela semble difficile car il y a beaucoup de stigmatisation politique. De plus en plus, les politiciens et les partis ont peur de parler de sujets qui pourraient miner leur crédibilité. Nous entrons de plus en plus dans des bulles où les individus s'enferment. Je pense que la majorité des politiciens ont peur de débattre de ces sujets car ils sont très restreints dans leur perception, et restent dans les cadres traditionnels. C'est aussi pourquoi j'ai pensé que je pouvais faire la différence. Même si je suis critiqué par tout le monde, je m'en moque. Au moins, j'aurais eu l'opportunité de débattre du sujet avec les médias et ceux qui veulent en parler. J'ai eu très peu de couverture de la part des médias traditionnels sur ce sujet. Et ceux qui rapportent mes actions de manière crédible, transparente, honnête et professionnelle sont des chaînes sur le Net.

En France, connaissez-vous le rapport COMETA d'il y a vingt-cinq ans et l'organisation GEIPAN ?

Oui, je connais le GEIPAN, mais pas précisément. Je ne les ai pas encore contactés, mais c'est dans mes projets. Je serais très intéressé de savoir comment ils fonctionnent et s'ils ont des propositions concrètes pour le Parlement. Cependant, comme vous le savez, mon mandat se termine, donc la fenêtre d'opportunité se rétrécit.

À votre avis, quelle est la prochaine étape pour promouvoir ces questions à l'échelle européenne ?

Étant donné que nous terminons le mandat et que tout le monde est préoccupé par la campagne, ce sujet sera mis en attente. Et je pense qu'il restera gelé. Une de mes craintes est que le Parlement soit tellement conservateur et rempli de membres d'extrême droite que ce sujet soit détourné par des individus qui ne sont pas très crédibles. Il doit être défendu par des groupes modérés et des individus crédibles, qui veulent une approche scientifique et une perspective plus large, sans le sensationnalisme qui l'entoure continuellement. Pour ma part, je continuerai à travailler en dehors du Parlement pour aider la cause, mettre en lumière le travail qui a été fait et offrir de l'assistance, des conseils ou des avis. Je garderai toujours une porte ouverte pour participer à des événements, parler, débattre et aider autant que je peux, sachant que mes outils seront différents en dehors du Parlement.

Pensez-vous que les députés conservateurs et les majorités conservatrices sont moins préoccupés par ces questions que les progressistes ?

C'est à définir. Nous ne savons pas vraiment. Vous pouvez avoir l'un ou l'autre. J'ai eu un membre conservateur de la délégation polonaise qui, lorsque j'ai organisé des événements sur les PAN, a partagé quelque chose sur son profil en disant : « Vous voyez, c'est la priorité de l'Union européenne, parler des OVNI », discréditant les événements sans vraiment comprendre de quoi il s'agissait et en les utilisant simplement pour saper l'UE.

L'UE est pourtant un projet merveilleux, avec des défauts, qui implique beaucoup de débats, de discussions, de positions différentes et d'intérêts variés. En fin de compte, c'est un projet de paix, de dialogue et de compromis. Ce conservateur, qui n'était pas d'extrême droite, a utilisé cela pour saper l'UE. C'est aussi la paranoïa traditionnelle de l'extrême droite essayant de saper les institutions. C'est pourquoi je pense que c'est un danger de voir l'extrême droite et certains membres moins productifs du Parlement reprendre ces débats. Cela peut aller dans les deux sens : affaiblir l'UE en se moquant du sujet ou l'utiliser pour affirmer qu'il y a un État profond cachant quelque chose. Cela peut aussi se produire à l'extrême gauche.

Vous serez connu comme le premier politicien à parler des PAN et des OVNI en Europe. Quelle est votre réaction ?

Un député, il y a quelques décennies, a proposé l'étude des PAN, mais cela s'est perdu dans le processus. Même sur le site du Parlement européen, cette résolution n'est pas disponible. Au XXIe siècle, je suis celui qui reprend ce sujet.

Je dirais que je suis celui qui fait le plus d'efforts en ce moment, mais je ne tiens pas à être connu comme le premier. Je veux simplement que le débat soit ouvert, avec plus de participants, incluant la société civile et la communauté scientifique.

Que pensent votre famille et vos amis de votre travail sur les OVNI ?

Pour tous ceux qui connaissent mon travail, cela a été naturel. Mes amis et surtout ma famille me soutiennent comme toujours. Les retours positifs de mon entourage sont très encourageants. Les gens me connaissent comme un politicien pragmatique et prenant appui sur la science. Je ne promeus rien que je ne promouvais pas dans d'autres sujets.

Alexandre SHELDON-DUPLAIX

Co-auteur de *Flottes de combat*, ancien analyste au ministère de la Défense, ancien chercheur au Service historique de la Défense, ancien conférencier à l'École de guerre.

Tout d'abord, croyez-vous en une vie extraterrestre et, si oui, pourquoi et sous quelle forme ?

A priori, je refuse de voir la question générale des « phénomènes anormaux non identifiés » (UAP/PAN) – la nouvelle désignation américaine des objets volants non identifiés (OVNI) en termes de croyance. Il faut essayer de la considérer en termes factuels et statistiques, et la distinguer de l'autre question de la probabilité de la vie extraterrestre dans l'univers observable, qui est également une question statistique. Donc, si l'on regarde le vaste univers observable, les estimations des astronomes, l'observation de centaines de milliards de systèmes solaires dans notre seule galaxie et de centaines de milliards de galaxies dans l'univers observable, celle d'exoplanètes autour de ces autres systèmes solaires, l'observation de la vie dans les milieux les plus hostiles de notre planète… du point de vue de la science statistique, il paraît désormais difficile d'imaginer que nous serions seuls dans l'univers. On devrait parler statistiquement de la probabilité de millions, si ce n'est de milliards de vies intelligentes, passées, présentes, futures. Mais cela ne veut pas dire que ces vies intelligentes pourraient nécessairement visiter notre planète. Pourquoi d'ailleurs devrait-on le penser ? Précisément car nous avons des milliers d'observations, certaines très documentées, qui décrivent des machines volantes, qui décrivent des êtres intelligents, témoignages qui, dans d'autres domaines, seraient acceptés. Et là ils sont rejetés, ridiculisés. Nous parlons de données certaines comme les données issues de senseurs rendues publiques aux États-Unis en 2017. Rien, bien sûr, ne permet d'exclure que certains des phénomènes observés n'ont pas une autre origine inexplicable qui pourrait être terrestre. Que sait-on de nos océans, de l'intérieur de la planète ? Quoi qu'il en soit, nous nous heurtons à un négationnisme institutionnel par certains États, c'est-à-dire à une désinformation institutionnelle qui dénature et nie les faits, pour plusieurs raisons, dont celle de ne pas inquiéter la société. Dans les instruments de cette désinformation, vous avez l'expression « croire aux OVNI », que l'on associe à l'opinion de « croire à la vie extraterrestre », comme s'il s'agissait d'une opinion qui expliquerait pourquoi un individu s'intéresserait aux OVNI. Puis l'on rajoute l'autre notion de « vouloir croire », comme si le fait de s'intéresser aux OVNI impliquerait de vouloir le déformer par enthousiasme. Bien sûr que l'enthousiasme peut déformer le sujet si la rigueur ne lui est pas appliquée. Bien sûr que nous nous heurtons à la déformation par des exploitations frauduleuses du sujet. Mais le négationnisme institutionnel est le cœur du problème d'un sujet documenté où des éléments explicatifs sont cachés par certains États, notamment les États-Unis, comme les révélations dans ce pays le démontrent.

Vous êtes Franco-Américain. Depuis 2017, il se passe beaucoup de choses aux États-Unis. Tous les jours, on a de nouvelles informations en provenance des États-Unis, et malheureusement, en France, on n'en parle pratiquement pas. Comment expliquer que la France soit si silencieuse au sujet de ce phénomène ?

Je pense qu'il y a un obstacle culturel. Peu de Français vont lire spontanément ou prêter attention à ce que dit la presse ou les médias américains, même si l'on a une uniformisation de l'information via Internet et que beaucoup nous sont traduites plus ou moins automatiquement. Mais la couverture française des nouvelles américaines est très superficielle. Les médias *mainstream* américains eux-mêmes sont relativement silencieux, puisque, en fait, aux États-Unis, on assiste à un affrontement entre deux partis : un qui cherche à apporter davantage de lumière et un autre qui veut maintenir le statu quo, la marginalisation. Pour cette raison-là, on peut comprendre qu'en France on ne reprenne quasiment pas ces informations qui paraissent aux États-Unis et qui, à mon sens, ont un caractère révolutionnaire, dont les témoignages sur des « vaisseaux non humains récupérés », ainsi que « les restes de pilotes non humains ». Tout est dit et personne ne veut le voir.

Avez-vous l'impression que la France a régressé sur ces questions-là ? Au moment du rapport COMETA, on avait l'impression que la France était à la pointe d'une recherche ou d'une ouverture. Aujourd'hui la France est-elle un peu retombée dans les limbes de l'ignorance sur ces sujets ?

D'abord, je m'exprime ici en mon nom personnel. Et mon opinion personnelle ne reflète pas les institutions pour lesquelles j'ai travaillé. La France, comme vous l'avez dit très justement, a été en pointe dès les années 1970, avec la mise en place du GEIPAN, et les décisions prises à l'époque par Hubert Curien, ou encore les propos tenus par Robert Galley. Il y a eu un fameux numéro de l'organe officiel du ministère de la Défense, *Armée d'aujourd'hui*, qui parlait des OVNI de manière extrêmement claire et précise. Outre l'introduction de Robert Galley, il contenait des témoignages de gendarmes extrêmement précis.

Depuis, comme on sait, le GEIPAN a poursuivi son travail de manière relativement ouverte. On peut accéder à son site Internet et voir les pourcentages des types d'observation qu'ils font, sachant que les observations qui nous intéressent sont les informations de catégorie D, les phénomènes aérospatiaux non identifiés de catégorie D.

Mais vous faites observer très justement que les propos tenus par les responsables du GEIPAN demeurent très timides. Les derniers propos audacieux ont été ceux d'Yves Sillard qui a écrit un ouvrage peu après avoir quitté ses fonctions au GEIPAN. Dans cet ouvrage, il a estimé que l'hypothèse « extraterrestre » était celle qui lui paraissait la plus probable, même si elle était évidemment extraordinaire.

On ne peut pas dire que les responsables du GEIPAN ont été silencieux, puisqu'il y a eu ce témoignage. Avant Yves Sillard, il y a également eu le témoignage de Jean-Jacques Velasco qui avait dit à peu près la même chose, même si on avait l'impression qu'il avait été sanctionné. Mais vous avez aussi raison : lorsque l'on interroge les responsables du GEIPAN actuels ou récents, ils mettent généralement l'accent sur le travail de tri qu'ils font. Tous les cas qu'ils ont expliqués, les cas qui pouvaient paraître complètement anormaux et qui finalement avaient une explication. Ils minimisent complètement et, en tout cas, ne commentent pas, ne font aucune analyse approfondie sur les cas des PAN de catégorie D qui sont ceux qui nous intéressent dans cette problématique actuelle.

Accédez-vous aussi aux archives américaines ? Quelle est la différence d'approche lorsque les autorités font des relevés autour de ces phénomènes ? Est-ce la même approche ou y a-t-il un travail différent ?

Dans le cas des États-Unis, comme vous le savez, le phénomène a commencé à être étudié publiquement à partir de 1947. Évidemment, il est certain qu'il y a eu des études antérieures. De nombreuses informations nous indiquent que le gouvernement américain était au courant avant 1947. Très dernièrement, nous avons eu la confirmation par le témoignage de David Grusch. Pour une étude officielle connue comparable à celle du GEIPAN, il faut remonter aux projets Sign, Grudge, et bien sûr au fameux projet Blue Book, qui a été terminé en 1969.

En examinant les archives disponibles, on constate qu'une partie était déjà en ligne et que de nombreuses pièces ont été récemment ajoutées, mais, il y a deux semaines, j'ai visité les archives américaines et consulté les archives de Blue Book. En version papier, ces archives représentent un volume énorme de cartons. Pour tout chercheur souhaitant consulter ces documents, il faut prévoir plusieurs mois pour examiner chaque boîte.

Ces documents ont déjà été largement examinés par des ufologues au cours des trente dernières années. Ils sont intéressants car ils montrent la très grande quantité de cas et révèlent l'appréciation ou l'analyse de ceux qui les commentaient. On a très nettement l'impression que ceux qui commentaient ces cas à la fin des années 1940 et au début des années 1950 étaient familiers avec les objets. On lit souvent des commentaires comme « comportement typique » ou « mouvement typique ». On a affaire à des gens qui prenaient ces informations très au sérieux.

Vous avez évoqué la période antérieure à 1947 en disant que les gouvernements américains étaient probablement « au courant ». Pardonnez la naïveté de ma question, mais, pour nos lecteurs : au courant de quoi, exactement ?

Au courant de la présence d'objets non identifiés d'une origine non humaine comme David Grusch nous l'a déclaré dans son témoignage sous serment, le 26 juillet 2023, au Congrès ; l'État américain était au courant de la présence d'une autre intelligence ou d'autres intelligences non humaines bien avant 1947, très probablement dès 1897, même si Grush n'a pas voulu être précis. Pour en revenir à la question des archives, j'ai en tête un document qui était une compilation d'observations de l'US Air Force et de la Navy pour la période 1947-1949. Sur les 200 cas présentés, chaque fiche comportait un commentaire. On voyait bien que le commentateur était familier avec les objets, commentant leur « comportement typique » ou leur « profil de vol déjà observé ». Quand je parle de « profil de vol », je fais référence à des vitesses extrêmes, supérieures à celles que pouvaient réaliser les aéronefs de l'époque. Cela reste encore le cas dans les vidéos rendues publiques en 2017. Il y a également des comportements, comme le « comportement type feuille morte », c'est-à-dire une oscillation de l'objet. Ce comportement pouvait déjà être observé sur des objets à cette époque. On voit bien qu'il y avait déjà des personnes qui observaient ces phénomènes et qui n'étaient pas surprises par ces mouvements.

Je vous invite à lire l'ouvrage d'Edward Ruppelt, qui était chargé du projet Blue Book au début des années 1950. Il a dû quitter sa fonction en 1954, sauf erreur de ma part.

Il a ensuite écrit un ouvrage, The Report On Unidentified Flying Objects, dans lequel il nous livre son approche. Je pense que ce livre est assez honnête, c'est-à-dire que je n'ai pas l'impression qu'il fait œuvre de désinformation. À mon sens, Edward Ruppelt ne dit très probablement pas tout ce qu'il peut savoir mais il nous présente son approche et, en particulier, nous explique que les autorités en 1952 étaient très proches d'admettre la présence de vaisseaux interplanétaires. Bien sûr, l'expression « vaisseau interplanétaire » est très connotée et doit être vue dans le contexte de l'époque : dans le grand public, on pensait aux Martiens et à des vaisseaux venant d'autres planètes de notre système solaire. En tout cas, les autorités étaient sur le point de faire cette admission.

Quand on regarde toujours dans les documents d'archives du projet Blue Book, en particulier le rapport spécial n° 14 de 1955, un document classifié puis déclassifié, on y décrit des objets qui très manifestement ne correspondent pas aux objets que l'on considère comme des aéronefs ou des avions étrangers d'origine connue.

S'agit-il toujours d'objets volants non identifiés ou de PAN, ou y a-t-il également des objets aquatiques à cette époque ?

Il y a, à cette époque-là, des rapports qui mentionnent des objets aquatiques. Je n'ai pas consulté la totalité des documents de Blue Book, donc je ne peux pas affirmer qu'ils n'y figurent pas, mais ils apparaissent dans d'autres sources. Il y a, par exemple, un article du Naval Institute Proceedings qui est une publication privée du Naval Institute américain, une association d'officiers. Dans cet article de 1952, on décrit, si je ne me trompe pas, une observation sous-marine faite par le commandant d'un cargo à l'entrée du golfe Arabo-Persique en 1949.

Donc, il y a cette conscience, et il y a eu des rapports envoyés. Le projet Blue Book comportait également des questionnaires, et les forces armées, un peu comme aujourd'hui avec la nouvelle institution AARO, étaient obligées d'envoyer des comptes rendus à cette organisation. À l'époque, la marine américaine et les garde-côtes étaient également censés envoyer aussi leurs observations. À mon sens, il y a certainement des témoignages d'objets aquatiques dans Blue Book aussi.

Vous avez d'autres témoignages collectés par des associations privées, en particulier la fameuse association NICAP, créée en 1956 avec, parmi ses fondateurs, l'amiral Hillenkoetter, qui était également le premier directeur de la CIA. Il était en activité lorsqu'il a cofondé l'association NICAP. Dans les témoignages envoyés à NICAP, certains concernent des objets aquatiques.

Nombreux sont ceux qui contestent les déclarations de David Grusch qui n'apporterait aucune preuve de ce qu'il avance. Sean Kirkpatrick affirme même que c'est un ramassis de mensonges. Qu'en pensez-vous ?

Je pense que David Grusch donne un témoignage honnête. Ce qu'il dit en soi n'est pas nouveau par rapport à toutes les informations qui ont filtré depuis de très nombreuses années et par rapport à ce que d'autres témoins ont pu déclarer sans apparaître publiquement mais à huis clos à des membres du Congrès. Tim Burchett ou Marco Rubio, sénateur de Floride, qui font partie de ces membres du Congrès très actifs sur cette question, ont déclaré à la presse que d'autres ont témoigné sans vouloir s'exposer publiquement comme l'a fait David Grusch et ont tenu des propos tout à fait semblables. Encore une fois, les propos tenus par David Grusch ne font que confirmer des informations qui avaient filtré depuis extrêmement longtemps.

Vous pensez à un cas en particulier ?

La fameuse affaire de Roswell, évidemment, en 1947. Je rappelle que l'US Air Force a fait un très gros effort pour essayer de démentir qu'un objet d'origine « autre » – on va dire : d'origine non humaine –s'est écrasé en juillet 1947 près de Roswell. Tous les témoignages ont été collectés, en particulier par le chercheur Stanton Friedman dans les années 1980. D'ailleurs, nombre de ces témoignages ont été enregistrés et conservés par les Archives nationales des États-Unis, ce qui, à mon sens, leur donne une certaine légitimité.

Nous avons eu d'autres travaux antérieurs, notamment les livres publiés, dont celui de Stanton Friedman, *Crash à Corona*. Nous avons également l'ouvrage de Philip Corso paru en 1997, exactement au moment où l'US Air Force publiait son deuxième opuscule pour démentir qu'il y ait eu quoi que ce soit à Roswell. Le témoignage de Philip Corso, même s'il peut avoir des imperfections et des éléments à vérifier, me paraît quand même très crédible. Beaucoup de personnes qu'il a citées sont disparues, certes, mais j'observe que leurs familles n'ont pas contesté les propos que Philip Corso a tenus à leur sujet. Pour ces raisons, je pense qu'en fait nous avions déjà énormément d'éléments. Nous avions évidemment aussi le témoignage de Bob Lazar en 1989. Un témoignage fait à une autre époque, c'est-à-dire avant l'ère de l'Internet. Bob Lazar n'a jamais démenti ce qu'il a dit et n'a jamais varié dans son discours. Son témoignage correspond presque exactement à ce que nous dit David Grusch.

Encore une fois, sur le cas de Bob Lazar, des journalistes d'investigation très sérieux, en particulier George Knapp, de Las Vegas, ont vérifié un certain nombre des éléments fournis par Lazar, notamment le fait qu'il avait travaillé au laboratoire de Los Alamos. Pour ces raisons, j'accorde foi à David Grusch.

Quant à Sean Kirkpatrick, je pense qu'il est un institutionnel. Et l'on observe que l'institution aux États-Unis cherche à reprendre le contrôle de la révolution de 2017, aidée par la NASA, en répétant exactement la conclusion de la fermeture du projet Blue Book en 1969, à savoir qu'il n'y a aucune indication que nous pourrions avoir affaire à une technologie inexplicable, d'une origine inexplicable.

On a vraiment l'impression que les autorités américaines rejouent la partition déjà jouée dans Blue Book : un moment où elles essaient de contrôler une situation peut-être incontrôlable. Nous avons d'abord les témoignages, exactement comme dans le cas de la vague des observations de 1947 et de la vague des observations de 1952, en particulier les observations au-dessus de Washington DC en 1952. Ensuite, l'institution se met à expliquer et trouve une explication. Elle implique l'Université pour donner un caractère sérieux puis elle conclut que finalement il n'y a rien à voir. Donc, pour moi, c'est très clair : David Grusch est sincère et il prend des risques personnels. Sean Kirkpatrick ne fait que prolonger la politique du mensonge.

Mais, justement, il y a une déclaration toute récente d'Elon Musk qui dit qu'avec tout son réseau de satellites, s'il y avait des phénomènes inexpliqués, il serait au courant. Que pensez-vous de cela ?

Je n'ai pas nécessairement confiance en Elon Musk. J'ai beaucoup plus confiance dans les témoignages des pilotes qui ont commenté les vidéos. D'ailleurs une partie de ces témoignages constitue le fond des archives Blue Book. Même si, comme on l'a dit, Blue Book est devenu une façade, dans le corpus des témoignages de Blue Book il y a, à mon sens, un très grand nombre de témoignages parfaitement authentiques. Vous avez aussi des documents iconographiques, des photographies que l'on a cherché à discréditer mais qui, à mon sens, sont authentiques.

Alors, évidemment, je ne dis pas que toutes les photographies sont authentiques. Mais, pour moi, un certain nombre le sont parfaitement. Je pense par exemple aux photographies prises en 1950 par le fermier Paul Trent à McMinnville, dans l'État de l'Oregon. Elles ont résisté à toutes les analyses visant à y trouver une falsification. Et beaucoup d'autres photos, pas seulement celles-là. Encore une fois, c'est une tentative de désinformation qui se poursuit, et je ne fais pas confiance à Elon Musk.

Vous évoquiez Roswell, qui est probablement le cas le plus emblématique d'hypothèse de crash de vaisseau extraterrestre. Que pensez-vous de l'hypothèse d'expériences militaires avancées, que ce soit des avions à propulsion nucléaire ou des ballons Mogul ? Cela ne vous paraît pas crédible ?

Lorsque l'on écoute les témoignages recueillis par Stanton Friedman dans les années 1970 et 1980 pour la rédaction de son livre *Crash à Corona*, et si l'on regarde également l'ouvrage de Philip Corso, les témoignages des personnes interrogées sont très crédibles. Parmi les 27 ou 28 personnes interrogées, deux ou trois présentent des informations absolument extraordinaires. Par exemple, nous avons le témoignage du croque-mort de Roswell, chargé d'embaumer les pilotes après des accidents aériens. Il raconte comment il a été sollicité pour fournir des produits chimiques et comment une infirmière qu'il connaissait bien lui a demandé de ne pas protester ni parler davantage.

Nous avons également le témoignage d'un jeune garçon, à l'époque, qui, avec sa famille, a vu l'objet presque intact. Il semble que, dans le cas du crash de Roswell, il y a eu une collision entre deux objets : l'un a explosé en mille morceaux et l'autre, presque intact, a été retrouvé à environ 200 kilomètres du lieu de l'explosion du premier objet. Le témoignage de ce jeune garçon est corroboré par deux autres témoignages indirects. Pour moi, ces éléments, plus le témoignage de Philip Corso, sont très déterminants.

Nous avons aussi le comportement de l'US Army Air Force qui a reconvoqué les journalistes pour leur dire qu'il y avait une erreur et qu'il s'agissait d'un ballon. Donc, je ne vois pas pourquoi l'US Army Air Force aurait d'abord convoqué une conférence de presse pour cela. Il y a encore d'autres éléments. Par exemple, l'analyse d'une des photographies prises lors de la deuxième conférence de presse, celle qui démentait la soucoupe volante et présentait les débris d'un ballon. L'intervenant avait dans ses mains un message. Nous avons pu agrandir l'image et lire le contenu de ce message qui concernait précisément le crash.

Nous avons encore d'autres éléments, y compris dans des archives ouvertes comme celles du FBI. Un fameux document du FBI dit qu'il faudrait que le FBI puisse avoir accès aux disques, etc. Donc, nous avons beaucoup de choses. Dans cette masse de témoignages recueillis principalement par Stanton Friedman, nous avons toutes ces personnes qui ont vu ou entendu un aspect de la question et qui viennent, un peu comme un tableau impressionniste, corroborer le récit des témoins principaux.

Pensez-vous que les autorités et les gouvernements détiennent des informations sur des crashs ou des rencontres qui sont cachées et non divulguées à ce jour ?

Tout d'abord, je vous renvoie à ce qu'a dit David Grusch. Il a déclaré que les États-Unis avaient plus de dix vaisseaux non humains en leur possession. Il a cité le cas d'un crash en Italie en 1933, et d'un objet que les États-Unis ont récupéré au cours de la Seconde Guerre mondiale. Cette histoire avait déjà été évoquée par un ufologue italien qui a produit un livre en 2001 ou 2002, si je ne me trompe pas[1], dans lequel il reproduit certains documents. La question est de savoir si ces documents sont des faux ou non. Le témoignage de David Grusch vient apporter une validation au travail de cet ufologue italien qui citait un certain nombre de personnes et de témoins.

David Grusch n'a pas voulu s'exprimer sur les autres crashs. J'ai assisté, il y a une vingtaine d'années, pendant six années de suite, à une conférence annuelle à Las Vegas organisée par deux ufologues, Robert Wood, un ingénieur de McDonnell Douglas à la retraite, et son fils Ryan Wood, qui concernait les crashs d'OVNI. Ryan Wood a fait un travail et a publié un livre dans lequel il recense 100 cas de crashs ou de crashs possibles. Il faut évidemment être prudent, mais à mon sens, parmi les 100 cas qu'il a cités, beaucoup paraissent très convaincants.

1. C'est Roberto Pinoti que j'avais essayé de contacter (https://sciencepost.fr/ovni-crash-italie-il-y-a-90-ans/).

Aux États-Unis, nous avons l'affaire d'Aurora en 1897. Entre 1896 et 1897, il y a eu des vagues d'observation d'objets au-dessus de plusieurs villes des États-Unis, rapportées par la presse. On a évoqué toutes sortes de possibilités : s'agissait-il d'un besoin de faire vendre des journaux ? Ou bien, dans certains cas comme celui de la petite ville d'Aurora, où ce crash a été rapporté, d'attirer l'attention parce que le chemin de fer n'allait finalement pas passer par cette ville qui se sentait oubliée ? Nous avons essayé de trouver des explications. Dans les années 1970, des chercheurs se sont penchés à nouveau sur ces affaires de 1897 et ont pu interroger des témoins qui, à l'époque, étaient enfants mais qui ont rapporté les propos de leurs parents. Il paraît manifeste qu'il y a eu un objet, et des débris, et que certains de ces débris ont été conservés. Il s'agissait d'aluminium, ce qui était en 1897 quelque chose d'absolument rarissime. Donc, le fait qu'il y ait des débris d'aluminium était quelque chose de totalement anormal. D'autre part, il y avait cette description qui était rapportée par la presse de l'époque dans un contexte sociologique très éloigné de celui qui, plus tard, a pu accompagner les observations d'OVNI, où l'on pouvait prétendre qu'il y avait un conditionnement des populations, en particulier encouragé par la fiction qui s'était emparée du sujet.

Vous avez été chercheur au ministère de la Défense de 1987 à 1999. Est-ce que vous avez eu le sentiment qu'il y avait des choses auxquelles vous n'aviez pas accès ou qu'on cherchait à cacher, que ce soit sur les OVNI ou les OANI ?

Non, dans mon expérience professionnelle je n'ai jamais eu cette impression. Mais je ne prétends pas avoir pu tout savoir. Encore une fois, tout ce que je vous dis vient de mes recherches personnelles. Je peux vous dire néanmoins que, dans le cadre de mes activités au Service historique de la Défense, j'ai été chargé de préparer un numéro spécial de la *Revue historique des armées*, qui devait porter sur ce sujet. À cette occasion, j'ai pu m'entretenir avec des officiers à la retraite qui étaient parfaitement convaincus de la réalité de ce phénomène et de cette présence.

Évidemment, les personnes changent. Un certain directeur m'avait chargé de ce projet. Mais, plus tard, un autre directeur et d'autres acteurs n'ont pas voulu que ce numéro de la *Revue historique des armées* soit orienté dans un sens qui laisse penser que nous avions affaire à des objets réels, aux performances impossibles compte tenu des technologies aéronautiques aux différentes périodes. Ils voulaient réorienter le sujet vers la rumeur. Très clairement, il y avait une intention de ne pas communiquer. Le premier directeur voulait démontrer que l'institution ne cherchait pas à cacher, mais, plus tard, d'autres ont voulu réorienter le sujet vers la rumeur d'une manière pseudo-scientifique, puisqu'il s'agissait d'imposer une conclusion en niant des faits parfaitement documentés.

Pourquoi vous êtes-vous intéressé à ce sujet ? Avez-vous fait des observations au cours de votre vie, notamment lorsque vous avez travaillé sur des bateaux ?

Oui, durant ma vie, j'ai embarqué sur des bateaux. Mon intérêt pour le sujet est venu, d'une part, du récit de mon père. Mon père a été témoin en juillet 1947, deux jours avant que l'affaire de Roswell n'éclate. C'était le 4 juillet 1947. Il se souvient précisément de la date, car il avait des feux d'artifice dans les poches. Lui et une quinzaine d'autres personnes ont observé au-dessus d'un petit village du Vermont, qui s'appelle Dorset (qui apparaît dans le film de Hitchcock *Mais qui a tué Harry ?*), cinq objets d'une forme qu'on peut dire, selon lui, « soucoupoïdale », qui volaient en formation et qui ensuite sont partis à la verticale à une vitesse qui lui paraissait totalement ahurissante. À cette époque, les différentes personnes avec lui ont fait cette observation.

Que faisait votre papa à cette époque ?

Il était âgé de 14 ans et était dans sa famille qui avait une maison dans cette ville de Dorset. C'est dans ce cadre qu'il a fait cette observation. À ce moment, il n'a même pas pensé qu'il puisse s'agir d'engins qui soient d'origine non humaine mais qu'il s'agissait d'avions secrets du gouvernement, et le consensus dans son village était qu'en conséquence il ne fallait pas en parler.

Cette observation-là m'a paru très convaincante. Mon père a été journaliste plus tard et, en 1959, il a fait un reportage à Cap Canaveral. C'était déjà les premiers programmes Gemini. En parlant avec les ingénieurs de la base de Cap Canaveral, ceux-ci lui ont confié qu'ils avaient souvent la présence de ces objets qui venaient même survoler la base de Cap Canaveral. C'est à ce moment-là qu'il a pensé qu'il avait pu voir des engins qui n'étaient peut-être pas d'origine terrestre.

Cela a été, je dirais, la première indication qui m'a intéressé.

Ensuite, j'ai décidé de m'intéresser au sujet dans le cadre d'une recherche que j'ai faite pour un ouvrage sur la guerre froide en 1999, en essayant d'aller regarder dans les archives ce que l'on pouvait trouver.

En fait, je m'intéressais à la question des confusions qui pouvaient avoir lieu dans le cadre de la défense aérienne, et aux témoignages qui avaient pu être recueillis en particulier par des militaires. Comme j'ai fait une recherche en Russie, j'ai interrogé un certain nombre de vétérans de la marine soviétique. Et, dans ces témoignages que j'ai pu recueillir, plusieurs faisaient référence à des OVNI ou des OANI ! C'est là que j'ai vraiment compris que le sujet était tout à fait sérieux.

La marine soviétique avait rédigé des instructions spéciales. Elle savait que ces objets n'étaient pas américains. On comprend aussi dans ces témoignages qu'il y avait des échanges de renseignement entre États-Unis et Union soviétique sur ce sujet. Ce sujet était évidemment pris très au sérieux par les Soviétiques et il y avait énormément de cas en Union soviétique dans un univers qui était sociologiquement, culturellement totalement séparé de l'univers occidental.

Toutes les interprétations psychosociologiques nous laissant penser que ces idées venaient naître dans l'imaginaire des gens parce qu'ils avaient lu des bandes dessinées ou parce que ci, parce que ça…, pour moi, ne s'appliquaient pas au cas soviétique. On avait dans les observations soviétiques des observations qui correspondaient à des vagues d'observations à l'Ouest. Par exemple, le cas des fameuses fusées fantômes observées au-dessus de la Scandinavie en 1946. Et je suis allé dans les archives suédoises pour voir les documents qui s'y trouvaient. Lorsque j'ai eu l'occasion de poser des questions en Russie à des personnes qui avaient étudié cette question, il y avait la même vague d'observations en 1946 au-dessus de l'URSS dans les régions limitrophes de la Finlande et au-dessus des Pays baltes. Encore une fois, on ne pouvait pas prétendre qu'il s'agissait d'un problème suédois, culturel ou imaginaire. Il y avait des témoignages et des recensions d'observations en URSS dans la même région au même moment.

La guerre froide a été un moment très tendu entre l'Est et l'Ouest, entre Russes et Américains. Pensez-vous qu'à cette époque il y a eu des échanges autour de ces phénomènes non expliqués ?

Oui, parce que cela aurait très bien pu déclencher une guerre nucléaire. Le fondateur de l'association NICAP, donc le premier directeur de la CIA, l'amiral Hillenkoetter, a publié un fameux article dans le *New York Times* en 1960 où il dénonçait justement le secret et le ridicule, ou plutôt la préservation du secret en ridiculisant les personnes qui apportaient des témoignages.

Il estimait que, si l'on ne prenait pas au sérieux et si l'on ne présentait pas aux citoyens une vision plus juste de ce phénomène, l'Union soviétique pourrait éventuellement en tirer profit en prétendant posséder la technologie de ces objets. D'autre part, ces objets pourraient être faussement interprétés comme des missiles ou des engins soviétiques. Dans les révélations de David Grusch au Congrès, un traité entre les États-Unis et l'Union soviétique de 1971 sur la prévention des risques de guerre nucléaire a été cité, de même qu'un protocole prévoyant des échanges de renseignement entre l'Union soviétique et les États-Unis sur ces objets, justement pour prévenir les risques de confusion.

Avez-vous eu l'impression de risquer en fait de mettre en jeu un peu votre réputation de chercheur ou votre crédibilité de chercheur en vous intéressant à ces questions ?

Oui, vous pouvez dire ça. Comme je vous l'ai dit, je m'y suis intéressé parce que je voulais intégrer ce phénomène dans la perception générale de la menace par les Occidentaux, d'une part, et les Soviétiques, d'autre part, dans le cadre de la guerre froide. C'est-à-dire que, dans cet ouvrage que j'ai coécrit avec un ex-attaché naval américain à Moscou, nous nous intéressions principalement à la dimension aéromaritime de la guerre froide.

Ayant vu et lu des cas soviétiques et eu cette occasion d'obtenir des réponses en interrogeant les vétérans soviétiques, j'ai trouvé très intéressant de consacrer un chapitre à cette question dans cet ouvrage. À l'époque, je me souviens que l'éditeur américain ne voulait pas de ce chapitre. Mon co-auteur avait un agent littéraire qui lui-même avait comme voisin de palier un vétéran pilote de l'US Air Force ayant lui-même poursuivi avec son chasseur à réaction des OVNI au début des années 1950. Ils ont convaincu cet agent littéraire que c'était bien réel. Grâce à ce soutien, nous avons pu maintenir le chapitre. Je me souviens très bien que les réactions ont été diverses : il y a eu des réactions très ouvertes, comme celle du directeur du Service historique, qui m'avait chargé de superviser un numéro spécial de la *Revue historique des armées* consacré à ce sujet. À la lecture de ce chapitre, il estimait que c'était un devoir de montrer qu'on ne cachait rien. Et je pense qu'il était parfaitement sincère au regard de nos archives. Finalement, les archives sont communicables au public après un délai légal. En France, ce délai est de cinquante ans.

Les archives américaines, à mon sens, sont différentes. Il y a des archives considérées comme relevant de la sécurité des États-Unis qui peuvent être beaucoup plus anciennes et qui ne seront pas communiquées pour cette raison. Aux États-Unis comme en France, il y a des procédures pour accéder aux archives non communicables. Aux États-Unis, c'est la procédure du Freedom of Information Act, massivement employée par certains chercheurs, en particulier le regretté Stanton Friedman. Friedman était très fier de montrer les kilomètres de pages noircies qu'on lui avait retournées. Il y avait une obligation légale de lui répondre, mais manifestement on ne voulait pas qu'il voie le contenu des documents en question.

En France, je ne suis pas certain que tous les documents soient versés aux archives, y compris aux archives de la Défense. Malgré l'obligation de le faire, elle n'est jamais véritablement sanctionnée. Pendant la période de la guerre froide, certains documents n'étaient pas versés aux archives parce qu'on n'avait pas confiance dans les conservateurs, imaginant qu'il pourrait y avoir des sympathies communistes susceptibles de communiquer ces documents à l'Union soviétique. Pour ces raisons, beaucoup de documents sensibles n'étaient pas versés aux archives.

Existe-t-il un événement similaire à Roswell en Russie ?

Oui, il y a un cas fameux à Dalnegorsk, où l'on a un certain nombre de témoignages. Je pense qu'il y a eu d'autres cas en URSS. Il y a un cas très important au Brésil, à Varginha dans l'État du Minas Gerais en 1996, avec énormément de témoins, bien documenté par un chercheur américain, Gary Leir, qui est allé faire une enquête et a interrogé les témoins cinq ans après les faits. Un documentaire récent, de James Fox, s'intéresse également aux OVNI dans le cas de Varginha. Il est extrêmement difficile de nier ce cas par le nombre de témoins.

Je n'exclus pas que le gouvernement brésilien puisse déclassifier davantage d'archives sur ce sujet. Il a déjà déclassifié des archives sur une affaire d'OVNI de 1977, où des objets survolaient un secteur de l'Amazone, causant des blessures à des populations indigènes. Un détachement de l'armée de l'air brésilienne a été envoyé sur place pour faire des observations. Les rapports de l'armée de l'air brésilienne, avec les observations faites, ont été déclassifiés. Il y a dans les archives de la matière à explorer. Dans les archives déclassifiées qui ne sont pas douteuses, il y a déjà, à mon sens, la matière pour démontrer cette présence d'engins que l'on va qualifier de non-humains. Y compris dans les archives de Blue Book, avec un certain nombre de documents iconographiques.

Votre domaine d'expertise concerne tout ce qui est maritime. Vous avez mentionné l'affaire du lac Baïkal. Est-ce un cas qui vous a intéressé ?

J'ai lu ce que les Russes ont communiqué sur le sujet. Je n'ai pas vu d'archives particulières sur ça. J'ai pu avoir une copie des instructions de la marine soviétique de 1978, à la suite d'observations qui avaient été faites en 1977 lors d'un grand exercice de la Flotte du Nord. Mais, pour le reste, je suis obligé de faire foi à des ouvrages qui sont parus en Russie, dont certains sont très complets et qui donnent des descriptions de nombreux cas. Les auteurs de ces ouvrages sont, pour plusieurs d'entre eux, d'anciens militaires.

Certains ouvrages ont un caractère un peu sensationnaliste, comprenant des raccourcis ou des simplifications contestables. Je pense par exemple aux nombreux ouvrages publiés par l'ufologue russe Vladimir Ajaja. Il avait d'ailleurs reçu Jacques Vallée lorsque ce dernier s'était rendu en URSS pour investiguer le cas de Voronej en 1989. Ce cas est très intéressant car on est dans la période de la Perestroïka, de la Glasnost, de l'ouverture. La presse soviétique communique sur les observations d'OVNI, en particulier dans la ville de Voronej où des écoliers dans un parc ont observé des objets qui se sont posés et dont sont sorties des créatures ayant l'apparence de robots.

Tout cela a été décrit en détail dans le journal *La Pravda*. C'est assez étonnant que les Soviétiques communiquent sur le sujet de cette manière. Il y avait d'autres cas où des photographies avaient même été publiées. Dans le cas de Voronej, malheureusement, il n'y avait pas de photographies, mais une description d'un symbole prétendument vu sur les objets ou les robots. Ce symbole était très proche d'un symbole observé en Espagne, associé à une affaire sulfureuse, la fameuse affaire Humo.

Cette affaire Humo avait mis en cause un certain nombre de scientifiques en Europe. Ils avaient reçu des courriers prétendant venir d'une civilisation visitant la Terre. Jean-Pierre Petit, notamment, était impliqué dans cette histoire des Ummites. Ce qu'il y avait de très étonnant dans le cas de Voronej, c'est que l'on avait le même symbole que celui apparaissant sur les correspondances reçues par Jean-Pierre Petit ou d'autres, et qui avait été photographié en Espagne.

On a pu considérer à l'époque une autre interprétation : ces correspondances pouvaient émaner des services spéciaux soviétiques, qui cherchaient à établir des contacts et éventuellement un dialogue particulier avec des chercheurs et des scientifiques européens, en les flattant. En fait, ils auraient été remarqués comme des élus, et c'était un moyen de collecter des informations, de poser des questions, d'échanger, etc. Le cas de Voronej, avec la présence du symbole, était un moyen de valider cette affaire Humo. En plus, Humo, en espagnol, signifie « la fumée », et il y avait peut-être une ironie. Plus tard, on a mis en cause un certain nombre de personnes pour leur implication dans cette affaire, notamment un rédacteur encyclopédiste espagnol, à l'origine de cette affaire. Encore une fois, tout n'est pas clair, mais ce qui est clair, c'est que les Soviétiques se sont mis à communiquer sur le sujet à partir de la période Gorbatchev. Ce qui est aussi intéressant, c'est qu'il y a eu ces échanges entre le président américain Reagan et Gorbatchev, et certains ont porté sur la question des OVNI.

Reagan a prononcé un discours à l'assemblée générale des Nations Unies où il explique que les différences entre l'URSS et les États-Unis disparaîtraient en cas de menace extraterrestre. Puis il a ainsi poursuivi : « Mais cette présence alien ou autre n'est-elle pas déjà là parmi nous ? » Le Président Reagan, comme on le sait par de nombreux témoignages, était obsédé par cette question des OVNI.

Le nucléaire et les sites nucléaires sont-ils un enjeu de la question UFO ou même OANI ?

Oui, bien sûr. Et cela, depuis le début du nucléaire. On peut même considérer, si l'on regarde les statistiques d'observation, que celles-ci ont augmenté à partir de l'ère nucléaire. Ce sont précisément les recherches et les essais américains qui ont peut-être justifié cette augmentation très significative.

Évidemment, parmi les sites survolés, il y a celui de Los Alamos, la base de Roswell, et la base sur laquelle ont été déployés les premiers bombardiers qui portaient l'arme nucléaire au lendemain de la Seconde Guerre mondiale. On a des témoignages, bien médiatisés, en particulier celui de cet officier de l'armée de l'air américaine, Robert Salas, qui a rapporté comment son site de lancement de missiles intercontinentaux avait été neutralisé pendant quelques heures par un objet volant non identifié. Il ne l'a pas vu lui-même, puisqu'il était à l'intérieur de ce site de lancement, mais ses soldats qui se trouvaient en surface pour protéger le site lui ont décrit cet objet. Et le site de lancement était totalement inopérant pendant quelques heures. Ce n'est pas quelque chose d'anodin.

Puis on a le cas inverse du côté soviétique, avec un site de lancement de missiles intercontinentaux soviétiques qui a, lui, été activé, comme si le compte à rebours de lancement avait été déclenché par la présence d'un objet au-dessus du site. Les Soviétiques se sont employés à détruire tous les câbles électriques pour empêcher un lancement.

Sur l'affaire de Tchernobyl, nous avons des témoignages prétendant que la température du réacteur éventré aurait été refroidie par un objet qui a été observé en vol stationnaire au-dessus de Tchernobyl. À Fukushima, vous avez une vidéo, que vous pouvez voir sur YouTube. Un journaliste japonais est probablement en direct, et apparaît un cigare au-dessus de Fukushima en arrière-plan.

Quelle est la crédibilité, par exemple, de ces deux derniers cas, Tchernobyl et Fukushima ? Est-on dans l'ordre du fantasme ou bien dans l'ordre de quelque chose qui doit interpeller ?

Vous avez raison de poser la question. On a beaucoup de films falsifiés sur YouTube. Vous avez le meilleur comme le pire. Mais le film qui a été diffusé sur Fukushima est extrait d'un journal télévisé japonais où, en direct, apparaît à distance cet objet d'une forme cylindrique au-dessus du site de Fukushima pendant le témoignage d'un journaliste, un envoyé spécial japonais. Pour ce qui est de Tchernobyl, on a plusieurs témoignages. Encore une fois, je reste toujours prudent comme saint Thomas, mais je note qu'on a eu plusieurs témoignages de personnes impliquées dans la gestion de l'intervention à Tchernobyl relatant la présence de cet objet et le refroidissement du réacteur.

Y a-t-il une interaction entre les sous-marins nucléaires et les OVNI ?

Oui, dans plusieurs cas. Côté soviétique, lorsque j'ai posé des questions j'ai eu plusieurs références à des cas. Un cas soviétique a été cité dans les ouvrages ou articles de Vladimir Ajaja et concerne un sous-marin qui avait fait surface au pôle et qui a vu un objet casser la banquise et décoller après avoir rompu la banquise, donc venant de sous la banquise.

Il existe un autre cas d'un objet venu survoler un sous-marin stratégique russe en le balayant d'un rayon lumineux décrit comme télescopique. J'ai encore un autre cas d'un objet qui n'a pas été vu mais qui a été détecté par les senseurs du sous-marin (ses sonars) et qui se déplaçait autour du sous-marin. Encore une fois, je n'ai pas vu les rapports soviétiques, mais les officiers qui m'ont cité ces cas étaient des personnes tout à fait respectables. Je ne vois pas quel intérêt soudain ces personnes auraient eu à inventer quoi que ce soit.

Pour ce qui est des observations au-dessus de porte-avions, des cas ont été décrits dans des rapports du NICAP. Par exemple, il y a plusieurs cas concernant le porte-avions *Franklin D. Roosevelt*. Un, lors de l'exercice Mainbrace de 1952, bien qu'à l'époque il ne transportait pas d'armes nucléaires à bord et n'était pas lui-même à propulsion nucléaire. Un deuxième cas en 1958, mais à cette époque le porte-avions pouvait avoir des armes nucléaires à bord.

Un autre cas concerne le porte-avions *Kennedy*, de la fin des années 1960 ou au début des années 1970. Très clairement, le porte-avions *Kennedy* avait des armes nucléaires à bord. Il s'agit de l'observation, décrite dans un compte rendu NICAP, d'une grande boule orange en vol stationnaire au-dessus du porte-avions. Le cas du Franklin D. Roosevelt de la fin des années 1950 ou au début des années 1960 concernait un objet en forme de cigare avec des hublots illuminés, comme s'il allait apponter sur le porte-avions, mais qui est passé à très basse altitude. Nous avons la description des membres d'équipage sur cette observation, via cette association privée, NICAP.

Tous ces cas que vous avez étudiés, peut-on toujours en douter ?

On peut toujours dire que ces histoires ont été fabriquées. Mais on a dans les archives assez de preuves pour démontrer que le sujet est pris au sérieux par les autorités. Quand je dis : les archives, ce sont les archives de multiples pays. Non seulement les archives américaines, comme celles du fameux projet Blue Book, mais aussi les archives brésiliennes, britanniques, etc. Les Britanniques ont déclassifié un très grand nombre de documents sur le sujet, accompagnés de la publication d'un petit ouvrage par les archives britanniques, un peu comme un guide du lecteur.

On a à peu près la même chose aux États-Unis. Si vous allez sur le site des Archives nationales américaines (NARA) et que vous cherchez Blue Book, vous trouverez une page qui est un guide du lecteur. Elle essaie de vous dire que, finalement, vous n'allez rien trouver d'extraordinaire qui démontrerait l'existence d'une présence extraterrestre. Il y a une tentative de décourager le lecteur ou le chercheur qui ne serait pas très déterminé, tout en l'accompagnant, car il va forcément tomber sur des cas très précis décrivant des choses extraordinaires.

On pourrait penser qu'on voudrait suggérer que beaucoup de gens ont beaucoup d'imagination et décrivent des choses qui ne sont pas ce qu'ils ont vu. Prenez par exemple un cas emblématique en Grande-Bretagne, qui concerne également les armes nucléaires : l'observation de Rendlesham Forest en 1980. Sur le territoire britannique, une base américaine de l'US Air Force stockait des armes nucléaires. Pendant plusieurs jours, un objet de forme triangulaire a été observé, avec des descriptions variées fournies par plusieurs témoins. Ces variations ont été utilisées pour décrédibiliser les témoignages. Il y avait du personnel de l'US Air Force sur la base, ainsi que des civils britanniques, car l'incident s'est produit juste à l'extérieur de cette base de l'US Air Force, dans un périmètre qui était patrouillé par des personnels de l'US Air Force assurant la protection de cette base.

Mais on a cherché à convaincre un témoin qu'il avait vu les rayons lumineux d'un phare situé à plusieurs kilomètres de là, et non pas un triangle qui se serait posé, etc. Cependant, nous avons les témoignages, en particulier du colonel Holt, qui était en charge de ces équipes de sécurité. On a également l'enregistrement par dictaphone, décrivant en direct ce qu'il voyait. Cet enregistrement est tout à fait significatif à mon sens.

Depuis que vous étudiez ces cas, depuis une vingtaine d'années, doit-on avoir peur ? Y a-t-il une menace extraterrestre ou OVNI ? Quel conseil donneriez-vous aux gouvernements aujourd'hui ?

Les gouvernements savent certainement mieux que moi. Mais ce qui est assez étonnant, c'est que nous nous trouvons dans une situation internationale déplorable et extrêmement dangereuse. L'administration Biden a voulu étendre l'OTAN à l'Ukraine, contre des avertissements russes depuis plus de vingt ans. En conséquence, nous avons une invasion que l'on peut considérer comme tout à fait condamnable, comme la guerre en général, mais qui reflète les intérêts stratégiques exprimés par la Russie. Nous avons donc une situation de guerre indirecte entre les États-Unis et la Russie. D'autre part, les relations entre les États-Unis et la Chine sont particulièrement dégradées, liées en partie au fait que la Chine n'est pas toujours très respectueuse dans ses méthodes d'acquisition d'information, mais aussi à la crainte des États-Unis de voir la Chine devenir la première puissance mondiale.

Ces trois pays – les trois puissances majeures du Conseil de sécurité – sont aujourd'hui dans une situation de guerre froide, pas très éloignée de la guerre chaude pour ce qui concerne la Russie. C'est très étonnant de se retrouver dans cette situation alors que nous avons en même temps une présence, à mon sens avérée, d'objets volants non identifiés. Ce n'est même pas discutable. On devrait en faire état dans les manuels scolaires. L'US Air Force faisait d'ailleurs état de cette présence jusqu'en 1970 dans ses manuels d'instruction pour les cadets, où il était écrit qu'il fallait garder l'esprit ouvert à la possibilité désagréable de la présence de visiteurs d'origine extraterrestre. Ce document officiel de l'US Air Force, un texte d'instruction pour les cadets, citait au moins trois races de visiteurs.

Nous avons donc cette situation avérée et, d'autre part, nos principales nations ne font pas corps face à cette présence, contrairement à ce que disait le Président Reagan dans son important discours à l'Assemblée générale des Nations Unies. On pourrait imaginer que l'humanité apaise ses conflits, et on s'aperçoit que ce n'est absolument pas le cas. On peut donc spéculer, comme d'anciens responsables éminents l'ont déclaré, sur l'existence d'une forme d'entente avec certains de ces visiteurs, ce qui expliquerait que ceux qui sont conscients de cette affaire ne se sentent pas menacés.

Par-delà la peur, cela vous paraît-il signifier qu'il y a un contact avancé et intelligent ? Cela va très loin comme hypothèse.

Le sujet que nous abordons est un sujet que l'on pourrait également traiter sous l'angle de la désinformation. C'est-à-dire que, depuis les débuts de ce que l'on pourrait appeler l'ufologie, il n'y avait pas encore de conscience généralisée de ce phénomène. Je pense en particulier à Charles Fort et l'ouvrage, *The Book of the Damned*, qu'il a publié en 1919. À cette époque, ce sujet n'existait pas dans la conscience du public.

Mais, à partir du moment où il y a une conscience de ce sujet dans le public, il y a eu une entreprise de désinformation. On le sait d'autant mieux que vous avez eu en 1953, juste après les observations de Washington en 1952, le fameux comité Robertson aux États-Unis qui a mis en place une politique de décrédibilisation des témoins et des associations qui étudiaient le phénomène. Cela a abouti à la fermeture du projet Blue Book en 1969.

Il y a une désinformation donc très forte, qui vise en particulier les chercheurs sur cette question. Beaucoup d'ufologues qui se sont penchés honnêtement sur cette question ont été désinformés pour les décrédibiliser. Par exemple, dans les années 1980, il y a eu ces documents Majestic, qui ont été communiqués à certains ufologues par courrier (on était avant Internet, etc.). On peut considérer que cela faisait partie de cette stratégie de désinformation : convaincre des ufologues qu'ils avaient face à eux de véritables documents, les voir publier ces informations, ensuite les décrédibiliser en démontrant que ces informations n'étaient pas correctes. C'est d'ailleurs peut-être le cas. Il est aussi très probable que, dans les fameux documents Majestic de 1980, certains puissent être authentiques, et d'autres pas du tout, dans le but de les décrédibiliser.

Des chercheurs qui ont été désinformés et ont perdu leur crédibilité. Mais on a un certain nombre de témoignages qui font état de contacts. Par le fait même qu'il y a un nombre élevé de crashs et de témoignages évoquant la récupération d'êtres vivants, il y a de toute façon une forme de contact qui a été établie.

Maintenant, certains propos sur lesquels je ne peux pas me prononcer parce que je n'ai pas assez d'informations, comme la prétendue rencontre avec le Président Eisenhower que sa petite-fille voudrait confirmer. Les propos qu'elle tient ne sont pas nécessairement très convaincants. D'anciens ingénieurs en fin de vie, avec des réputations irréprochables, prétendent avoir eu connaissance de contacts ou avoir été « aidés » dans leurs propres travaux. Nous avons le témoignage d'un ancien directeur du programme spatial israélien qui parle aussi de collaboration. Cela expliquerait justement l'absence d'inquiétude globale.

Que penser de ces propos ? Ces témoignages peuvent être interprétés comme un dernier service à la nation, cherchant à décrédibiliser le sujet OVNI par ce type de propos. C'est ma première interprétation : un peu un baiser de la mort, puisque l'un de ces deux chercheurs avait cité le célèbre Bob Lazar en prétendant le connaître. C'était sans doute un moyen de le décrédibiliser lui aussi. Cela constituait ma première interprétation. Mais je ne comprends pas l'absence apparente d'unité de l'humanité face à ce phénomène réel et documenté. Cela suggère une communication qui pourrait nous protéger.

Avez-vous étudié ou eu accès à des documents au sujet des personnes qui auraient été abductées ?

Oui, je prends très au sérieux les histoires d'enlèvement. D'abord à cause du nombre de témoignages, encore une fois, ensuite par le fait qu'on a des cas d'enlèvement sous toutes les latitudes et sous tous les régimes. En particulier, on a des cas d'enlèvement en Chine communiste à l'époque de la Révolution culturelle. J'ai eu l'occasion de m'entretenir avec des universitaires chinois. Il existe en Chine une revue d'ufologie. Je rappelle que le Parti communiste chinois bannit toute forme de croyance et de religion. Si vous êtes membre du Parti communiste, c'est incompatible et même dangereux. Je trouve très intéressant que les communistes chinois autorisent une recherche ufologique et que l'on trouve des cas décrits par l'ufologie chinoise, y compris des cas d'enlèvement. Ces cas concernent généralement des personnes dans des régions éloignées… Cela remonte à très longtemps et on ne peut pas dire que c'est un phénomène lié au fait qu'aujourd'hui la Chine partage avec nous une culture commune. Même si elle a un Internet censuré, on peut acheter un VPN en Chine et accéder à tout. On accède à énormément de contenu. Dans les années 1950 et 1960, ce n'était pas le cas. Le fait qu'on ait des histoires d'enlèvement en Chine me paraît très intéressant.

Les études faites par feu le professeur John Mack de l'Université de Harvard et les recherches de Budd Hopkins sont intéressantes. Comme le disait John Mack, les personnes qui disent avoir été enlevées pensent sincèrement avoir vécu ce qu'elles décrivent. Je suis convaincu, par exemple, par le témoignage de Travis Walton, un bûcheron dont le cas est extrêmement médiatisé et connu. Il a parlé à de nombreuses reprises. Un ou deux films ont été faits sur lui. Son cas est très crédible. Tous les protagonistes de cette histoire ont passé le détecteur de mensonges. Alors, je sais bien que le détecteur de mensonges n'est pas fiable à 100 % mais je trouve que la probabilité de battre le détecteur est très faible. Ce qui m'intéresse, c'est le témoignage des analystes qui interrogent avec le détecteur de mensonges. Les analystes ont beaucoup d'expérience et arrivent à déterminer s'ils ont affaire à des personnes capables de battre le détecteur ou pas. Ce cas de Travis Walton est très intéressant si on le met en parallèle avec le témoignage de Bob Lazar, en particulier sur la description de l'intérieur de la soucoupe que Bob Lazar a étudiée et si on la compare à la description donnée par Travis Walton. Il y a beaucoup de similitudes. Surtout, on a deux types d'êtres vus et opérant ensemble dans ce témoignage de Travis Walton : des êtres correspondants à ceux qu'on catégorise comme les « petits gris » et des êtres ressemblant beaucoup à l'être humain, que l'on appelle généralement « les Nordiques ». Cela n'est pas suffisant pour en établir la véracité, mais, si on prend les statistiques et le travail de John Mack, je pense que l'on doit considérer cela comme quelque chose de tout à fait sérieux. Je dirai la même chose du bétail mutilé et des *crop circles*, d'ailleurs. Je pense que le bétail mutilé est quelque chose de très intéressant et peu connu. Nous avons une chercheuse, que je considère comme à la fois sérieuse mais un peu crédule, Linda Moulton Howe, qui est une passionnée de la question aux États-Unis et qui a commencé sa carrière sur le bétail mutilé. Le travail qu'elle a fait montre clairement le lien entre le bétail mutilé et les observations d'OVNI, dans le Midwest, le Far West américain, ainsi que le Canada. Il faut aller voir les archives du FBI en ligne, où vous avez des documents déclassifiés concernant le bétail mutilé. La nature des mutilations est totalement inexplicable. Quant à la fabrication artificielle des *crop circles*, elle prend du temps ; là, vous avez des cas documentés qui apparaissent en quelques secondes, parfois en présence de boules lumineuses. Bien sûr, il est plus facile d'ignorer les faits et de citer des falsifications pour éluder le problème.

Le cas du Skinwalker Ranch pourrait-il entrer dans ce cadre-là ?

Le cas du Skinwalker Ranch est un cas sur lequel je ne demande qu'à apprendre. C'est devenu un thème commercial, puisque le propriétaire actuel en a fait une série sur Netflix, actualisée régulièrement, avec quasiment un direct de ce qui se passe sur le ranch. Des équipes d'investigateurs mènent constamment différents types d'expériences pour essayer d'enregistrer ou de faire apparaître le phénomène – ou, plutôt, les phénomènes.

Le propriétaire actuel a changé un peu de discours. Au départ, il était relativement prudent au moment où il a acheté le ranch à ce fameux milliardaire, Robert Bigelow, très impliqué dans les affaires d'ufologie. Son successeur, l'entrepreneur immobilier Brandon Fugal, un mormon (le fait qu'il soit mormon n'est pas fortuit, car les mormons croient explicitement que Dieu a créé la vie partout et que nous ne sommes qu'une des manifestations intelligentes de la vie), est maintenant très impliqué. Il a lui-même son équipe de scientifiques sur le ranch et en a fait une entreprise commerciale. Il a un intérêt direct à ce que de nouveaux phénomènes se produisent. Tout cela doit être pris en considération.

Je ne dis pas qu'il n'y a pas quelque chose sur ce ranch, car manifestement, même dans le folklore indien, il y a des histoires antérieures. Je suis agnostique sur le thème de ce ranch. Je n'en sais pas assez, je peux juste dire que le propriétaire actuel paraît très engagé et impliqué dans l'étude des phénomènes et prétend que son ranch fait l'objet d'une surveillance gouvernementale américaine, avec des hélicoptères militaires non marqués qui viennent survoler son ranch.

Y a-t-il un risque de dévoiement médiatique de toutes ces questions, encore plus grand aujourd'hui ?

Oui, et depuis toujours. La forme est différente aujourd'hui, puisque les médias sont différents depuis l'arrivée d'Internet qui permet certaines expressions bannies des principaux médias. En même temps, c'est un risque, puisque n'importe qui peut exposer des théories fumeuses ou raconter des choses fausses. Dans ce sujet, vous avez, d'une part, la désinformation gouvernementale et, d'autre part, la désinformation par des personnes voulant tirer un bénéfice, qui vont fabriquer des histoires, exploiter le filon, déformer des histoires ou même créer des religions, comme la secte des Raëliens. Aujourd'hui, on peut dire que le sujet connaît un renouveau depuis 2017. Le sujet était un peu tombé dans l'oubli. Depuis 2017, avec le spectacle de cet affrontement aux États-Unis, le sujet réapparaît dans les principaux médias, comme cela a été le cas à la fin des années 1940 et au début des années 1950. Nous sommes repartis un peu dans cette même problématique. C'est pourquoi je dressais un parallèle avec l'ère Blue Book, qui s'était finalement refermée, et les tentatives actuelles de l'organisme du Pentagone (AARO) et de la NASA de dénaturer une nouvelle fois le sujet en donnant l'impression de l'étudier « scientifiquement » pour conclure qu'il n'y a rien qui nous indique la présence d'autres intelligences. Mais, cette fois-ci, je doute que cela passera. Et la France doit se préparer à la démonstration de ce nouveau paradigme.

Steve BASSETT

Premier et unique lobbyiste enregistré sur la question des OVNI à Washington DC, fondateur du Paradigm Research Group (PRG), il milite activement pour la divulgation des informations gouvernementales sur les OVNI et les présences extraterrestres. En 2013, il a organisé le « Citizen Hearing on Disclosure », où d'anciens membres du Congrès ont entendu des témoignages sur les OVNI.

Pouvez-vous nous parler de votre parcours avant de vous impliquer dans la recherche sur les OVNI ? Qu'est-ce qui a éveillé votre intérêt pour ce domaine ?

Avant 1995, ma vie n'avait aucun but. À l'automne de cette année-là, j'ai décidé de changer cela. Une fois dans cet état d'esprit, j'ai pris note des développements majeurs liés à la controverse sur les OVNI. Après quelques recherches, j'ai décidé que c'était la question la plus importante de l'histoire humaine. J'ai décidé de travailler bénévolement pour le Program for Extraordinary Experience Research à Cambridge (Mass.), et le reste fait partie de l'histoire.

Comment décririez-vous l'objectif principal de votre travail et vos efforts de sensibilisation sur les OVNI ?

Depuis le début, mon intention était d'être un activiste politique engageant les médias *mainstream* et le grand public de toutes les manières possibles pour obtenir une confirmation formelle par les gouvernements d'une présence extraterrestre : la Révélation.

Quelle a été votre réaction initiale à la révélation du Programme avancé d'identification des menaces aérospatiales du Pentagone en 2017 ?

J'ai immédiatement su que cela représentait un changement d'état important au sein du complexe militaire et du renseignement. C'était le début de la « phase finale » menant à la Révélation. Il ne s'agissait plus que de savoir combien de temps cela prendrait et à quel point ce serait chaotique jusqu'à la fin de l'Embargo de la Vérité.

Comment évaluez-vous l'impact de cette révélation sur la perception publique des OVNI et sur l'approche du gouvernement sur ce sujet ?

Cela nécessiterait deux livres. Il y avait une sorte de stigmatisation autour des OVNI, mais en quelques années seulement cela a pratiquement disparu. Il n'a fallu que trois ans pour amener le Congrès des États-Unis à s'impliquer pleinement dans cette question. Le nombre d'articles dans les médias grand public a atteint des chiffres sans précédent. Les médias sociaux ont abondamment traité cette transition. Le processus menant à la Révélation était en cours.

Maintenant, il s'agissait de savoir combien de résistance émergerait dans la phase finale.

Quelles sont les prochaines étapes de votre stratégie pour faire pression sur le gouvernement américain afin qu'il reconnaisse la réalité des OVNI et, potentiellement, de la vie extraterrestre ?

Simple : attirer autant d'attention que possible sur le sénateur Mark Warner, qui a le pouvoir de convoquer à tout moment l'audience devant le comité du renseignement du Sénat qui préparera le terrain pour que le président des États-Unis intervienne et mette fin à l'Embargo de la Vérité.

Comment financez-vous votre travail, étant donné qu'il ne génère aucun revenu direct ? Quel rôle joue la générosité de vos soutiens dans votre mission ?

Le travail du PRG a été financé uniquement par des contributions non déductibles des impôts de la part des soutiens et des honoraires de conférences. Cela changera car PRG vient de demander le statut d'organisme à but non lucratif 501c3 auprès de l'IRS.

Comment voyez-vous l'avenir de la recherche et des rapports sur les OVNI aux États-Unis et dans le monde ?

Post-Révélation, ils exploseront, créant le plus grand changement de paradigme de l'histoire humaine et soutenant possiblement la plus grande ère de réforme de l'histoire humaine. De plus, mes honoraires de conférence augmenteront.

Comment percevez-vous l'évolution de la question des UAP/ET depuis 2017 ?

De « Rien à voir ici, circulez, vous n'avez pas besoin de savoir, vous ne pouvez pas gérer la vérité » à des témoins se manifestant en grand nombre, une couverture médiatique massive, l'éducation sur les UAP de la majorité du Congrès des États-Unis, la première audience au Congrès en cinquante-cinq ans, un Caucus UAP à la Chambre des représentants, quatre séries successives de législation sur les UAP, des membres du Congrès déclarant ouvertement qu'il y a une présence extraterrestre, des organisations liées aux UAP se formant plus vite que je ne peux les suivre, Hollywood (l'industrie du film) passant enfin à la non-fiction sur la réalité des-extraterrestres, les contractants militaires américains si effrayés qu'ils ont ouvertement sabordé la loi sur la divulgation des UAP, un Pentagone tellement paniqué qu'il a tenté de faire passer une version 2024 du rapport Condon de 1969 (échec épique), et des dizaines de témoins prêts à s'exprimer devant le comité du renseignement du Sénat demain et mettre fin à l'Embargo de la Vérité en une semaine.

Croyez-vous que les gouvernements possèdent des informations sur les rencontres extraterrestres qu'ils ne divulguent pas au public ? Si oui, quelles pourraient être leurs motivations pour garder ces informations secrètes ?

C'est une autre réponse en deux livres. Les pays les plus avancés savent depuis des décennies, et dans certains cas depuis sept décennies, qu'il existe une présence extraterrestre. La vérité a été dissimulée principalement pour des raisons de sécurité nationale avec des relents d'hubris, de mégalomanie et de cupidité.

À votre avis, la NASA devrait-elle être plus impliquée dans cette question, ou préfériez-vous qu'une seule organisation coordonne la recherche ?

La NASA est au courant de la présence extraterrestre depuis sa création. Elle devra d'abord rendre compte de sa complicité dans l'Embargo de la Vérité – elle n'avait pas le choix. Après la Révélation, une NASA réformée jouera certainement un rôle.

Face à des déclarations comme celles de Scott Bray en 2022 ou de Sean Kirkpatrick (il a refusé de répondre à nos questions), qui affirme n'avoir vu aucune preuve d'origine non terrestre dans les rapports sur les UAP, comment maintenez-vous votre conviction sur la présence extraterrestre ?

Conviction ? Scott Bray était un intérimaire. Sean Kirkpatrick a été utilisé et abusé par le Pentagone. Je n'ai aucune animosité envers eux, mais rien de ce qu'ils ont dit ou fait n'a la moindre influence sur mes convictions concernant la présence extraterrestre.

Pour vous, Luis Elizondo a-t-il joué un rôle ou est-il un menteur comme l'écrit le journaliste Steven Greenstreet dans le New York Post *?*

Luis Elizondo est une figure clé de la transition de sept ans vers la Révélation. Je me moque de ce que pense Steven Greenstreet de Luis Elizondo ou de quoi que ce soit d'autre.

À votre avis, le témoignage de David Grusch est-il complètement convaincant ? Si oui, pourquoi en êtes-vous convaincu ?

David Grusch a pris une décision qui a changé sa vie en disant la vérité au pouvoir. C'est un héros. Je suis convaincu en examinant les preuves et en appliquant le bon sens. Ce n'est pas si difficile. Ce n'est pas si difficile. Le plus grand défi est de faire face à ses propres préjugés.

Vous avez été ridiculisé, rejeté et ignoré pendant plus de deux décennies. Comment avez-vous géré ces défis sur le double plan personnel et professionnel ?

J'ai très peu été ridiculisé. Je n'ai certainement pas été ignoré. Près de 600 articles dans les médias grand public ont fait référence à mon travail. Quelques rejets, bien sûr. Si vous ne pouvez pas supporter le rejet, vivez dans une grotte et ne sortez pas. Quelle que soit la question, vous devez gagner l'attention des gens. Même chose pour les médias. Quant à la puissance d'avoir raison ? C'est toujours surestimé.

Comment interprétez-vous les résultats des sondages du Pew Research Center indiquant qu'une majorité d'Américains croient à l'existence d'une vie intelligente ailleurs dans l'univers ?

Il y a eu des dizaines de sondages depuis cinquante ans. Ils montrent tous une conviction croissante des citoyens que nous ne sommes pas seuls. Cela dit, les grands changements de paradigme ne se produisent pas par vote majoritaire. Comprendre l'univers n'est pas un processus démocratique. Les couloirs du pouvoir et de l'argent se soucient peu de ce que pense la majorité en matière de guerre, de secret et de pouvoir. Heureusement, la réalité transcende le consensus et prévaut finalement. Ensuite, il s'agit de savoir combien de dommages les mensonges institutionnels ont causés.

Quels sont, selon vous, les trois cas les plus emblématiques ou troublants du phénomène OVNI ?

C'est une dichotomie étrange. Les trois cas les plus importants sont : Roswell, les témoignages collectifs sur la manipulation des armes nucléaires, et les récits collectifs de contacts/enlèvements.

Que pensez-vous des personnes qui disent avoir été enlevées ? Pensez-vous qu'il existe des explications psychologiques ou cela pourrait-il être lié à des expériences réelles ?

Des explications psychologiques pour des centaines de milliers de cas signalés de contacts directs avec les êtres, y compris des enlèvements ? Je ne pense pas. Pas « pourrait être », mais « est ». Cela sera résolu après la Révélation, pas avant.

Les crashs d'OVNI vous semblent-ils plausibles ? Pensez-vous que nous avons secrètement collecté du matériel extraterrestre ?

Oui, et oui.

Avez-vous des expériences personnelles ou des raisons spécifiques qui ont influencé votre conviction ?

Conviction. Expériences personnelles ? Aucune. Raisons spécifiques ? Faire attention.

Avez-vous déjà envisagé le contact ? Si oui, comment l'imaginez-vous ?

Le contact se produit maintenant et probablement depuis des milliers d'années. Vous n'avez pas besoin d'imaginer.

Restez simplement avec des contactés. Quant au contact, il y a longtemps. Regardez *Ancient Aliens*.

Comment pensez-vous que ce contact pourrait se produire – pacifiquement ou autrement ?

Le contact a déjà eu lieu et continue, même si un contact ouvert à l'ère moderne n'a pas eu lieu. S'il ne doit pas être pacifique, nous devrions mettre de l'ordre dans nos affaires. S'il doit être pacifique, nous devrions nous ressaisir.

Comment imaginez-vous les entités extraterrestres possibles ?

Vous n'avez pas besoin d'imaginer. Examinez simplement les milliers de rapports ainsi que les images dessinées et peintes fournies par les contactés.

À votre avis, seraient-ils hostiles ou non ? Devons-nous nous méfier ? Devons-nous avoir peur ?

Les preuves montrent très peu d'hostilité selon les normes humaines. Nous devrions toujours être méfiants (en particulier dans les parkings souterrains). Nous sommes humains, donc nous avons toujours peur. Cela dit, nous avons plus à craindre des humains que des extraterrestres.

Pensez-vous que les enjeux seraient principalement technologiques, sociétaux ou autres ?

Tout ce qui précède.

Qu'est-ce que cela changerait, et à quels niveaux ?

Tout, partout, tout à la fois.

Y aurait-il des changements significatifs aux niveaux politique, économique ou culturel ?

Ces questions nécessitent une réponse en dix livres. Je vous dirige vers tout ce que Richard Dolan a écrit ou dit, en particulier *UFOs and the National Security State*, vol. I et II, et *A.D. After Disclosure* (avec Bryce Zabel).

Pensez-vous que nous sommes prêts pour cela ? Dans combien d'années, de siècles le contact sera-t-il possible ?

Peu importe que nous soyons prêts ou non pour la Révélation. Cela va arriver et nous allons y faire face. Nous nous adaptons, improvisons et surmontons. C'est ce que nous faisons.

Est-ce une opportunité pour l'humanité ? À votre avis, quel serait l'impact ?

Bien que je ne sous-estime jamais la capacité humaine à trouver des défauts, à se déprimer, à gâcher une bonne chose ou à déclarer la guerre juste pour le plaisir, cela peut être le changement que nous attendions. Cela ne peut pas arriver trop tôt et peut arriver trop tard. Recherchez Paradigm Clock UFO sur Google, ensuite recherchez Doomsday Clock, et tout deviendra clair[1].

---

1. *Note des Auteurs* : concernant les recherches suggérées, Paradigm Clock UFO fait référence à une métaphore représentant la proximité de la divulgation formelle, par le gouvernement américain, de la présence continue de formes de vie extraterrestres dans notre monde. Doomsday Clock est une horloge conceptuelle créée en 1947 pour symboliser la probabilité d'une catastrophe mondiale causée par l'homme, actuellement réglée à 90 secondes avant minuit, reflétant des dangers tels que la guerre nucléaire et le changement climatique. Ces deux concepts sont utilisés pour sensibiliser le public aux risques potentiels et aux changements significatifs dans notre monde.

Cela changerait-il notre vision de la vie ?

Vous pensez ?

Comment pensez-vous que cela influencerait notre perspective sur notre place dans l'univers ?

Cela changera la vision du monde de l'humanité collectivement plus que tout ce qui a précédé et peut-être tout ce qui suivra. Il est impossible de décrire correctement ce qui est sur le point de se produire, alors faites le plein de collations, de boissons en abondance, procurez-vous une plus grande télévision (les écrans LED de 86 pouces sont en vente chez Costco pour 1 100 dollars – 86 pouces !) et une chaise avec un bon soutien pour le dos et profitez du spectacle.

Quel impact cela aurait-il sur les religions ?

Très peu.

Y a-t-il des signes ou phénomènes spécifiques que vous considérez comme des indicateurs potentiels d'activité extraterrestre ?

Hum… Vidéos, photos, journaux, mesures radars, traces, récoltes d'animaux, cercles de culture, centaines de milliers de rapports de contacts/enlèvements, millions d'observations dans l'espace, l'atmosphère, les océans, documents gouvernementaux, témoins internes, témoignages sur leur lit de mort, etc.

Quels types de signaux ou de comportements vous sembleraient les plus intrigants ?

Désactiver les missiles nucléaires m'intrigue souvent. Atterrir près des cours d'école et projeter des images dans l'esprit des enfants sur la façon dont les humains sont sur le point de tout gâcher est notable. Je suis un grand fan des *crop circles*, en particulier ceux de Doug et Dave. Les sorties CE5[1] ont lieu maintenant dans le monde entier.

Pensez-vous que la fiction (films, livres, etc.) a influencé notre perception des extraterrestres et aurait un impact sur la façon dont nous interpréterions un contact réel ?

L'industrie du film dans le monde entier, avec un épicentre dans le comté de Los Angeles, a fait plus pour sensibiliser les peuples du monde au concept des êtres non humains technologiquement avancés – extraterrestres – que tous les autres facteurs combinés. Ce que cette industrie n'a pas fait, c'est de confronter l'Embargo de la Vérité. Cela change. J'ai récemment cofondé avec Dan Harary le Hollywood Disclosure Alliance pour aider à y parvenir.

Si des preuves tangibles de la vie extraterrestre étaient découvertes, comment pensez-vous que la communauté scientifique réagirait ?

Les preuves tangibles d'une présence extraterrestre, pas seulement de la vie, existent déjà. Principalement, la communauté scientifique a beaucoup de choses à expliquer. En l'absence de cela, il est difficile d'éprouver beaucoup de sympathie pour la position très inconfortable dans

1. *Note des Auteurs* : les « sorties CE5 » font référence à des événements organisés où les participants tentent de contacter consciemment des formes de vie extraterrestres.

laquelle la science institutionnelle et académique se trouvera post-Révélation.

Quels protocoles pensez-vous qu'il devrait y avoir en place pour étudier de telles preuves ?

Étudier ? Révéler ce qu'ils savent déjà. Les protocoles pour cela ont été bien définis dans la 2024 UAP Disclosure Act de Schumer/Rounds qui a causé une crise de panique au Pentagone.

Devons-nous donner un statut juridique aux extraterrestres ?

Cela pourrait être une considération post-contact ouvert, mais purement pour notre bénéfice, pas le leur.

Auront-ils un permis pour se déplacer dans différentes parties de la Terre ? Qui sera autorisé à leur donner cette licence ? Seront-ils soumis à nos lois internationales ?

J'apprécie le besoin d'attentes et de projections anthropomorphiques pour un monde post-contact ouvert. Mettez-les dans un tiroir, prenez un tranquillisant et préparez-vous à suivre le courant. Il n'est même pas clair à ce stade que cette planète nous appartient (je pense que oui). Humilité, flexibilité, patience et beaucoup d'écoute sans interruption seront appropriées.

À votre avis, comment pouvons-nous trier toutes les informations, comment pouvons-nous distinguer celles sérieuses à étudier de celles fantaisistes ?

Ce n'est pas nécessaire. La présence extraterrestre a été prouvée de nombreuses fois. Maintenant, nous nous concentrons sur l'obtention de la Révélation. Dans l'ère post-Révélation, il y aura suffisamment de temps pour revoir, réviser et clarifier l'histoire et les preuves.

Être scientifique donne-t-il plus de crédibilité ?

Bien sûr, et il y a beaucoup de science derrière l'étude de la présence extraterrestre. Le gouvernement dira qu'il n'y en a pas, mais le gouvernement est un menteur invétéré.

Notes

Extraordinary Experience Research (EER) à Cambridge (Mass.), est un programme de l'Institute of Noetic Sciences (IONS) dédié à l'étude des phénomènes humains extraordinaires, tels que les rencontres avec des OVNI et les expériences de mort imminente.

Fondé en 2014, EER se concentre sur la recherche scientifique interdisciplinaire pour comprendre ces événements souvent inexpliqués. Le programme collabore avec des institutions académiques prestigieuses comme Harvard et le MIT, offrant un soutien aux individus ayant vécu de telles expériences et organisant des conférences et ateliers pour sensibiliser le public. Pour plus d'informations : https://noetic.org/

Mike WEST

est podcasteur, écrivain et sceptique américain, spécialisé dans la démystification des théories du complot et des phénomènes inexpliqués. Ancien cofondateur de Neversoft Entertainment, il anime le podcast « Tales from the Rabbit Hole » et a écrit *Escaping the Rabbit Hole*. Connu pour son approche rationnelle et scientifique, il utilise des outils d'analyse critique pour examiner et débunker des revendications extraordinaires, contribuant ainsi à la promotion de l'esprit critique.

Comment êtes-vous devenu intéressé par la question des OVNI ? Qu'est-ce qui vous intéresse dans cette question ?

J'ai toujours aimé relever le défi d'essayer de résoudre des cas individuels d'OVNI. C'est un sujet fascinant en raison de la grande variété de sujets scientifiques impliqués. Les protagonistes sont également assez intéressants.

Que pensez-vous du travail de scientifiques comme Avi Loeb sur la question des OVNI et de sa théorie sur Oumuamua ? Pensez-vous que votre projet Galileo apportera des réponses ?

Je pense que c'est hautement spéculatif. Son travail a été, à juste titre, critiqué par d'autres experts du domaine.

Que pensez-vous des vidéos déclassifiées par l'armée américaine ?

Elles sont ambiguës, ce qui est la nature de toutes les vidéos d'OVNI. Il pourrait s'agir d'objets banals, comme d'objets extraordinaires. Nous ne pouvons pas vraiment le dire à partir des vidéos, et les données supplémentaires sont largement peu fiables. Nous ne pouvons rien exclure, mais les explications banales sont les plus courantes.

Que pensez-vous du rôle de Luis Elizondo ? Pensez-vous qu'il est crédible ?

Je pense qu'il en est venu à croire que les OVNI représentent une intelligence non humaine (des extraterrestres) et qu'il essaie de la promouvoir. Je ne peux pas dire s'il est complètement franc et honnête à ce sujet. Certains pensent que la fin justifie les moyens.

Que pensez-vous des positions prises par les politiques américains sur cette question ? Êtes-vous favorable à ce que la politique s'attaque à ce problème ? Que pensez-vous des polémiques que cela déclenche ?

Je pense qu'il s'agit surtout de démagogie et de gens qui veulent susciter la méfiance à l'égard d'une prétendue conspiration de l'« État profond ». Les hommes politiques montrent très peu de compréhension de la question et ont été, pour la plupart, convaincus par des témoignages convaincants plutôt que par des preuves solides.

Comment imaginez-vous d'éventuelles entités extraterrestres ? Pensez-vous qu'elles auraient une forme physique similaire à la nôtre ou complètement différente ? Selon vous, seraient-elles hostiles ou non ? Faut-il s'inquiéter ? Faut-il avoir peur ?

C'est impossible à dire. La vie dans l'univers est probablement très diversifiée, il est donc peu probable qu'une forme de vie ressemble aux humains. Mais, si la forme de vie avait un lien avec cette planète, cela pourrait changer les choses. Tout cela est très spéculatif. Si des extraterrestres sont ici maintenant, ils ne semblent pas agressifs. S'ils arrivent plus tard, nous devrons attendre et voir.

Pensez-vous que nous sommes prêts pour cela ? Dans combien d'années, combien de siècles le contact sera-t-il possible ?

Les gens s'adaptent très vite. La connaissance de la vie lointaine sera rapidement absorbée. Les visiteurs étrangers seraient plus problématiques. À tout le moins, cela perturberait la science, l'industrie et la géopolitique. Je ne pense pas que quelques centaines d'années changeront cela.

Quels sont, selon vous, les trois cas les plus emblématiques ou inquiétants du phénomène OVNI ?

Le manque constant de preuves solides. La passion des vrais croyants. La récurrence sans fin d'une révélation imminente.

Que pensez-vous des personnes qui disent avoir été enlevées ? Pensez-vous qu'il existe des explications psychologiques ou cela pourrait-il être lié à des expériences réelles ?

Je pense que ce sont surtout des rêves. Il est possible que certains aient été enlevés par des personnes. Les enlèvements extraterrestres ne semblent correspondre à aucune preuve.

Les crashs d'OVNI vous semblent-ils plausibles ? Pensez-vous que nous avons secrètement collecté du matériel extraterrestre ?

Il est plausible qu'un OVNI puisse s'écraser. Mais nous n'avons aucune preuve solide que cela s'est produit. Je pense qu'il est peu probable que quiconque possède du matériel extraterrestre (hormis des météorites, etc.).

Pensez-vous que les gouvernements disposent d'informations sur les rencontres extraterrestres qu'ils ne révèlent pas au public ? Si oui, quelles pourraient être vos motivations pour garder ces informations secrètes ?

Cela semble peu probable, car il serait très difficile de garder un secret.

Avi LOEB

est astrophysicien israélo-américain. Professeur à l'Université Harvard, il a été président du département d'astronomie de 2011 à 2020. Connu pour ses travaux sur les trous noirs et la vie extraterrestre, il a suggéré en 2018 que Oumuamua, un objet interstellaire, pourrait être une sonde extraterrestre. Auteur de nombreux articles scientifiques et de livres, dont *Extraterrestre*, Loeb est reconnu pour ses idées audacieuses et son ouverture à des théories non conventionnelles.

En tant que physicien, la première question est : comment vous êtes-vous intéressé aux questions extraterrestres, et qu'est-ce qui vous intéresse dans cette question ?

Le 19 octobre 2017, un objet a été découvert par un observatoire à Hawaï, qui s'est approché de la Terre. Il a été identifié comme un objet proche de la Terre, de la taille d'un terrain de football. la vitesse de cet objet a été mesurée, et il semblait se déplacer plus rapidement que la vitesse nécessaire pour échapper au champ gravitationnel du Soleil.

Ainsi, c'était le premier objet interstellaire rapporté venant de l'extérieur du système solaire. Il paraissait inhabituel et anormal car la quantité de lumière solaire qu'il reflétait variait par un facteur de dix à chaque rotation sur huit heures. Il avait probablement une forme plate comme une crêpe, en se basant sur la variation de lumière due à la réflexion du Soleil. De plus, il était repoussé du Soleil par une force mystérieuse, alors qu'il n'y avait aucun signe d'activité cométaire telle que l'évaporation, et qu'il n'y avait aucune présence de poussière ou de gaz entourant l'objet.

Cela m'a conduit à suggérer que c'était peut-être un objet à membrane très fine, propulsé par la réflexion de la lumière solaire. Cet objet est appelé Oumuamua, qui signifie « éclaireur » en langue hawaïenne. J'ai dit que la nature ne fabrique pas d'objets très fins propulsés par la lumière solaire, donc peut-être que c'est un morceau d'un objet plus grand ou un objet artificiel. C'est ce qui m'a amené à la possibilité que nous pourrions trouver des objets d'autres civilisations technologiques près de la Terre.

Ce fut le premier, mais ensuite il y en a eu deux autres que nous avons trouvés avec mon étudiant. Il s'agissait d'objets météoriques qui ont percuté la Terre, beaucoup plus petits, de la taille d'un demi-mètre. Le premier a été découvert le 8 janvier 2014 par des satellites du gouvernement américain. Donc, même avant Oumuamua, nous l'avions trouvé. Nous avons examiné les données et considéré qu'il se déplaçait trop vite pour être lié au Soleil, donc il venait de l'extérieur du système solaire. Nous l'avons déclaré comme le premier météore interstellaire, et le gouvernement américain l'a confirmé. Ce matin même, j'ai publié un essai qui résume les propriétés de ce météore. Oui, bien sûr, voici. Ainsi, ce météore était plus résistant même que les météorites de fer. Il n'a explosé que dans la basse atmosphère, donc il avait une résistance matérielle supérieure à celle de tous les 272 météores catalogués par le gouvernement américain dans une base de données en ligne. Nous avons donc pensé qu'il pourrait s'agir d'un météore de type voyageur, où le matériau est beaucoup plus résistant que ce que l'on trouve dans la nature. De plus, sa vitesse était bien supérieure à celle que l'on attend des roches, car cet objet se déplaçait plus vite que 95 % de toutes les étoiles à proximité du Soleil.

Nous sommes partis en expédition pour rechercher les matériaux de cette météorite sur le site de la boule de feu qu'elle avait créée. Nous avons ramené des matériaux que nous avons maintenant analysés, et ils semblent provenir de l'extérieur du système solaire. Ils ont une composition d'éléments différente de celle des matériaux du système solaire. C'est une autre voie que j'utilise pour étudier les objets venant de l'extérieur du système solaire. Dans l'ensemble, c'est une nouvelle frontière qui a commencé au cours de la dernière décennie avec la découverte d'objets venant de l'extérieur du système solaire près de nous, près de la Terre. Certains d'entre eux présentent des propriétés inhabituelles. Je voudrais donc savoir si nous avons une balle de tennis parmi les roches que nous trouvons dans notre jardin.

C'est ce qui m'a amené à ce sujet, et je n'étudie maintenant pas seulement les objets interstellaires mais aussi les phénomènes anormaux non identifiés.

Nous avons un observatoire que j'ai établi à l'Université d'Harvard ces dernières années avec le projet Galileo dont je suis le leader, et nous collectons des données sur tout, dans le ciel tout le temps, essayant de voir s'il y a quelque chose au-delà des oiseaux, des avions, des drones, des ballons, de tout ce qui est inhabituel, inconnu.

Nous avons déjà examiné des centaines de milliers d'objets et, jusqu'à présent, nous n'en avons trouvé aucun.

Mais, vous savez, le gouvernement américain, le directeur du Renseignement national publient des rapports sur les phénomènes anormaux non identifiés. Nous essayons donc d'aider le gouvernement à comprendre ce qui pourrait se trouver dans le ciel.

Du point de vue du gouvernement, bien sûr, c'est une question de sécurité nationale car il veut voir si nous sommes espionnés par d'autres pays. Mais pour nous, même si un objet sur mille, un sur un million dans le ciel, est d'origine extraterrestre, cela changerait l'avenir de l'humanité, et c'est d'un grand intérêt pour la science.

Nous prévoyons de construire d'autres observatoires dans d'autres lieux en dehors de l'Université Harvard et d'obtenir autant d'informations que possible.

Pouvez-vous expliquer ce que vous avez trouvé pendant l'expédition dans l'océan Pacifique pendant l'été 2023 ?

Ce que nous avons fait, c'est que nous y sommes allés et avons utilisé le traîneau magnétique, un traîneau couvert d'aimants, que nous avons placé sur le plancher océanique, à une profondeur de 2 kilomètres. Ensuite, nous avons parcouru de manière répétée une région d'une taille de 10 à 20 kilomètres. Il s'agit de la région qui a été localisée par le Département de la Défense des États-Unis, le Commandement spatial des États-Unis, comme l'emplacement de la boule de feu.

Nous avons collecté des particules magnétiques, environ 850 fragments ressemblant à de petites gouttes fondues. Sur ceux-ci, environ 10 % avaient une composition spéciale, une composition unique jamais trouvée auparavant pour les matériaux du système solaire. Il existe une abondance accrue d'éléments tels que le baryum, le lanthane, l'uranium jusqu'à un facteur de mille par rapport à la composition standard des matériaux ayant formé le système solaire.

Donc, ce que nous avons trouvé, ce sont de petits fragments indiquant une composition qui ne peut être trouvée à la surface de la Terre, de la Lune ou de Mars, et nous pensons que cela provient probablement de l'extérieur du système solaire. C'est une preuve additionnelle, en plus de la vitesse de la météorite. La vitesse de la météorite indiquait qu'elle n'est pas liée au Soleil, qu'elle provient de l'extérieur du système solaire. Mais, outre cela, nous avons trouvé des matériaux qui n'ont jamais été rapportés auparavant dans les météorites du système solaire.

Nous avons désormais quatre articles à ce sujet, associés aux résultats de l'expédition, et j'ai les liens dans mon essai, vous pouvez les trouver. L'un est un article étendu que nous venons de soumettre pour publication dans une revue avec comité de lecture. Deux autres publications sont des notes de recherche précédant l'article principal, et elles ont déjà été publiées, et le quatrième est une interprétation selon laquelle ce que nous avons trouvé pourrait être compatible avec une origine naturelle.

Donc, nous avons rédigé un article qui a été accepté pour publication dans la revue *Astronomy and Astrophysics*, où nous suggérons une origine naturelle possible pour cette météorite, mais elle a une composition inhabituelle, une vitesse inhabituelle, et nous l'expliquons par la perturbation maréeuse de matériel rocheux autour du type d'étoiles le plus courant, les étoiles naines comme Proxima Centauri qui ont un dixième de la masse du Soleil. Il existe donc un moyen naturel de former des météorites de ce type dans l'espace interstellaire.

Mais nous ne savons pas avec certitude s'il s'agit d'une origine naturelle ou artificielle car tout ce que nous avons trouvé, ce sont des gouttes fondues, et nous voulons entreprendre une autre expédition qui recherchera des morceaux plus grands de l'objet. Si nous trouvons des morceaux plus grands, alors nous pourrons déterminer la structure de l'objet. Nous pourrons également trouver des éléments qui se sont évaporés dans les sphères. Les sphères contenaient des éléments volatils qui ont disparu pendant la combustion, l'environnement très chaud dans lequel elles sont nées. Mais si nous trouvons des morceaux plus grands, les parties centrales de ces morceaux conserveront toujours les éléments volatils que nous ne pouvons pas retrouver dans les sphères car ces dernières sont minuscules, de moins de 1 millimètre de taille. C'est donc un autre avantage important de trouver des morceaux plus grands.

Outre la structure et la composition, nous pourrons, si nous avons suffisamment de matériau, effectuer des datations en utilisant des isotopes radioactifs. Nous pourrons déterminer l'âge du matériau, et sachant la vélocité de l'objet, si nous multiplions celle-ci par l'âge du matériau, nous pourrions obtenir la distance maximale à partir de laquelle il aurait pu arriver. Donc, en principe, nous pourrions savoir d'où il vient.

Pensez-vous qu'il soit possible de trouver du matériel sur Terre ? Connaissez-vous le travail de Jacques Vallée ?

Bien sûr, il est possible de trouver certains matériaux sur Terre. Par exemple, nous disposons de données scientifiques qui montrent que certains matériaux sont associés à un objet venu de l'extérieur du système solaire. C'est pourquoi nous avons organisé l'expédition, qui était très coûteuse, 1,5 million de dollars. Nous avons découvert des matériaux dont la composition diffère de celle des matériaux du système solaire.

Jacques Vallée parle de matériaux qui, selon des rapports de civils, proviendraient d'objets inhabituels observés dans le ciel. Par la suite, quelqu'un serait allé sur place et aurait trouvé des matériaux peut-être issus de cet objet. C'est très différent car nous ne disposons pas de données sur les propriétés de cet objet qui aurait généré ces matériaux. Il s'agit uniquement de témoignages oculaires, et il est très difficile de faire de la science avec des témoignages oculaires. C'est pour cette raison que la FIFA, l'organisation de football, utilisait des caméras vidéo lors de la Coupe du monde féminine l'été dernier pour décider s'il y avait but ou non. Elle ne se fiait pas aux témoins comme le public ou les joueurs.

En science, il faut mener des recherches quantitatives en utilisant des instruments ; on ne peut pas se fier aux témoignages oculaires comme détecteurs crédibles. C'est pourquoi, aussi intrigants que soient les travaux de Jacques Vallée, les matériaux qu'il a analysés ne proviennent pas d'un objet dont nous avons des données scientifiques.

Que pensez-vous des vidéos publiées par le Pentagone ? Pour vous, c'est important ?

Oui, c'est la raison pour laquelle j'ai créé le projet Galileo il y a trois ans. Il y avait un rapport du gouvernement américain, émanant du directeur du Renseignement national, qui mentionnait l'existence de phénomènes anormaux non identifiés. Au cours des trois dernières années, des vidéos ont été publiées ; elles sont toutes intrigantes, mais elles ne sont pas convaincantes scientifiquement car nous n'avons pas le contrôle des instruments utilisés. Nous ne savons pas, par exemple, s'il s'agit d'une caméra instable dans le cockpit d'un avion de combat, ni ce que faisait l'avion de combat, peut-être que nous ne connaissons pas les distances jusqu'à ces objets. Donc, lorsque vous voyez un objet se déplacer rapidement dans le ciel, cela pourrait être relativement proche et ne pas bouger vraiment très vite.

Je pense qu'il est important de collecter des données scientifiquement, c'est ce que nous faisons avec le projet Galileo. Nous observons le ciel à tout moment, nous avons des instruments infrarouges, radio, optique et des caméras audio. Nous téléchargeons les données et les analysons avec un logiciel d'apprentissage automatique, ce qui élimine le facteur humain en termes de préjugés et de vœux pieux. Nous utilisons donc l'apprentissage automatique pour étudier les images que nous obtenons et nous avons examiné des centaines de milliers d'objets au cours des derniers mois. Nous n'avons encore rien vu d'inhabituel, mais, s'il y a effectivement des choses inhabituelles dans le ciel, nous les verrons éventuellement.

Nous prévoyons évidemment de créer des observatoires dans d'autres endroits pour observer le ciel là-bas. Une fois que nous aurons de nombreux emplacements, j'espère en avoir des dizaines, peut-être une centaine, alors nous pourrons faire des statistiques sur l'apparition d'objets anormaux. Cela serait différent de ce que fait le gouvernement, car le gouvernement possède des rapports anecdotiques, signifiant que certains militaires étaient au bon moment au bon endroit pour voir quelque chose d'inhabituel, et vous ne savez pas à quel point c'est inhabituel.

Dans le cas du projet Galileo, nous surveillons le ciel tout le temps, donc ce n'est pas anecdotique. Nous avons une bonne compréhension des objets qui continuent d'apparaître ; donc, si nous voyons quelque chose d'inhabituel, nous avons une estimation quantitative de sa rareté.

Il y a trois ans, j'ai publié un livre, qui est le premier livre sur la vie intelligente au-delà de la Terre, qui concernait des phénomènes particuliers. Le problème avec, c'est que nous avions des données limitées, collectées seulement sur un mois environ, parce que les astronomes pensaient que c'était un rocher. Maintenant, il est trop loin, des millions de fois plus faible qu'il ne l'était près de la Terre. Nous ne pouvons pas l'observer, nous ne pouvons pas obtenir plus de données. Après l'avoir étudié et analysé les données, les scientifiques ont compris que cet objet était extrêmement inhabituel et anormal, mais il est trop tard maintenant pour obtenir des données.

Cependant, en 2025, il y aura un nouveau télescope d'enquête, meilleur que celui d'Hawaï qui a découvert Oumuamua. L'observatoire de Hawaï s'appelle Pan-STARRS, le nouvel observatoire s'appellera l'Observatoire Vera Rubin au Chili et il commencera ses opérations en 2025. Il disposera d'une caméra de 3,2 milliards de pixels qui surveillera le ciel sud tous les quatre jours et on s'attend à ce qu'elle découvre un objet similaire à Oumuamua environ une fois par mois. Une fois que nous aurons trouvé beaucoup plus d'objets comme celui-là, nous pourrons les observer beaucoup plus attentivement que nous ne le faisions auparavant et comprendre leur nature. Avec mon post-doc, nous avons développé le logiciel qui nous permettra de rechercher de tels objets dans le data pipeline de données qui viendra de l'Observatoire des Rubin, espérons-le l'année prochaine.

Que pensez-vous de David Grush et Jeremy Corbell et tous les gens qui enquêtent sur ces phénomènes ?

L'année dernière, je me suis entretenu pendant plus d'une heure avec David Grush pour essayer de comprendre s'il pouvait me fournir des preuves concrètes. Vous savez, j'aimerais savoir ce que signifient réellement ses propos. En juillet 2023, il a pris la parole devant le Congrès pour parler des programmes de récupération et d'ingénierie inverse sur des débris ou matériaux issus de sites de crash d'engins spatiaux extraterrestres. Il a mentionné qu'il ne pouvait pas me donner plus de détails pour des raisons légales, car il risquerait la prison. Mais pour moi, en tant que scientifique, ce n'est pas satisfaisant. J'ai vraiment besoin des preuves, des données pour comprendre.

J'espère que le gouvernement américain finira par divulguer ces informations, car, si elles concernent des matériaux ou des informations venant de l'extérieur du système solaire, cela n'a rien à voir avec la sécurité nationale. Ces choses proviennent de l'extérieur, elles ne se soucient pas de la manière dont nous divisons les terres sur cette roche sur laquelle nous vivons, la Terre. Elles ont entamé leur voyage probablement bien avant l'existence des humains sur Terre ; les humains, l'espèce humaine n'a commencé à exister que depuis quelques millions d'années. Ces choses n'avaient donc pas la possibilité de savoir que nous existions. Tout ce que nous découvrons sur nos voisins cosmiques devrait être partagé par tous les humains, tout comme la science.

David Grush n'a pas pu me fournir d'informations spécifiques, et j'espère vraiment que, si le gouvernement détient de telles informations, il les divulguera aux scientifiques comme moi. Cela me ferait gagner beaucoup de temps, sinon je pourrais passer des décennies à chercher ces informations moi-même. Le ciel n'est pas classifié, les océans ne le sont pas ; nous pouvons obtenir les matériaux et les informations par nous-mêmes sans dépendre du gouvernement. Mais cela me ferait gagner beaucoup de temps s'ils les possèdent déjà et les partagent avec moi. Alors, je serais heureux de pouvoir les examiner et comprendre ce qu'ils signifient. Le gouvernement n'est pas une organisation scientifique, il est responsable de la sécurité nationale, donc il est évidemment préoccupé par les pays adverses.

Concernant le rôle de Sean Kirkpatrick à propos de la religion et de la conspiration, il est devenu le premier directeur du Bureau de résolution des anomalies tous domaines, créé au Pentagone après que le directeur du Renseignement national a soumis le premier rapport au Congrès des États-Unis il y a trois ans. Je l'ai rencontré, il est venu chez moi. Physicien de formation, il a examiné des centaines de rapports du passé. La conclusion était que 97 % de ces objets sont de fabrication humaine et peuvent être compris, mais il reste une incertitude sur 3 % de ces rapports. Cela signifie qu'il existe des dizaines d'objets qu'ils ne comprennent pas. Du point de vue du Pentagone, il peut être satisfaisant de comprendre la grande majorité des rapports, car cela permet de protéger la sécurité nationale à un très bon niveau. Mais, d'un point de vue scientifique, je veux savoir, même au niveau d'une chance sur un million, s'il y a quelque chose d'inhabituel. Le problème avec les rapports passés, c'est très frustrant, car, si on vous présente des données passées, vous ne pouvez pas les revisiter, les examiner à nouveau avec de nouveaux instruments ou les étudier plus en détail. Vous êtes coincé avec les données que vous avez. Cependant, le projet Galileo peut faire mieux. Si nous voyons quelque chose d'inhabituel, nous pouvons obtenir plus de données dessus, et nous disposons de données de haute qualité obtenues par des instruments que nous contrôlons entièrement. C'est l'avantage de faire de la recherche scientifique et je pense qu'il est vraiment important de le faire de manière scientifique, car le gouvernement s'en soucie, le public est très curieux à ce sujet, et c'est une opportunité pour la science d'aider à la fois le gouvernement et le public à déterminer si nous avons un voisin. Sommes-nous seuls ?

Est-ce difficile ou délicat quand vous êtes un scientifique travaillant pour Harvard de travailler sur ce sujet ? Est-ce encore tabou ?

Eh bien, je ne dirais pas que c'est tabou, plus que les gens ne sont pas ouverts à agir comme des scientifiques. Pour moi, la science est le privilège de garder votre curiosité d'enfance. Je ne fais pas de calculs pour être populaire. Je ne suis pas présent sur les réseaux sociaux. Je me moque du nombre de « like » que je reçois. Pour moi, la science est le privilège de rester curieux à propos du monde et d'apprendre à partir des preuves et des données plutôt que d'avoir une opinion à ce sujet. Malheureusement, la plupart des gens ont des opinions bien arrêtées sur la question de savoir si nous sommes seuls.

Il y a trois semaines, j'ai été invité par le gouvernement polonais à une célébration des 550 ans de la naissance de Nicolas Copernic, et j'ai donné une conférence sur la prochaine révolution copernicienne. Copernic était prêtre et, à l'époque, l'Église ne pouvait pas déterminer correctement la date de Pâques car elle avait un modèle de la Terre au centre du système solaire qui ne lui donnait pas de bonnes prédictions sur le moment où Pâques devait avoir lieu. Copernic a pris conscience qu'en mettant le Soleil au centre le modèle fonctionnait très bien et il a écrit un livre à ce sujet. Bien sûr, l'Église a accepté son modèle car cela lui permettait de prédire Pâques avec précision, mais elle a interdit le livre, le classant comme interdit jusqu'au XIXe siècle. Elle disait que le modèle était théorique, qu'il fonctionnait, mais que la réalité était différente et que la Terre était au centre du monde. C'était son approche et, bien sûr, il y a trente ans, le Vatican a admis qu'elle avait tort, que Galilée avait raison, cela après que les humains eurent déjà mis le pied sur la Lune. Quoi qu'il en soit, j'étais en Pologne, le lieu de naissance de Copernic, et on m'a donné une copie de son livre qu'il avait reçu sur son lit de mort. Il avait peur de le publier, il ne voulait pas créer de vagues. Il était prêtre, donc il n'était pas controversé. Il essayait d'être aussi utile que possible, mais il avait l'intégrité de ne pas se détourner des données. Si les données indiquaient que le Soleil était au centre, il serait assez courageux pour en parler dans son livre, malgré le fait que cela entre en conflit avec le dogme religieux de l'époque. En fait, le livre est là, à ma gauche, vous pouvez le voir là-haut, ils m'ont donné une copie de son livre en cadeau.

La raison pour laquelle je mentionne cela est un exemple de la manière dont les opinions des gens peuvent être façonnées par le désir de l'humanité d'être au centre de l'univers. Je parlais, dans ma conférence, de la prochaine révolution copernicienne, où non seulement nous ne sommes pas au centre physique de l'univers, comme Copernic l'a démontré, mais nous ne sommes également pas au centre intellectuel de l'univers ; il pourrait y avoir un voisin plus intelligent que nous pourrions apprendre et cela serait à notre avantage. Je vois cela comme une étape importante pour que la science s'engage dans cette question, mais je reçois beaucoup de résistances. Je ne parlerais pas de stigmatisation, je parlerais plutôt d'une réponse, d'un réflexe que la communauté académique a envers un sujet qui intéresse beaucoup le public, et donc ce sur quoi je travaille attire beaucoup l'attention.

Il y a trois semaines, j'ai été invité à la conférence sur la sécurité à Munich, en compagnie de chefs d'État et de hauts responsables politiques. Lorsque nous sommes montés sur le toit, nous avons vu des tireurs d'élite. Ils n'étaient pas là pour me protéger, mais pour assurer la sécurité de Volodymyr Zelensky et des autres chefs d'État présents à la conférence, ainsi que de Kamala Harris. Cela montre que, autant mon travail sur la recherche d'extraterrestres est important, ce que font les politiciens est bien plus controversé, puisqu'il faut des tireurs d'élite pour les protéger, et non pour me protéger à la conférence sur la sécurité à Munich.

Mon intervention avait pour but de souligner l'intérêt considérable du gouvernement pour ces questions. C'était la première fois qu'un scientifique était invité à la conférence sur la sécurité à Munich, mon intervention a duré 45 minutes. Les personnes du monde politique s'y intéressent, tout comme le public. Malheureusement, certaines personnes dans le milieu académique, que je qualifierais de professionnellement jalouses, sont très affectées par l'attention que je reçois. Dès l'instant où j'ai commencé à attirer beaucoup l'attention, plusieurs journalistes ont écrit des portraits de moi, y compris dans le magazine *New York Times*, me désignant comme le scientifique le plus connu au monde. Cela a, bien sûr, suscité de la jalousie parmi certains universitaires qui tentent de ridiculiser les succès obtenus et ils vont jusqu'à argumenter, comme dans le cas le plus récent que j'ai décrit ce matin dans mon essai, que le gouvernement américain doit se tromper à propos de ce météore, que nous nous sommes trompés de lieu et que ce que nous avons trouvé est de la cendre de charbon. Ces affirmations n'ont aucun sens car ils n'ont pas accès aux matériaux, et le gouvernement américain a revérifié les données.

Il y a des gens qui essaient constamment de ridiculiser et de dire des choses négatives, et moi je me contente de faire de la science du mieux que je peux. Cela demande beaucoup de travail. Pour écrire cet essai, j'ai dû me lever à 4 heures du matin aujourd'hui et pour l'expédition que nous avons réalisée en juin 2023, vous savez, cela a duré deux semaines, pendant lesquelles nous étions sur un navire.

Je n'ai pas beaucoup dormi, et c'était vraiment un effort héroïque. Ensuite, il nous a fallu huit mois pour analyser les matériaux avec les meilleurs instruments au monde. Et ces critiques, eux, ne font rien ; ils se contentent de rester assis sur leur chaise à exprimer des doutes, à soulever de la poussière et à prétendre qu'ils ne voient rien. Pour moi, c'est très décevant, car ils devraient valoriser l'effort déployé. Ils devraient reconnaître le travail nécessaire pour collecter les preuves. C'est un travail très difficile et cela coûte beaucoup d'argent, et nous le faisons. Je ne leur demande pas de faire quoi que ce soit, mais en même temps, quand ils résistent et disent des choses négatives, c'est au-delà du bon goût. Non seulement ils ne font rien, mais, de plus, ils essaient de jeter l'opprobre sur les gens qui font le travail. Cela est fondé sur la métaphore de l'aigle. Vous savez : très souvent, l'aigle a des corbeaux qui lui picorent le cou. Ils sont assis sur le dos de l'aigle et picorent son cou. L'aigle ne combat pas les corbeaux ; il s'élève simplement vers des altitudes plus élevées où le niveau d'oxygène est bas, puis les corbeaux tombent de son dos car ils ne peuvent pas survivre là-haut. Pour moi, atteindre les plus hauts niveaux en faisant de la science correctement est la meilleure méthode pour me débarrasser de ces critiques. C'est là où je me trouve.

Notre prochaine question peut sembler stupide ou trop directe, mais je ne peux pas m'empêcher de vous la poser : sommes-nous seuls ?

Je pense qu'il est très peu probable que nous le soyons. Vous pensez que nous sommes seuls ? Non, non, non, je dis qu'il est très improbable que nous le soyons. Nous avons très probablement des voisins et ils sont probablement bien plus intelligents que nous. Je pense qu'il est arrogant de croire qu'Albert Einstein était le scientifique le plus intelligent ayant jamais vécu depuis le Big Bang, ou qu'Elon Musk est l'entrepreneur spatial le plus réussi depuis le Big Bang. Et la raison en est qu'il y a des milliards d'étoiles comme le Soleil dans notre seule galaxie, la Voie Lactée, et une fraction substantielle d'entre elles, environ un quart, pourrait avoir une planète semblable à la Terre. Vous savez, Enrico Fermi, il y a soixante-douze ans, a demandé : « Où est tout le monde ? » alors qu'il déjeunait à Los Alamos. Il ne cherchait personne, c'est juste très prétentieux, vous savez. Nous savons que si vous restez à la maison et regardez autour de vous en disant : « Je n'ai pas de partenaire », et donc en concluant qu'il n'y a personne d'autre, c'est inapproprié.

Pour trouver un partenaire, vous devez au moins aller sur des sites de rencontres, sortir de chez vous, regarder à travers vos fenêtres. Enrico Fermi n'a pas fait de recherche scientifique au cours de la dernière décennie. Les premiers objets venant de l'extérieur du système solaire ont été trouvés ; donc, vous savez, c'est un chemin qui n'a pas été pris et il y a une chance que nous trouvions des fruits à portée de main. Mon point est que la nouvelle connaissance ne tombe pas dans vos bras ; vous devez collecter les preuves et cela nécessite beaucoup de ressources, de temps et d'argent. Donc, vous savez, nous n'aurions jamais trouvé le boson de Higgs si nous n'avions pas investi 10 milliards de dollars dans le Grand Collisionneur de hadrons. Nous n'aurions pas trouvé les premières galaxies si nous n'avions pas investi 10 milliards dans le télescope *Webb*. En science, les preuves ne tombent pas du ciel; vous ne pouvez pas dire : « Je ne vois pas le boson de Higgs autour de moi, donc peut-être qu'il n'existe pas. » Ce n'est pas la bonne manière de faire de la science ; vous devez vous donner la peine de chercher, et c'est ce que fait le projet Galilée, c'est ce que je fais. Très souvent, les gens ont des opinions bien arrêtées sur ce sujet, mais ils ne cherchent pas les preuves, et la manière dont la science progresse, c'est en cherchant des preuves.

Dernière question : vous savez, en France, tout le monde se moque des OVNI, des extraterrestres, et pourtant la France a été le premier pays en 1999 avec le rapport COMETA.

En France, oui, vous étiez les premiers. Parlant de la France, deux choses : une, vous savez l'histoire de la façon dont les météorites ont été découvertes. Je veux dire : avant 1803, on pensait que c'était une idée ridicule que des pierres tombent du ciel. Nous voyons des pierres sur le sol, il y a des gens qui disaient que cela n'avait aucun sens que des pierres tombent du ciel, d'accord. Puis en 1803, près de L'Aigle, en Basse-Normandie, il y a eu une pluie de météores en France, et un scientifique est allé interroger des personnes qui l'avaient vue et il a alors compris que c'était crédible. C'était un scientifique qui savait également comment toucher le public, comment écrire l'histoire de la science de manière attrayante et convaincante.

Donc, finalement, maintenant, bien sûr, tout le monde dit qu'il y a des pierres qui tombent du ciel. C'est une bonne métaphore parce que maintenant la question est : avons-nous seulement des pierres dans le ciel ou est-il possible que, tout comme Elon Musk a lancé un modèle de Tesla Roadster sur Falcon 5 en 2018, d'autres entrepreneurs sur d'autres planètes autour d'autres étoiles aient fait de même et que, de temps en temps, nous verrons des déchets spatiaux se rapprocher de la Terre, et cela nous dirait qu'il y a des civilisations là-bas ? C'est juste comme trouver des plastiques dans l'Océan, ce qui est très facile à faire maintenant parce que nous contaminons tellement les océans qu'en

2050 il y aura autant de plastiques en masse que la masse de poissons dans nos océans, donc faites attention à manger du poisson après 2050 car ils contiendront des plastiques dans leur corps. Donc, vous savez, ce n'est pas difficile de trouver des plastiques dans l'Océan en ce moment et il se peut qu'il ne soit pas difficile de trouver des déchets spatiaux artificiels d'autres civilisations, il suffit de chercher. Dès lors, vous savez, c'est ce que j'espère trouver en faisant cette recherche.

Quel est votre projet dans les prochains mois ou les prochaines années ?

Eh bien, une chose que nous prévoyons de faire est de partir en expédition, celle-ci serait plus coûteuse, environ 5 millions de dollars pour chercher de plus gros morceaux de ce premier météore interstellaire ou du second météore interstellaire dans la même zone. Donc, si nous allons au premier météore interstellaire, ce sera la même zone, ou nous cherchons le second météore interstellaire et c'est près du Portugal, donc c'est un endroit très différent. Et la décision de ce que nous ferons en premier est similaire à, vous savez, quand vous sortez avec des gens, si vous sortez avec une personne et que vous aimez assez cette personne, la question est de savoir si vous devez sortir à nouveau avec la même personne ou diversifier votre carnet d'adresses et rencontrer d'autres personnes. Donc, vous savez, si nous allons au second météore, nous pourrions en apprendre davantage sur un autre objet, savoir de quoi il est composé, etc. Mais si nous allons au premier, c'est familier, nous connaissons la zone et nous pouvons l'analyser efficacement. Nous devrons donc décider et vraisemblablement, la décision sera prise en consultation avec le donateur une fois que nous aurons obtenu le financement. C'est donc un projet excitant à venir.

Nous commençons également un autre observatoire au Colorado et nous obtiendrons plus de données, donc j'espère que dans les prochains mois, si quelque chose d'inhabituel apparaît dans le ciel, nous devrions pouvoir le voir si c'est au-dessus de Boston, mais peut-être que nous n'aurons pas de chance. Je dois aussi dire qu'un documentaire Netflix est en préparation sur mon travail, qui devrait sortir en 2025. Je commence un nouveau livre sur l'expédition. Il y a une pièce qui a été écrite par un dramaturge à Los Angeles sur mes recherches, une sculpture que quelqu'un réalise à propos de mes recherches, une personne d'Espagne. Il y a aussi une chanson qui a été écrite par un auteur-compositeur. Oui, et aussi, nous pourrions potentiellement avoir une exposition des résultats de l'expédition dans un musée, nous verrons. Je veux dire, j'en discute actuellement. D'accord, très bien, merci beaucoup pour votre temps, merci, ce fut un grand plaisir. Je voulais aussi dire que la France a toujours été dans mon esprit, surtout quand j'étais jeune, car ma mère étudiait la littérature française et je lisais toujours les philosophes français comme Albert Camus ou Jean-Paul Sartre qui était mon favori. J'ai lu beaucoup de littérature française, donc j'ai une grande appréciation pour la culture française.

Françoise COMBES

est astrophysicienne, professeure au Collège de France, titulaire de la chaire « Galaxies et cosmologie ». Ses recherches portent sur la formation et l'évolution des galaxies, ainsi que sur la matière noire et l'énergie noire. Elle a reçu de nombreux prix et distinctions pour ses contributions majeures à l'astrophysique, dont la médaille d'or du CNRS en 2020.

Vous êtes astrophysicienne, titulaire de la chaire « Galaxies et cosmologie » au Collège de France, la question OVNI et celle d'une vie extraterrestre font-elles partie du champ de vos préoccupations ?

Non, pas du tout.

Vous avez récemment déclaré au journal La Croix *: « Je pense que nous ne sommes pas seuls dans l'univers. » Croyez-vous en une vie extraterrestre ? Si oui, pourquoi ? Sous quelle forme ?*

Je crois en effet qu'il serait complètement improbable que la vie ne se soit établie que sur notre planète, étant donné que le nombre d'autres planètes dans l'univers est quasi infini.

Il y a déjà dans notre galaxie plus de 300 milliards de planètes, et dans notre horizon observable déjà 2 000 milliards de galaxies, et des galaxies innombrables derrière notre horizon. Par contre, la forme de vie peut être très variable, d'organismes unicellulaires comme les bactéries, jusqu'à des milliers de milliards de cellules comme les humains.

Les conditions physiques d'une vie extraterrestre sont-elles présentes dans l'espace ?

Non, l'espace est très vide. Il faut une planète habitable, avec une atmosphère, et de l'eau liquide à la surface.

Vous expliquez que, si l'on trouve de la vie quelque part, elle sera déjà probablement éteinte. Pourquoi ?

Si la vie existe, elle sera très loin de nous. Si jamais il y en a une dans notre galaxie, ce qui serait déjà une grande chance – la taille de notre galaxie est de 100 000 années-lumière –, donc il faudrait beaucoup de temps pour qu'un signal nous arrive et, à sa réception, il est possible que la civilisation en question ait disparu. Mais la plus grande probabilité est que la vie n'existe que dans une galaxie proche, à plusieurs millions d'années-lumière.

Si de la vie extraterrestre peut exister, un « contact » est-il envisageable ou est-ce un pur fantasme ? Si oui, comment l'imaginez-vous ? Si non, pourquoi ?

Le contact est presque inenvisageable, comme les probabilités l'indiquent ci-dessus. Les télescopes SETI pourront peut-être détecter un signal qui aura été émis il y a plusieurs millions d'années.

Que pensez-vous du paradoxe de Fermi ?

Au vu des chiffres cités plus haut, ce n'est pas un paradoxe.

La vie extraterrestre intelligente, organisée et civilisationnelle : pur fantasme ou mythe spatial ?

Elle existe peut-être, mais il sera très difficile de le prouver. L'espace est beaucoup plus immense qu'on ne l'imagine !

Avez-vous personnellement observé des phénomènes OVNI ? Avez-vous déjà observé des phénomènes au départ inexpliqués, qui finalement ont trouvé une explication ?

Non.

Les distances étant tellement infranchissables pour nous, pouvez-vous concevoir que des engins, habités ou non, puissent nous visiter ?

Non.

Certaines hypothèses envisagent que les OVNI pourraient provenir d'un monde parallèle. En tant qu'astrophysicienne, quel est votre avis sur la possibilité de telles réalités alternatives ? Quelles observations ou données pourraient soutenir ou réfuter cette idée ?

Pur fantasme !

Le phénomène Oumuamua a-t-il été surestimé ? Partagez-vous les positions d'Avi Loeb ?

Je ne partage pas ses opinions, qui sont très fantaisistes.

Quelles seraient les conséquences d'une découverte de preuves tangibles d'une vie extraterrestre ? Cela changerait-il notre conception de la vie ?

Nous aurions enfin confirmé que la vie peut se développer ailleurs, mais cela ne changera pas notre vie quotidienne.

Pensez-vous que nous y sommes préparés ? Comment pensez-vous que l'humanité réagirait ?

Je crois que nous y sommes préparés.

Après l'héliocentrisme, le darwinisme et la découverte de l'inconscient, serait-ce une nouvelle « blessure narcissique » pour l'humanité ? Ou bien, au contraire, une formidable chance et opportunité ?

Une formidable chance, surtout d'un point de vue philosophique.

Selon vous, cela impliquerait-il des changements significatifs aux niveaux politique, économique, culturel ou religieux ?

Aucun.

Que pensez-vous des messages envoyés par les humains dans l'espace à l'intention d'éventuelles créatures extraterrestres ? Que dénotent-ils ? Quelle serait, selon vous, la meilleure forme pour établir un contact ?

Si nous cherchons des signaux, il faut être cohérent, et en envoyer nous-mêmes, afin que d'autres civilisations sachent qu'elles ne sont pas seules, mais cela n'établira aucun contact (car il faudrait attendre plusieurs millions d'années).

Pensez-vous que la fiction (romanesque, cinématographique ou télévisuelle) sur les sujets de la vie extraterrestre et du phénomène OVNI, qui rencontre un engouement toujours plus grand, a influencé notre perception et a eu un impact sur la façon dont nous (le grand public) appréhendons ces questions ?

Peut-être, mais cette science-fiction ne donne pas la notion de l'immensité de l'espace, et de l'impossibilité de contact.

Jean-Pierre LUMINET

est astrophysicien, conférencier, écrivain et poète français. Il est spécialiste, de réputation internationale, des trous noirs et de la cosmologie. Actuellement directeur de recherche émérite au CNRS, il a développé l'essentiel de ses activités scientifiques à l'Observatoire de Paris et au Laboratoire d'astrophysique de Marseille.

Vous êtes astrophysicien mais aussi écrivain et poète, la question OVNI et/ou celle d'une vie extraterrestre font-elles partie du champ vos préoccupations ?

Oui et à divers titres ! Ces questions m'ont intéressé d'abord bien avant d'être astrophysicien, tout simplement parce que j'étais un grand lecteur de science-fiction quand j'étais gosse et adolescent. Mais vraiment ! J'ai lu des centaines de livres, tous les grands classiques de la science-fiction. Alors, forcément, la question de la vie extraterrestre – plus que les OVNI, d'ailleurs, les OVNI étant un cas très particulier de la vie extraterrestre – m'intéressait. J'ai même écrit un roman de jeunesse de science-fiction que je n'ai pas publié.

Quand je suis ensuite devenu astrophysicien, la question m'intéressa autour de cette discipline qui était en train de devenir une discipline à peu près scientifique : l'astrobiologie ou l'exobiologie. Même si c'est en dehors de mon champ de recherche, ça fait partie des sciences de l'univers. Il est donc difficile de ne pas s'intéresser à la possibilité d'une vie extraterrestre. Je parle ici de vie extraterrestre au sens le plus large du terme, on y reviendra.

Mais surtout, en tant que théoricien, la question des OVNI m'a aussi interpellé parce que, s'il y a effectivement des OVNI, il y a des civilisations extraterrestres qui nous visitent et qui, donc, ont découvert des lois physiques que nous ne connaissons pas encore ! Et c'est sur ce plan qu'effectivement le sujet m'intrigue. Cela veut dire qu'ils ont découvert le moyen de voyager entre les étoiles et peut-être d'utiliser des choses sur lesquelles j'ai un petit peu travaillé sur le plan théorique comme des trous de verre.

C'est pour ça que ça fait partie de mes… préoccupations. Le terme est peut-être un peu vaste, mais cela fait partie de mes intérêts et de mes questionnements.

Vous avez écrit sur de nombreux astronomes, certains d'entre eux croyaient-ils à une vie extraterrestre ?

Comme vous le savez, l'hypothèse de la pluralité des mondes habités avait déjà été avancée dans l'Antiquité, par l'école atomiste notamment. Elle a été ensuite interdite de pensée par les différentes Églises puis a commencé à revenir au XVIe siècle et au début du XVIIe avec Giordano Bruno. Et, surtout, c'est à partir du tout début du XVIIe siècle avec Galilée puis Kepler et l'évolution de nos connaissances en astronomie qu'on a commencé à comprendre que la physique d'ici-bas, la physique terrestre, est probablement la même que la physique céleste. Et qu'en conséquence les astres, les étoiles, les autres planètes, contrairement à ce que pensait Aristote, devaient ressembler à la Terre. Est alors revenue l'idée d'autres terres et avec d'autres habitants. Parmi les auteurs sur lesquels j'ai beaucoup écrit, Kepler a écrit un ouvrage étonnant qui s'appelle *Le Songe ou l'astronomie lunaire* dans lequel il imagine observer le système solaire depuis la Lune, mais par des habitants de la Lune.

À partir de là, pendant deux siècles, on a vu des quantités d'ouvrages, y compris par des auteurs très sérieux comme Huyghens, par exemple, ou bien chez Kant également dans le *Traité du Ciel*, où l'on trouve tout un développement sur la possibilité de planètes du système solaire habitées, avec des êtres adaptés aux conditions complètement fantasmagoriques que l'on croyait.

Dans mes ouvrages récents, celui qui y croit le plus, c'est Camille Flammarion. Il faisait partie de ceux qui, au XIXe siècle, croyaient notamment à l'hypothèse de canons artificiels à la surface de Mars. Chez Camille Flammarion on trouve quantité de ces ouvrages consacrés aux habitants de Vénus, ou sous les tropiques… C'est, là aussi, très fantasmatique.

Le paradoxe de Fermi est-il toujours intéressant ? valide ?

Il faut dire que c'est une très bonne question : à partir du moment où le Soleil est une étoile relativement jeune dans l'histoire de l'univers, il y a donc eu beaucoup d'autres soleils et étoiles qui se sont formés bien avant. Et si l'on croit qu'une évolution naturelle des choses peut conduire à l'émergence du vivant, puis peut-être du vivant plus sophistiqué et de civilisations avancées, il devrait donc y avoir eu bien avant nous des civilisations très avancées, beaucoup plus avancées que nous.

La question est donc la suivante : si elles développent les moyens technologiques, si elles découvrent la façon de voyager entre les étoiles, etc., pourquoi ne nous ont-elles pas rendu visite de façon incontestable ? Certains pensent qu'on nous a rendu visite. La preuve en serait les pyramides ou d'autres… Je ne crois pas trop à tout ça. Néanmoins le paradoxe de Fermi reste une très bonne question.

Ensuite, il y a plusieurs réponses, bien entendu ! Par exemple, une civilisation technologique avancée dans une galaxie donnée peut être très rare. Une autre réponse consiste en l'hypothèse qu'en fait ils sont là, mais ils ne se manifestent pas, on ne s'en rend pas compte… Ça reste complètement ouvert, mais c'est quand même une très bonne question.

Justement, vous, à titre personnel, croyez-vous à une vie extraterrestre ? Si oui, pourquoi ?

Alors… je dirais plutôt oui ; mais essentiellement sous la forme la plus simple du vivant, c'est-à-dire sous forme de bactéries. Parce je pense qu'après, l'évolution d'un arbre du vivant à partir de nos souches initiales, c'est-à-dire la bactérie, fondée sur des principes fondamentaux comme la chimie du carbone, dépend de facteurs endogènes très particuliers à l'histoire de chaque planète.

Donc, l'hypothèse de la vie extraterrestre, j'y crois, oui, même si le terme de « croire » n'est pas un terme que j'aime beaucoup dans la démarche scientifique. Mais cela me semble extrêmement plausible, au niveau, je le répète, des bactéries. Après, personnellement, j'aimerais bien avoir des preuves ou des confirmations qu'il y a des formes de vie plus avancées que cela. J'aimerais bien y croire, pour les raisons que j'ai évoquées : des lois physiques inconnues, etc.

Dans la sphère scientifique, les choses avancent en ce moment dans deux directions différentes, y compris dans le domaine de l'astrobiologie. On a dcux écoles qui s'opposent : l'école un peu classique, issue de Carl Sagan, où il y a tellement de planètes dans l'univers qu'il n'est pas possible que la Terre soit la seule à accueillir du vivant. C'est l'argument probabiliste, et le problème est qu'il ne tient pas du tout la route, je vais vous dire pourquoi.

L'autre école est celle de l'hypothèse de la terre rare qui, simplement, met en jeu une combinatoire, c'est-à-dire une combinaison de facteurs exceptionnels pour arriver au vivant. Si l'on s'en tient à très peu de facteurs, c'est-à-dire juste du carbone, de l'eau, de l'énergie, effectivement cela peut apparaître un peu partout, et disons qu'on aurait déjà trouvé.

Si l'on trouve des bactéries fossiles sur Mars dans les années à venir, cela validerait effectivement la première hypothèse. Mais moi je me suis amusé à utiliser un peu aussi la combinatoire. Ce que ne font pas, justement, les partisans de la vie partout dans l'univers avec cet argument de probabiliste qui n'en est pas un, tout simplement parce qu'on ne peut pas évaluer de probabilité tant que l'on ne connaît pas l'ensemble des facteurs nécessaires à l'émergence du vivant. Or ils sont très vraisemblablement en beaucoup plus grand nombre que trois ! Je me suis donc amusé à calculer : imaginons qu'il faille à peu près une vingtaine de facteurs nécessaires à l'émergence du vivant, ce n'est pas impossible. Et des facteurs qui s'enchaînent d'une certaine manière.

Après, la combinatoire, c'est-à-dire le calcul de probabilité et d'occurrence, qui fait intervenir des factoriels, montre que finalement le nombre gigantesque de planètes qu'il y a dans l'univers, 10^{23} ou quelque chose comme ça, n'est pas si grand que ça. Et l'hypothèse de la terre rare, si elle est un peu dérangeante, n'est pas absurde. L'année dernière, a été publié le livre fort intéressant de mon ami Jean-Pierre Bibring[1] sur cette hypothèse. La Terre pourrait être la seule planète de l'univers abritant de la vie, même au niveau aussi fondamental que la bactérie. Personnellement, je n'ai pas trop envie d'y croire, mais on ne peut pas éliminer cette hypothèse.

Si on découvrait de la vie extraterrestre, quelles seraient les conséquences de cette découverte ? Cela changerait-il notre conception de la vie ? Qu'est-ce que cela impliquerait ?

Si l'on découvre de façon indubitable une vie extraterrestre sous forme de bactéries, et à mon avis si ça se produit ce sera ça, je pense que ça ne changera pas grand-chose. Tout simplement parce que c'est quand même plus ou moins prévu par les thèses en exobiologie…

On y arrivera forcément un jour ou l'autre ?

Mais non ! Je n'en sais rien ! On y arrivera si ça se produit ! Alors peut-être que si l'on trouve des bactéries martiennes ça ne changera pas grand-chose, parce que c'est largement anticipé, et puis ce seront probablement des bactéries fossiles.

Après, si l'on trouve des bactéries vivantes contemporaines, sous les croûtes glacées des satellites de Jupiter et de Saturne, sur Europa par exemple, ce serait mieux. Mais je ne pense pas non plus que ça changerait beaucoup l'esprit des gens. Rappelons quand même que la révolution copernicienne et galiléenne, la Terre n'est pas au centre de

1. *Seuls dans l'Univers. De la diversité des mondes à l'unicité de la vie*, Paris, Odile Jacob, 2022.

l'univers – n'est pas complètement absorbée quatre cents ans plus tard.

En revanche, si l'on avait un contact avec une civilisation avancée, je pense que ça pourrait bousculer les choses au niveau politique comme sur le plan culturel ou religieux. Même si l'on aura droit, comme d'habitude, à des tas de contestations, des accusations de complotisme et tout ce genre de choses.

Dans le cas d'un contact avec une civilisation avancée, pensez-vous que nous y sommes préparés ? Comment réagirait l'humanité, à votre avis ?

Franchement, je n'en sais strictement rien. Certains esprits sont préparés... d'abord ce n'est pas l'humanité qui réagirait, mais les politiques, les gouvernements... Après, quand on voit certains films de science-fiction, certains – les paranos – pourraient réagir de façon belliqueuse en pensant qu'ils peuvent être hostiles. Pour ma part, j'y serai préparé et je souhaite ardemment que ça arrive de mon vivant. Et je pense que ce serait une grande date dans l'histoire de l'espèce humaine. Mais malheureusement je n'y crois pas trop, à cause justement du paradoxe de Fermi et du fait que ça pourrait être d'abord uniquement des signaux, type signaux radio.

Le cas plus invraisemblable, malheureusement, et qui serait beaucoup plus spectaculaire, serait celui d'OVNI ou de contact direct comme celui qui est magnifiquement mis en scène, non pas dans les films de Spielberg comme *Rencontres du 3e type* ou *E.T.* qui sont d'une naïveté confondante, avec leurs petites formes humanoïdes. Je ne pense pas du tout qu'une forme de vie extraterrestre soit humanoïde. C'est une projection typiquement terrestre, humaine. En revanche, *Premier contact*, le film Denis Villeneuve, est un chef-d'œuvre du genre. Je trouve ce film absolument magnifique, remarquable, d'une très grande intelligence.

Puisque vous parlez de réception de signaux, que pensez-vous des messages envoyés par les humains dans l'espace à l'attention d'éventuelles créatures extraterrestres ?

C'était un bon coup à tenter, même s'il y avait très peu de chances de réussite. De plus, j'ai connu, quand je suis arrivé à l'Observatoire de Paris-Meudon, les radioastronomes François Biraud et Jean Heidmann qui ont été les premiers, en France en tout cas, à faire ça avec le radiotélescope de Nançay. C'est une bonne idée mais il ne faut pas oublier de dire que les signaux ont été envoyés en direction d'un amas globulaire qui est à 20 000 années-lumière. S'il met 20 000 ans pour arriver, il faudrait 20 000 ans pour avoir une réponse !

Vous parliez des films de Spielberg et de celui de Villeneuve. Pensez-vous que la fiction, que ce soit dans l'ordre du roman, du film ou des séries, a un peu dénaturé la réception que l'on peut avoir du phénomène OVNI et de la question de la vie extraterrestre ?

Dénaturé, oui, tout simplement parce que, la plupart du temps, tout ça reste très anthropocentrique, que ce soit dans le cinéma, dans la littérature de science-fiction ou dans l'imaginaire collectif. C'est pour cela que le film de Villeneuve se démarque de l'anthropocentrisme, déjà sur la forme, avec l'idée de personnage en forme de pieuvre (encore que, c'est aussi un des grands classiques) mais au moins sur la manière de communiquer. J'ai trouvé ça très intéressant sur ce point.

Mais la plupart du temps c'est extrêmement naïf. Les formes humanoïdes sont très particulières à l'évolution, à la gravitation, aux conditions physiques qui règnent sur telle ou telle planète. Quand on voit la diversité des espèces vivantes sur Terre, avoir deux bras et deux jambes, c'est quand même plutôt rare, même sur Terre !

Vous avez été conseiller scientifique sur la série OVNI. En quoi a constitué votre apport ?

J'ai été un peu surpris d'être contacté pour cela parce que je n'avais pas manifesté publiquement mon intérêt pour la question. Malgré tout ce que je vous ai raconté, je n'avais pas particulièrement écrit beaucoup de choses sur ce sujet. J'y ai fait juste un peu allusion dans un ou deux de mes livres généralistes. Mais comme je suis toujours très ouvert à plein de choses et que j'aime bien collaborer à des idées originales, j'ai rencontré les scénaristes et réalisateurs, et j'ai accroché avec eux. Je les ai trouvés très sympathiques et très pertinents. Je suis donc parti pour l'aventure. Alors, je dois dire que je n'ai pas fait grand-chose ! Les deux scénaristes, Martin Douaire et Clémence Dargent, étaient déjà vraiment très bien documentés et pourvus de bonnes idées. Simplement, ils m'envoyaient des ébauches de scenarii et de temps en temps je corrigeais un petit truc par-ci par-là.

Cela m'a donné l'occasion de me replonger un petit peu dans le sujet en lisant plusieurs ouvrages issus des archives du GEIPAN afin de voir quels étaient les cas les plus bizarres, les plus douteux… Ça a surtout été une aventure plutôt amusante, surtout dans la deuxième saison où ils ont l'idée de me faire intervenir en tant que personnage (joué par Bastien Ughetto) présentant la première image de trou noir.

Vous évoquez le GEIPAN. Quelle réception et quelle perception avons-nous en France de ces questions et en particulier de la question OVNI ? On a l'impression que la France, à un moment donné, a été à la pointe de la recherche et que ce n'est plus le cas aujourd'hui, alors qu'aux États-Unis il y a énormément d'actualité sur ces questions, notamment avec la déclassification de nombreux documents par l'armée américaine ?

La France a effectivement été à la pointe parce qu'il y a eu la création de cet organisme au CNES, le GEIPAN. Mais dans d'autres pays ça existait aussi, même si c'était peut-être moins officialisé qu'en France. Il y avait déjà des groupes d'études aux États-Unis. L'histoire du GEIPAN a fini par se dégonfler un petit peu, c'est vrai. Je pense que c'est parce que, malheureusement, il n'y a rien de convaincant dans tout ça. Même dans les cas dits de catégorie D, la catégorie de phénomènes pour lesquels on n'a pas d'explication. À l'époque, je m'étais d'ailleurs intéressé un peu à la fameuse histoire de Trans-en-Provence où un engin aurait atterri dans un champ. Ce qui m'interpelle le plus aujourd'hui, ce sont les témoignages de pilotes, notamment aux États-Unis.

Avez-vous personnellement observé des phénomènes OVNI ?

Non, du tout ; hélas, d'ailleurs. J'aimerais bien.

Parmi les phénomènes OVNI, il y en a un qui a fait beaucoup parler : celui d'Oumuamua. Notamment par la voix d'Avi Loeb, avec qui vous avez débattu sur cette question ?

Effectivement. Il se trouve que j'ai connu Avi Loeb avant qu'il ne fasse cette thèse sur Oumuamua. Il dirigeait à Harvard un groupe d'astrophysique autour de l'imagerie des trous noirs. Après l'obtention en 2019 de la première image télescopique de trous noirs, qui ressemblait à mes simulations numériques, j'ai été invité à Harvard par Avi. J'ai rencontré un scientifique extrêmement intéressant. Il a vraiment fait des travaux techniques extrêmement sérieux, sur des sujets voisins de ceux sur lesquels j'avais travaillé, d'ailleurs, comme les forces de marée engendrées par les trous noirs. J'ai tout de suite trouvé que c'était un esprit très original et un peu plus ouvert que la moyenne. Quand, un ou deux ans plus tard, j'ai lu sa thèse sur Oumuamua, ça ne m'a pas étonné de la part d'Avi. Il lance une idée qui paraît extravagante au départ, mais je comprends pourquoi. J'ai échangé avec lui à ce sujet : il a lancé cette idée non pas parce qu'il y croyait de façon forte mais simplement pour faire passer un message : il faut faire preuve d'imagination ! Le monde scientifique actuel devient trop orthodoxe. Les jeunes n'osent pas sortir des sentiers battus. Et, sur ce point-là, Avi à raison.

Alors ensuite, de là à développer et insister comme il le fait… Je pense pour ma part qu'Oumuamua est un objet parfaitement naturel, une boule astéroïde issue d'un schisme planétaire. En tout cas, j'aime ces échanges avec Avi Loeb qui vient d'ailleurs de m'écrire un mot très gentil pour la sortie de mon prochain livre aux États-Unis. J'apprécie cet esprit original et iconoclaste.

Avez-vous eu le sentiment de mettre un peu votre réputation en jeu en vous intéressant à ces questions et en en parlant ?

Pas du tout, non… [silence] réputation en jeu auprès de qui, d'abord ? Vous savez, ma carrière de chercheur est effectivement aujourd'hui bien établie, mais, malgré tout, j'ai toujours passé un peu pour un original. J'ai fait ma première simulation numérique de trou noir à une époque où quasiment personne ne croyait aux trous noirs. Ensuite, quand j'ai développé mes modèles de « crêpes stellaires », personne n'y croyait, jusqu'à ce qu'on fasse des observations dessus ; même chose avec mes modèles bizarres de forme de l'espace ou d'univers chiffonné. Au début, on me considérait, dans la communauté scientifique, un petit peu comme un original… puis tout ça est rentré dans l'ordre. Donc je n'ai jamais craint d'avoir une image particulière.

Cela rejoint ce que vous disiez sur Avi Loeb : il faut, au contraire, faire des hypothèses, modéliser et être audacieux

Oui, absolument, même si je n'irai pas aussi loin qu'Avi Loeb au sujet de l'hypothèse d'artefact extraterrestre, avec ses missions pour aller chercher des objets supposés dans l'océan Pacifique. Je pense que cela ne donnera rien. Mais il faut faire preuve d'originalité.

Avez-vous un avis sur les personnes qui disent avoir été abductées ?

Je pense qu'ils ont tous un profil psychologique un peu particulier. Sinon moi aussi je rêverais d'être abducté et de revenir raconter l'histoire. Mais cela se passe comme ça. Tant qu'on n'a pas de preuve vraiment indubitable, je ne pense pas qu'il y ait un consensus sur ces questions. Il y aura toujours évidemment des gens qui diront : « Ils sont là, ils sont parmi nous », et d'autres pour dire : « C'est n'importe quoi, c'est complètement fantaisiste ou complètement idiot. » Je ne pense pas qu'on puisse avoir un consensus avant qu'on ait un jour une preuve. Et je doute que cette preuve arrive rapidement. Personnellement, je le répète, j'aimerais bien qu'elle arrive de mon vivant. Mais ça m'étonnerait, malheureusement.

Vous avez évoqué tout à l'heure, brièvement, la sphère complotiste et l'idée de complot. Pensez-vous qu'on nous cache des choses ? Du matériel ou des artefacts extraterrestres que des agences gouvernementales nous cacheraient ?

Non, je n'y crois pas du tout. Hélas, non !

Philippe GUILLEMANT

est ingénieur physicien français diplômé de l'École Centrale Paris et de l'Institut de Physique du Globe. Docteur en physique du rayonnement, il a exercé son activité au CNRS (UMR 7343, laboratoire IUSTI de Polytech' Marseille), où il était ingénieur de recherche hors classe. Ses recherches lui ont valu plusieurs distinctions, dont le Cristal du CNRS.

Vous êtes physicien, chercheur et théoricien, la question OVNI et celle d'une vie extraterrestre font-elles partie du champ de vos préoccupations ? Comment en êtes-vous venu à vous intéresser à ces sujets ?

Cette question me paraît essentielle car elle est en lien avec la question de savoir dans quel sens l'humanité va évoluer : soit nous allons vers une société de contrôle mondial qui devient à terme transhumaine et nos visiteurs continueront de ne pas exister officiellement ; soit nous allons vers une société dans laquelle l'humain se sera éveillé à sa véritable nature ainsi que celle du réel, et nous rejoindrons alors le concert des peuples de la galaxie et, plus généralement, des êtres qui peuplent les différentes dimensions du réel. J'en suis venu à m'intéresser à ces sujets en comprenant le lien entre ma théorie de l'espace-temps flexible et la technologie de nos visiteurs, notamment grâce à Jacques Vallée.

À titre personnel, croyez-vous ou non en une vie extraterrestre ? Si oui, pourquoi ? Sous quelle forme l'envisagez-vous ? Comment imaginez-vous de possibles entités extraterrestres ? Pensez-vous qu'elles auraient une forme physique similaire à la nôtre ou totalement différente ?

Oui, bien sûr, et c'est un fait scientifique depuis les calculs relatifs au paradoxe de Fermi : il n'y a pas de paradoxe, puisque nous sommes bien visités. Les formes de vie correspondant à nos visiteurs sont multiples et le terme d'« extraterrestres » est inadéquat pour les qualifier. Il y a de multiples types d'entités en fonction de leur provenance : entités incarnées comme nous, entités désincarnées ou en provenance de l'au-delà, avec ou sans technologie, et entités sans forme (les plus évoluées). La notion de planète d'origine n'a pas vraiment de sens si l'on considère les êtres et non pas leur forme physique.

Avez-vous personnellement observé des phénomènes OVNI ? Si oui, dans quelles circonstances ?

Jamais.

Dans la vie courante, y a-t-il des signes ou des phénomènes spécifiques que vous considérez comme des indicateurs potentiels d'activité extraterrestre ? Quels types de signaux ou de comportements vous sembleraient les plus intrigants ?

Aucun signe particulier dans la vie courante, mis à part la dimension géopolitique qui, aujourd'hui, a un fort impact sur nos vies. Il s'agit de la tentative mondialiste occidentale de conduire la société vers un idéal transhumain où le couple homme-femme est défiguré, les enfants sexualisés et l'humain réduit à une machine biologique qui devrait se plier à un contrôle à tous les niveaux par intelligence artificielle, et notamment celui des naissances. Cette tendance puissante et négative ne s'explique à mon sens que par l'influence d'une volonté exogène parasite sur les pouvoirs militaire, industriel et financier qui gouvernent de fait la planète. Toutefois, cette influence est devenue tellement dystopique et totalitaire qu'elle ne parvient même plus à se cacher derrière des objectifs prétendument sanitaires et de décarbonation. Il est probable à mon sens que cette influence disparaîtra, si elle n'a pas déjà disparu, avec le réveil des peuples.

Quel lien faites-vous entre la conscience et le phénomène OVNI ? À votre avis, un état de conscience modifiée permet-il un voyage interstellaire et/ou un contact avec des entités extraterrestres ?

Le lien est évident, puisque notre intégration dans le concert qualifié à tort d'extraterrestre dépend directement de notre compréhension de la véritable nature conscientielle du réel. Un état de conscience modifié peut effectivement permettre un voyage sans corps physique et un contact avec des entités exogènes.

Les entités extraterrestres pourraient-elles être de l'ordre de l'intelligence artificielle ? Si oui, pourraient-elles émaner de civilisations plus avancées que la nôtre ?

Certaines entités exogènes sont probablement des consciences sans connexion avec une âme (ou expérience) individuelle mais avec soit une âme groupe, soit une intelligence artificielle intermédiaire. Dans ce dernier cas, elles émanent non pas de civilisations nécessairement plus avancées, mais de civilisations ayant suivi une autre direction que la nôtre dans leur évolution – en l'occurrence, transhumaine. Elles sont technologiquement plus avancées mais sur le plan spirituel elles nous sont inférieures. C'est d'ailleurs une possible raison pour laquelle elles s'intéresseraient à nous, avec les dégâts collatéraux déjà mentionnés (influence exogène).

Le concept de double causalité, fondateur d'une théorie de la Synchronicité novatrice, permet-il d'apporter des réponses au phénomène OVNI (ou PA) ?

Jacques Vallée l'a pensé avant moi et j'ai déjà fait plusieurs conférences pour l'expliquer (A Echo Event notamment, mais voir également mon interview sur UFO conscience). La théorie de la double causalité ou de l'espace-temps flexible permet de comprendre la technologie de nos visiteurs, si l'on ajoute la théorie de la bulle macroquantique qui explique comment se défaire du mécanisme de décohérence lié à la fabrique de l'espace-temps.

Quels sont, selon vous, les trois cas les plus emblématiques ou troublants du phénomène OVNI ?

Je n'ai pas de cas particulier en tête. Mon approche consiste à faire une synthèse intuitive d'une très grande quantité de cas d'une très grande diversité. À cause de cette diversité, aucun cas n'est emblématique ; par ailleurs, tous sont troublants.

La conception « tôles et boulons » des OVNI tient-elle la route ?

Absolument pas, puisque le phénomène défie les lois de la thermodynamique internes à l'espace-temps.

Les crashs d'OVNI vous semblent-ils plausibles ? Pensez-vous que nous avons secrètement récupéré du matériel extraterrestre ? Quelles preuves ou indices vous amènent à penser cela, le cas échéant ?

Les crashs d'OVNI me semblent plausibles, si l'on considère que nous avons été massivement visités à l'époque de nos premiers essais nucléaires. S'agissant d'un fait exceptionnel et le plus dangereux dans l'histoire d'une civilisation, il est normal que nous ayons attiré des visiteurs de différentes origines, venus se rendre compte de notre état d'avancement et de la menace que nous faisions peser sur nous-mêmes et sur les autres civilisations (car tout est intriqué dans l'univers). Ce fait étant excessivement rare, il a pu y avoir une méconnaissance du fait qu'une radioactivité forte pouvait être nuisible à la technologie des OVNI, en forçant la décohérence, cela ayant occasionné des crashs. Une autre hypothèse est que ces crashs auraient aussi pu être volontaires, afin de nous donner des éléments de rétro-ingénierie nous incitant à laisser tomber le nucléaire. Mais cela n'est qu'hypothèse reposant sur l'hypothèse même des crashs.

En tant que physicien, comment abordez-vous les observations d'OVNI du point de vue des lois de la physique connues, et existe-t-il des phénomènes physiques naturels pouvant expliquer ces observations ?

À mon sens, les observations d'OVNI ont l'air de défier les lois de la physique connues, mais elles ne défient pas l'hyperphysique qui se dessine à partir des progrès les plus avancés de la physique, en particulier les théories, notamment de gravité quantique, selon lesquelles l'espace, le temps et même la gravité émergent de la fabrique de l'espace-temps. Et, non, aucun phénomène physique naturel ne permet d'expliquer l'essentiel des observations.

La physique actuelle permet-elle de faire des hypothèses ou de donner des explications éclairantes quant aux PAN ?

Bien sûr, mais cela n'est pas fait publiquement car un chercheur encourt des désagréments et une marginalisation s'il rend publiques ses idées à ce sujet : on connaît ceux de Jean-Pierre Petit. Mais il est certain que la science permet déjà, effectivement, de faire des hypothèses et de donner des explications éclairantes quant aux PAN, et j'ai déjà fait ce travail précédemment cité.

Comment la découverte de formes de vie extraterrestres pourrait-elle influencer la recherche scientifique sur la vie dans l'univers ?

Cela s'appelle « mettre la charrue avant les bœufs ». C'est tout d'abord notre compréhension de l'univers qui aboutira à la remise en question de notre vision matérialiste, lorsque nous aurons compris que l'espace, le temps et la matière n'existent pas tels qu'on les perçoit. Nous comprendrons alors l'évolution de la vie, qui n'est en aucun cas darwinienne, cela étant une théorie fausse. Nous comprendrons alors que la conscience est le moteur de l'évolution, ce qui nous conduira à découvrir les autres formes de vie, prétendument extraterrestres. Nous serons d'ailleurs aidés en cela.

Si des preuves tangibles de vie extraterrestre étaient découvertes, comment pensez-vous que la communauté scientifique réagirait ? Qu'est-ce que cela changerait ?

Aucune preuve de vie extraterrestre n'émergera aussi longtemps que nous n'aurons pas renversé notre paradigme de pensée. Dès que nous penserons différemment, en ayant remis la conscience au premier plan et tout ce qui s'ensuit, les preuves abonderont, sinon elles resteront bloquées. Fort heureusement, la prise de conscience de la nécessité de penser dans un paradigme différent commence déjà à se généraliser grâce aux expériences de mort imminente, aux états de conscience modifiés et aux perceptions extrasensorielles, les OVNI n'étant d'ailleurs pas en reste. La preuve de vie extraterrestre s'ensuivra naturellement.

L'IA permettra-t-elle de trouver une forme de communication lors d'un contact extraterrestre ? Ou pensez-vous que la communication pourrait être subconsciente ?

Aucune forme de communication technologique n'est nécessaire pour communiquer lors d'un contact, puisque la communication sera naturellement télépathique, c'est-à-dire vibratoire, la conscience étant de nature vibratoire (vibrations du vide hors du temps).

Y a-t-il des limites physiques théoriques qui pourraient restreindre la possibilité de voyages interstellaires ou la visite d'entités extraterrestres dans notre système solaire ?

Aucune limite physique. La vitesse de la lumière n'est pas une limite à la technologie de nos visiteurs, puisqu'ils transitent en dehors de l'espace et du temps. La seule limite est celle de notre pensée, c'est-à-dire de notre système de croyances.

Avez-vous eu le sentiment de mettre votre réputation en jeu en vous intéressant à ces questions ?

Plus maintenant. Je constate par différents indicateurs plus ou moins intuitifs ou factuels que mes idées sur ces questions, partagées avec un grand nombre de personnes dites éveillées, ont en quelque sorte déjà gagné dans le futur. L'effondrement occidental auquel nous assistons aujourd'hui, en lien direct avec ce changement de paradigme, ne va faire que l'accélérer, même si nous allons malgré tout encore sans doute traverser des périodes sombres.

Croyez-vous que les gouvernements détiennent des informations sur des rencontres extraterrestres qu'ils ne divulguent pas au public ? Si oui, quelles pourraient être leurs motivations pour garder ces informations secrètes ?

Pour ce qui concerne les gouvernements, je ne le crois pas. Pour ce qui est des présidents, ils sont sans doute tenus partiellement au courant de la situation lorsqu'ils le sont, ce qui est à mon avis rarement le cas, excepté superficiellement (comme en témoigne par exemple la bévue de Jean-Claude Junker sur les extraterrestres, voir son discours du 28 juin 2016 devant le parlement européen, il évoquait de manière très sérieuse « ceux qui nous observent », « des dirigeants d'autres planètes »). Je pense que les informations les plus sensibles sont détenues par une petite partie des services secrets, en lien avec d'autres parties d'autres services similaires, industriels et militaires, reliés au niveau mondial selon des accords ou cooptations ne laissant place à aucune fuite. Mais il faut aussi prendre en compte à mon avis le fait que nos visiteurs contrôlent aujourd'hui de manière responsable et positive la situation, via les humains les mieux informés, et ne laisseront pas la divulgation aller plus vite que le strict nécessaire à notre évolution. Nous sortons à peine d'une période où à cause de nos erreurs de jeunesse, nous avons été phagocytés par d'autres visiteurs moins évolués qui ont tenté d'exploiter nos faiblesses pour nous conduire, à l'image que nous leur donnions, vers une destinée beaucoup moins reluisante. Mais la crise sanitaire a fait son œuvre et révélé que nous nous dirigeons aujourd'hui vers une destinée très positive, malgré les apparences. Je renverrais volontiers à mon livre *Le Grand Virage de l'humanité* qui l'explique. Et ferai également mention de mon dernier livre *La Physique du futur lumineux* qui dessine justement ledit futur positif, que nous allons atteindre grâce aux progrès de la physique.

Jean-François CLERVOY

est spationaute, ingénieur de formation. Il a été sélectionné par le CNES en 1985 et a effectué trois missions spatiales à bord de la navette spatiale américaine entre 1994 et 1999. Jean-François Clervoy a contribué à des missions importantes, notamment à l'entretien du télescope spatial *Hubble*. Il est également conférencier et auteur.

Avez-vous été confronté, sur terre ou dans les airs, en tant que pilote ou en tant qu'astronaute, au phénomène OVNI ?

Concernant le phénomène OVNI tel qu'il est classiquement considéré, non, ce n'est pas le cas. Mais il m'est arrivé d'être face à des phénomènes lumineux ou visibles incompréhensibles pendant un certain temps. Mais, rapidement, j'ai compris ce que c'était ; donc, je n'ai jamais été confronté à un phénomène OVNI ancré dans ma mémoire qui resterait à jamais sans aucune réponse.

Avez-vous des collègues – des pilotes de chasse, des pilotes de ligne ou bien encore des collègues astronautes – qui ont été confrontés à des phénomènes inexpliqués ?

Des collègues astronautes, non. Ce sont des sujets dont on parle, mais je connais la moitié à peu près des hommes et des femmes qui sont allés dans l'espace, et aucun n'a vécu dans son expérience de vol spatial un phénomène OVNI non résolu. Par contre, parmi des personnes au sol ou des pilotes, oui, j'en ai rencontré. Je connais très bien Jack Krine avec qui j'ai volé. C'est un pilote qui a vécu une expérience qui l'a marqué à vie, donc tous ceux qui le connaissent bien connaissent son histoire d'OVNI.

Quand vous parlez de réponse ou de solutions aux phénomènes que vous avez observés, s'agit-il de solutions liées aux phénomènes physiques ?

Les réponses ou les explications qui me sont venues, à la fin de questionnements parfois ponctuels qui ont duré moins d'une minute, sont liées à la physique. Par exemple, la première fois que j'ai observé une étoile filante sur fond de Terre, je n'ai pas pensé que c'était une étoile filante. J'ai vu une lumière brillante traverser le champ de vue à une vitesse hallucinante, faire plusieurs milliers de kilomètres en quelques secondes. Au moment où j'ai vécu cette expérience, j'étais dans le pont supérieur seul avec un collègue de promotion du groupe 14 d'astronautes de la NASA, et qui faisait aussi son premier vol. Nous étions trois nouveaux dans ce cas et on s'est dit : « waouh, *what is that ?* – qu'est-ce que c'est ? » En fait, il nous a fallu plusieurs dizaines de secondes pour prendre conscience qu'on assistait à l'entrée dans l'atmosphère d'un météorite. C'est là que j'ai appris qu'il entre sur Terre, en moyenne par jour, 100 tonnes de matière extraterrestre qui, pour 99,9999 %, arrive à notre niveau au sol à l'état de poussière. Mais parfois c'est très gros.

Alors c'est vrai que, dans l'espace, il y a quelques astroblèmes fameux, comme celui de Manicouagan au Québec, qui est le plus réputé chez les astronautes parce qu'il est très visible. C'est un cercle de plus de 70 kilomètres de diamètre. Je crois qu'il correspond à la tombée d'un astéroïde il y a 250 millions d'années, qui était peut-être un peu plus petit que celui qui a provoqué la disparition des dinosaures. Mais la plupart des astroblèmes s'effacent avec le temps à cause de l'érosion et des intempéries. Celui-là, au Québec, est fameux. Quand on ne sait pas du tout où l'on est autour de la Terre, si l'on regarde par le hublot et que l'on voit ce cercle, on sait qu'on survole le Québec. Et là on se dit que la Terre a effectivement une vie cosmique. Il tombe dessus beaucoup de choses. Et j'imagine que, lorsque des météorites, d'assez grande importance pour arriver encore à l'état macroscopique au sol, rentrent dans l'atmosphère, cela provoque des phénomènes lumineux, et parfois auditifs – avec le double bang du cône de Mach supersonique, même hypersonique – qui sont hallucinants et qui peuvent surprendre si on ne l'a jamais vécu.

Un autre cas, lors de mon troisième vol spatial à bord de *Discovery*, nous a pris quelques minutes à résoudre. C'était vraiment l'OVNI au sens où on le lit dans les bouquins : un rectangle lumineux qui flashait à vitesse très régulière sur le fond noir du cosmos. On avait l'impression que c'était un vaisseau qui nous faisait des signes, qui avait un code. Et là, vraiment, même le cœur s'est mis à battre un petit peu en se disant : « On est en train d'assister à un truc de dingue. » Bon… tous les astronautes sont des gens cartésiens, formatés à verbaliser ce qu'ils observent. On n'est pas comme un quidam sans formation technique et qui, à un moment donné, regarde le ciel, voit un truc inattendu et dit naïvement : « Ah ! C'est un OVNI. »

Dans notre cas, on ne sait pas ce que c'est, mais ça a l'air intelligent. On ne se dit pourtant pas : c'est une intelligence extraterrestre venue d'un autre système solaire ou d'une autre galaxie, mais plutôt qu'on est en train d'assister à un truc de dingue, dont on n'a aucune idée d'où ça vient. Même si la première sensation visuelle donnait l'impression que c'était comme un vaisseau à des kilomètres, qui nous envoyait des flashs lumineux parfaitement rectangulaires. De plus, lorsque vous voyez un objet ou une forme lumineuse très bien délimitée sur un fond totalement uniforme, les yeux qui vous donnent en principe la vision du relief sont incapables de vous donner une impression de distance. Quand il n'y a aucune référence visuelle alentour, on n'a aucune idée.

On s'est ensuite aperçu, après avoir réussi à faire converger des jumelles sur cet objet, que c'était simplement un Space Pen, c'est-à-dire un Bic à coque métallique inox avec des cartouches pressurisées, qui permet d'écrire au plafond. Ce fameux Space Pen, qu'on utilise très peu dans l'espace car on utilise surtout le crayon, et dont la barrette est plate, métallique, faisait office de miroir en tournant sur lui-même. Le stylo est resté dans le noir absolu, c'est-à-dire à l'ombre du télescope *Hubble* et de la navette pendant plus de 20-25 m, avant d'être au Soleil. Et quand il est apparu au Soleil, en tournant sur lui-même, sa barrette métallique donnait une impression de flash, sur fond du cosmos en reflétant le Soleil vers nous comme si on pointait un laser vers nous.

Combien de temps s'est passé entre le moment où vous avez observé le phénomène et le moment où vous avez eu l'explication ? Une fois celle-ci obtenue, y a t-il eu une forme de déception ou avez-vous été rassuré ?

Entre une et deux minutes pour arriver à comprendre ce que c'était. La première impression, on est subjugué et on ne sort pas immédiatement les jumelles, parce que ça se passe pendant une sortie dans l'espace pour laquelle on doit rester concentré sur le job que font nos collègues à l'extérieur, en particulier moi qui pilote le bras en robotique pendant plus de huit heures d'affilée. Je ne peux pas me permettre de lâcher mes commandes pour me consacrer à ce phénomène à 100 % à ce moment-là. Mais j'appelle les collègues pour leur demander ce que c'est. On n'a pas pu y consacrer tout de suite du temps et, quand j'ai pu prendre les jumelles, je n'ai pas pu focaliser la mise au point tout de suite.

Une fois qu'on a trouvé ce que c'était, pendant une fraction de seconde on s'est dit : « Putain, c'est juste un stylo » puis, immédiatement après : « Comment ce stylo s'est-il trouvé là ? » Cela voulait dire que quelqu'un avait manqué au respect des procédures parce que, normalement, jamais le moindre objet, le moindre bout de visseuse électrique, ou en l'occurrence un stylo, ne doit pouvoir flotter librement en apesanteur, en s'éloignant de notre navette. Chaque objet séparé définitivement de notre navette, c'est un débris qui peut être un obus destructeur à l'orbite suivante.

Vous parlez de procédure. Justement, dans votre formation, y a-t-il des consignes, des protocoles, qui envisagent des cas de contacts avec soit des OVNI, soit avec des entités non humaines ?

Dans l'armée de l'air, je ne sais pas du tout ; au sein de la NASA, il n'y a rien. Je dirais qu'il n'y a rien au premier degré de façon explicite. Mais il y a quelque chose d'implicite : nous sommes formés à savoir verbaliser, et ce, sans émotion, sans jugement, sans analyse, tout ce qu'on voit, que ce soit normal, ou anormal, en particulier dans notre tâche technique. *Si jamais on faisait face à un OVNI au sens traditionnel du terme et qu'on n'arrive pas à résoudre, on le décrirait, on le photographierait, on prendrait une vidéo, mais on n'alerterait pas tout de suite le sol si ce n'est pas nécessaire et qu'il n'y a pas de danger*, surtout s'il y a une tâche en cours prioritaire comme une sortie dans l'espace qui demande à être vigilant et attentif. On n'aurait pas d'autre comportement que celui d'un pilote d'essai, qui décrit ce qu'il voit, ce à quoi il assiste et ce qu'il est en train de faire (voir interview de P. H. Chuet, p. 272). On dirait au collègue : « Passe-moi l'appareil photo, là, j'ai une minute disponible, je vais essayer de documenter ce truc, on verra plus tard ce que c'est. » Donc je pense que, si l'on faisait face à un phénomène PAN ou OVNI, on ne le traiterait pas différemment d'un autre phénomène inattendu dans le cadre de notre travail.

À l'époque, vous n'aviez pas eu peur qu'on vous prenne pour un illuminé ou autre chose parce que, pendant des années, les pilotes de ligne, par exemple, n'ont pas raconté ce qu'ils voyaient par peur de représailles ?

Cela dépend comment on dit les choses. Si vous dites : « J'ai vu un d'OVNI », la plupart des gens pensent automatiquement aliens, complot, hallucinations. Donc on dirait plutôt : « Je suis en train de voir une lumière brillante qui clignote » sans utiliser le mot « OVNI ». On décrit ce qu'on voit, sans émotion et sans jugement. Pour autant, je comprends très bien les personnes, et j'en rencontre parfois dans des clubs d'astronomie, qui me parlent d'OVNI, et me racontent leur histoire. Je refuse de porter un jugement. Il y a des personnes qui sont marquées par une expérience, je suis incapable de dire si c'est exactement la vérité qui s'est passée ou si, à force de le raconter et de s'autoconvaincre, ils ont généré en eux-mêmes cette conviction qui a eu cet OVNI qui est venu le rendre visite.

Pensez-vous que l'état d'esprit des pilotes et des astronautes a été modifié depuis l'authentification par le Pentagone des trois vidéos ?

Oui, je pense que la publication de vidéos de *head-up display* (HUD), comme on dit (nous en avons aussi dans la navette), permet d'accepter le constat qu'il y a des choses enregistrées que l'on ne comprend pas. Mais cela ne veut pas du tout dire que ce sont des aliens. C'est juste factuel. Aujourd'hui, je crois qu'on accepte de plus en plus que le phénomène OVNI soit avéré. Pendant longtemps, durant mes premières années d'astronaute, il était indissociable des gens avec qui je parlais d'OVNI de parler également d'aliens intelligents qui nous rendent visite. Je crois qu'aujourd'hui c'est plus facile de faire la séparation entre ces deux questions grâce à ces témoignages enregistrés, factuels, non truqués et publiés. Et puis, au passage, cela tord un peu le cou aux théories du complot, puisque ce sont des enregistrements que, normalement, une organisation militaire ne divulgue pas. Et pour cause : quand une organisation militaire communique des données captées par un de leurs instruments, que ce soit des radars, des télescopes ou des caméras, cela révèle indirectement la performance dont est capable leur équipement et c'est secret-défense. C'est pour cela que l'on a du mal à obtenir les données des militaires. Là, on a des enregistrements, qui ne sont pas de très haute résolution, mais qui montrent qu'il y a quelque chose de bizarre qui s'est passé dans le champ visuel du pilote.

La question OVNI est-elle abordée dans votre sphère professionnelle ? Si oui, suscite-t-elle intérêt, moquerie, scepticisme ?

Elle n'est pas systématiquement abordée. C'est parfois lors de discussions au cours d'un dîner ou d'un rassemblement d'astronautes, qu'on peut être amené à parler de ça. Mais ce n'est pas un sujet important dans notre communauté. C'est quelque chose dont on parle de façon informelle, lors de réunions du Congrès annuel des astronautes.

Il y a une vidéo d'un vol d'assemblage de l'ISS au retour, avec Stephany Piper qui s'évanouit lors de la conférence de presse, lorsqu'on lui pose une question sur un phénomène inexpliqué. Les ufologues s'en sont donné à cœur joie sur tous les réseaux. En fait, elle était en crise d'hypostatisme, c'est-à-dire d'une baisse de pression due à la position debout quand on vient de l'espace, le cœur a du mal à irriguer suffisamment le cerveau.

C'est donc arrivé qu'on pose la question en conférence de presse suivant immédiatement le retour au sol d'un équipage, quand il y a eu des conversations mentionnant un phénomène bizarre. Sinon c'est toujours dans un cadre informel. Nous n'avons pas la moindre session dédiée à savoir comment gérer ce genre d'expérience si ça nous arrive.

Et vous le regrettez ?

Oui, je le regrette un peu. C'est une question qu'on nous pose très souvent, donc ce serait bien qu'il y ait une position un peu officielle et coordonnée entre nous. Et parce que, si ça arrivait vraiment, ce serait sympa de savoir que l'on serait soutenu par notre agence, par l'agence qui nous fait voler, pour contrôler ce qui va sortir de ça. Je pense que la raison pour laquelle il n'y a pas de briefing formel sur la question des OVNI dans le cadre de l'entraînement, c'est qu'il n'y a pas un seul cas vécu d'expérience formalisée, enregistrée, bien cadrée. C'est ce qui explique que l'on a décidé de ne pas y donner d'importance. Mais ce serait finalement plutôt utile que l'on y réfléchisse à un moment donné et qu'on en parle aux astronautes pour leur dire : « Voilà ce qu'on propose comme façon de répondre si ça arrive durant votre vol. » Ce genre de session pourrait prendre une heure ou deux. On nous prépare à des cas inattendus, de choses qui se passent dedans ou dehors, à proximité ou loin, il suffit qu'on applique ce conditionnement. On pourrait appliquer le même genre de procédure à un OVNI.

Vous avez l'air très intéressé par ce sujet OVNI, vous vous rappelez depuis combien de temps vous êtes sensible à ce sujet, qu'est-ce qui a déclenché chez vous cet intérêt pour le phénomène ?

J'ai une curiosité générale pour le sujet. Quand je faisais mon service militaire à Mont-de-Marsan dans le cadre de l'École polytechnique, Jean-Claude Bourret était venu donner une conférence. J'avais décidé d'aller l'écouter et la façon dont il avait présenté les choses ne m'avait pas beaucoup plu. Parce que j'ai une formation scientifique, ça m'avait déçu, je n'en avais rien retiré. Pourtant, il présentait des cas où manifestement les gens n'ont pas tout inventé.

Puis, lorsque j'ai été sélectionné astronaute à 26 ans, j'ai commencé à donner des conférences dans les écoles primaires, collèges, lycées. J'ai dû visiter un millier de classes. Ce sont des questions qui venaient assez souvent, et ça m'a poussé à m'intéresser un peu plus, à creuser la question, savoir où l'on en est, qu'est-ce qu'on peut dire de factuel et de raisonné du phénomène OVNI.

Avant de devenir astronaute c'était juste un sujet divertissant, parce que c'est mystérieux. Et tout ce qui est mystérieux attire l'attention. C'est d'ailleurs une des raisons pour lesquelles l'espace est très attractif pour le grand public. L'espace est impalpable ; je ne peux pas vous faire voir, toucher, sentir, goûter l'espace. C'est un truc qui est uniquement dans votre imaginaire.

Croyez-vous en l'existence de la vie extraterrestre ? Si oui, comment l'envisagez-vous ?

La vie extraterrestre est une question extrêmement sérieuse. L'objectif numéro 1 scientifique de Persévérance comme de la mission ExoMars, c'est de rechercher des traces de vie passée éventuelle. Je ne suis pas exobiologiste, science assez moderne qui a à peine quelques décennies d'existence, et a été inaugurée par Carl Sagan. Il faut être expert à la fois en biologie, en chimie, en planétologie, en astronomie, en géologie, mais je m'y suis intéressé, et je peux vous parler de ce qu'est le vivant. Vous savez qu'il n'y a pas de définition scientifique de ce que c'est le vivant.

C'est quasiment une question philosophique ?

La biologie, c'est la science qui étudie le vivant. On sait ce qui caractérise le vivant, mais il n'y a pas de définition scientifique. Dans la recherche du vivant extraterrestre, l'exobiologie étudie l'origine du vivant, pour le moment seulement sur Terre, mais aussi les conditions éventuelles de vivants extraterrestres, et enfin les conditions d'adaptation du vivant terrestre au milieu extraterrestre. C'est d'ailleurs dans le cadre de ce dernier volet de l'exobiologie qu'on envoie régulièrement des colonies de tardigrades dans l'espace. On l'a fait à plusieurs reprises et parfois on les amène dans l'espace : on les met à l'extérieur, dans le vide, et ils survivent ! C'est hallucinant !

J'aimerais bien que de mon vivant il y ait un début de commencement de réponse à la question. Je pense que c'est peu probable, mais peut-être avant la fin de l'extinction finale de l'humanité qui arrivera un jour, ne serait-ce que pour des raisons naturelles. C'est écrit dans les lois de la physique, dans l'évolution de notre système solaire. Un jour on sait qu'il n'y aura plus d'humains sur Terre, et plus de vie tout court. Aura-t-on su s'il y a la vie ailleurs, ou pas ? J'aime bien la réponse qui dit : « L'absence de preuve n'est pas une preuve d'absence. » En fait, ce n'est pas une histoire de croyance mais de préférence. Personnellement, je préfère l'idée qu'on n'est pas seul dans l'univers. Mais si quelqu'un préfère l'idée qu'on est seul, pour des raisons religieuses où Dieu n'aurait créé la vie que sur Terre par exemple, ou pour des raisons de convictions intimes, ce n'est pas un problème. Chaque réponse est une très bonne réponse. C'est mon approche de la question.

Je me dis quand même que, si de la vie extraterrestre est suffisamment intelligente pour voyager dans le milieu interstellaire, ce qui pour nous aujourd'hui relève de la science-fiction même s'il n'y a pas de lois de la physique qui interdisent dans l'absolu d'y réfléchir, il faudrait plusieurs millénaires pour construire un vaisseau énorme où les générations se reproduisent à bord du vaisseau…

Je me dis que si jamais il y a des êtres intelligents extraterrestres, ils se seraient manifestés d'une façon ou d'une autre. Il y aurait des traces. Le fait qu'aujourd'hui il n'y en a pas laisse penser qu'il n'y a pas à ce jour d'intelligence extraterrestre qui nous a rendu visite de notre vivant. Il y a cent mille ans, à l'ère des êtres des Homo sapiens préhistoriques, ça j'en sais rien…

Et il est totalement impossible que ces traces, si elles existaient, aient été – comment dire ? – cachées ?

C'est pour ça que je vous dis que je ne peux pas prétendre savoir mieux que d'autres s'il y a cent mille ans des êtres intelligents ont rendu visite à des Homo sapiens et que les traces ont disparu… C'est possible mais j'en sais rien.

Pensez-vous que, au cours des derniers siècles qui caractérisent l'humanité, il pourrait y avoir eu des contacts qui ont été dissimulés ?

Peut-être, je n'en sais rien. Je ne prétendrai jamais à 100 % que c'est impossible. J'ai rencontré des personnes qui me racontent de toute bonne foi une expérience d'OVNI. Je ne juge pas. Je me dis au fond de moi-même qu'il n'y a peut-être pas d'explication. Mais j'ai du mal à penser que ce soit des êtres extraterrestres intelligents qui sont venus et dont on n'a pas la moindre trace d'enregistrement. Avec les smartphones qu'on a aujourd'hui, c'est très facile d'enregistrer et de partager tout de suite et il y a pas ça, c'est bizarre ! Concernant ces personnes, il est important de faire la distinction entre ce qu'elles ont vécu et l'interprétation qu'elles en font. Quant à la théorie du complot, je ne suis pas un fervent partisan. Être sceptique ne signifie pas nécessairement être anticonspirationniste. Je ne dépense pas d'énergie à combattre les théories du complot, mais je reste ouvert à la discussion et à l'échange d'idées. Je reste ouvert à la possibilité que nous ayons été visités par des êtres extraterrestres, mais jusqu'à présent je n'ai pas été convaincu.

Si une vie extraterrestre, a fortiori *une vie extraterrestre intelligente, était découverte, qu'est-ce que ça changerait, qu'est-ce que ça bouleverserait, est-ce que ça viendrait poser des problèmes et qu'est-ce que ça changerait pour vous ?*

Sans même parler de vie intelligente, si un jour on a la preuve qu'il y a eu du vivant ailleurs, c'est énorme. Il y a des gens pour qui ce n'est pas une question aussi importante. Pour moi, c'est la plus extraordinaire question dans l'histoire de l'humanité : sommes-nous seuls ou pas dans l'univers, au sens biosphère, le vivant qui est sur la Terre. Ensuite, deuxième question : si jamais il y a de la vie ailleurs, alors forcément elle pullule dans des millions et des milliards d'ailleurs. Il ne peut pas y avoir deux hasards dans l'univers. C'est soit un seul, soit innombrable. C'est là que le théorème du paradoxe de Fermi est intéressant. Il est très simple et très basique. Je l'aime bien, il me convient bien parce que je le trouve effectivement très bien construit. Si la vie existe ailleurs, il en existe beaucoup de formes et, statistiquement, il doit forcément y en avoir de très avancées et d'autres moins avancées. Et il n'y a pas de raison que nous soyons, *a priori*, tombés sur celle qui est la plus avancée, des millions ou milliards de formes de vie existant ailleurs. Cependant, ça ne veut pas dire qu'ils soient capables de nous rendre visite. Parce que l'on peut être mille fois plus avancé que nous et ne toujours pas être capable de voyager dans les étoiles. Et c'est la fin du paradoxe de Fermi.

Justement, un certain nombre de biologistes ou d'exobiologistes aujourd'hui disent qu'en termes de probabilité il est très peu probable que nous soyons les seuls.

Je pense qu'il y a deux familles. Si vous parlez à des gens comme Jean-Pierre Bibring par exemple. En toute honnêteté intellectuelle et sans prétention de leur part, par leurs connaissances scientifiques, leur démarche de raisonnement, ils ont plutôt honnêtement la conviction qu'il n'y a pas de vivant ailleurs. Pour d'autres, c'est l'inverse. Il y a deux écoles et c'est rassurant. Selon que vous soyez un peu plus biologiste ou un peu plus chimiste, un peu plus géologue, ça peut faire légèrement évoluer votre démarche scientifique en tant qu'exobiologiste dans un sens ou dans l'autre, et je trouve ça très intéressant parce que ça contribue à enrichir énormément le débat.

Général Bruno MIGNOT

Le général Bruno Mignot est un ancien pilote de chasse, expert en défense et sécurité. Il a servi pendant quarante ans dans l'armée. Ancien directeur du Centre national des opérations aériennes (CNOA), ancien directeur adjoint du Centre d'études stratégiques aérospatiales (CESA), il est un des premiers militaires de haut rang à avoir témoigné de l'observation d'un PAN alors qu'il était capitaine.

Mon général, pourriez-vous décrire en détail les événements de ce mystérieux 5 novembre 1990 ? Quelles étaient les circonstances exactes de votre observation ? Dans quel type d'avion vous trouviez-vous à ce moment-là et que s'est-il précisément passé ce jour-là ?

Avant toute chose, je veux préciser que je m'inscris dans une logique de rigueur cartésienne. Je ne cautionne pas les approches sensationnalistes ou complotistes liées aux « extraterrestres ». Ces idées ne me concernent pas et je n'ai jamais cherché à évoquer de telles théories. Pour revenir à mon témoignage, nous étions le 5 novembre 1990, j'étais alors capitaine dans l'armée de l'air, aux commandes d'un

Transall 160 en pilote place gauche, en entraînement de nuit à proximité de la base aérienne d'Orléans-Bricy, à environ 500 mètres d'altitude par nuit noire sans lune. J'étais en place gauche, aux commandes. Il faisait beau, mais la nuit était totale.

Vous n'étiez pas seul dans l'avion ; c'est important, n'est-ce pas ?

Nous étions cinq ou six dans la cabine, je ne me souviens plus exactement, mais nous avons tous vu la même chose. Et les gens au sol aussi. Il y a eu plus de 500 témoignages sur ce phénomène ce soir-là. On a attiré mon attention sur un « trafic », des lumières qui arrivaient vers nous un peu plus haut à nos 11 h 30, c'est-à-dire devant, légèrement à gauche. Ces lumières semblaient appartenir à un énorme Boeing 747 nous décollant dessus. C'était effrayant car en vol, les avions paraissent toujours plus petits. Là, c'était gigantesque. J'ai immédiatement eu le réflexe de les éviter, mais elles sont passées sur notre gauche, à peu près à notre niveau pour certaines et légèrement plus haut pour d'autres. Nous avons évidemment demandé au contrôle au sol ce qu'était ce trafic, car c'était dangereux. Le radar au sol ne détectait rien, alors que nous, nous voyions clairement quelque chose. Il ne s'agissait pas de quelques lumières, mais de plus d'une vingtaine de différentes couleurs : jaune, rouge, orange. Elles ont évolué lentement de 11 heures à 9 heures, passant à notre travers gauche, me permettant de bien les observer.

Pouvez-vous décrire ces lumières en détail ?

Ces lumières, bien que je n'aie pas discerné une masse distincte, cachaient les étoiles, donnant l'impression d'une énorme structure, grande comme un énorme porte-avions. Elles avançaient toutes à la même vitesse. Certaines laissaient des traînées comme des queues de comète, mais avec des anomalies : certaines queues étaient effacées, comme si quelque chose les masquait.

Quelle a été votre réaction face à cela ?

En tant qu'ancien pilote de chasse, j'ai eu le réflexe de manœuvrer afin de suivre ces lumières. En virant derrière elles, dans l'axe de la piste d'atterrissage, elles ont rapidement disparu, diminuant en nombre. Nous n'avons pas observé d'interférences, ni turbulences, rien.

Le contrôle au sol a-t-il pu observer quelque chose ?

Un sous-officier de la tour de contrôle est sorti et a vu passer ce train de lumières colorées. L'observation a duré entre une et trois minutes, ce qui est très long en vol.

Vous avez évoqué la peur ressentie. Qu'avez-vous ressenti d'autre, vous et votre équipage, face à ce phénomène ?

Le mot « peur » n'est pas tout à fait adapté. C'était une réaction réflexe de pilote pour éviter une collision en vol. Nous trouvions anormal d'avoir quelque chose devant nous susceptible de nous percuter. C'était une réaction de sécurité avant tout.

Qu'avez-vous fait ensuite ?

Nous avons échangé nos observations, demandé confirmation au sol et cherché à comprendre ce que nous voyions.

Après l'incident, nous en avons parlé entre nous, débriefé à l'escadron. Le lendemain, la gendarmerie de l'air nous a demandé de venir déposer, ce que nous avons tous fait. Les rapports sont disponibles sur le site du GEIPAN, avec les noms retirés. Nous avons tous dit à peu près la même chose.

Avant d'avoir été confronté à ce phénomène, vous aviez un intérêt pour les OVNI ou les PAN ?

Avant cette observation directe, je n'avais pas de connaissance particulière du phénomène OVNI. Comme tout le monde, j'en avais entendu parler à la télévision, mais ce n'était pas un sujet d'intérêt pour moi. Quant à en parler autour de moi, j'en ai effectivement discuté avec ma famille. Il se trouve que, ce soir-là, j'étais invité à un dîner. J'ai dû appeler ma femme pour lui dire que j'aurais du retard à cause de cet incident. Ma femme est donc arrivée au dîner avant moi et, quand j'ai raconté à nos amis que j'étais en retard parce que j'avais vu un OVNI, ils ont dit que c'était la première fois qu'ils entendaient une excuse aussi invraisemblable. C'était une blague, bien sûr ! Mais j'ai dû insister en disant : « Je vous jure ! » Puis nous avons écouté un peu la radio et regardé les informations ce soir-là. Il y a eu pas mal de reportages à ce sujet, ce qui les a amenés à me prendre au sérieux.

C'est une des raisons pour lesquelles on n'en parle pas trop après, surtout dans les escadrons de chasse et de transport. On en discute au sein de l'équipage, mais, dans les bars des escadrons, c'est différent. On se retrouve souvent là pour discuter et se détendre. Mais si vous dites avoir vu un OVNI, on se moquera de vous pendant longtemps. Après notre passage à la gendarmerie, plus personne ne m'a parlé de cette observation pendant des années. Jusqu'à ce que je devienne commandant du Centre national des opérations aériennes, cœur des opérations de l'armée de l'air française. Là, j'avais accès aux relevés de traces radar de type PAN. J'ai pu voir des traces montrant des changements de cap en quelques secondes, à des vitesses impressionnantes. Ces phénomènes ne peuvent pas être expliqués par la technologie humaine actuelle, car personne ne peut supporter des accélérations de l'ordre de 1 000 G. Je n'ai jamais été témoin direct de ces phénomènes, mais j'ai eu accès à ces vieux documents récupérés par le GEIPAN. Pendant mon commandement, je n'ai jamais eu à répondre à des demandes de restitution radar pour ce type de phénomène.

Ce sujet intéresse-t-il les autorités militaires ?

Cette situation n'inquiète pas *a priori* les autorités militaires. C'est une des choses qui m'interrogent. On dirait qu'on ne s'en soucie pas beaucoup. Mais ce n'est pas la raison pour laquelle j'ai décidé de témoigner publiquement. Un ami, président de la commission Sigma 2, m'a contacté longtemps après notre première rencontre pour me demander des avis sur des incidents. Je n'ai pas fait partie de la commission Sigma 2, mais j'ai pu fournir des conseils techniques à quelques reprises. Cette commission en France, composée d'experts bénévoles très sérieux et de très haut niveau, s'est saisie du sujet PAN. Ils ont conclu que seulement 4 % des observations n'ont pas d'explication.

Mon ami a été contacté par Dominique Filhol, qui voulait faire un film documentaire sur le sujet. Avant de répondre, j'ai demandé au cabinet du ministre des Armées s'il était d'accord, car j'étais et suis encore soumis à un devoir de réserve. Leur réponse a été quasi immédiate : peu leur importait. Donc, j'ai participé à ce documentaire, qui a été diffusé sur Canal + quelques mois plus tard. Nous avons même tourné des scènes sur la base d'Évreux, devant un Transall. L'armée n'a absolument pas empêché ma participation à ce documentaire. J'ai alors expliqué ce que j'avais vu. Ce documentaire a intéressé plusieurs personnes, dont un journaliste du *Parisien* et d'autres. Plus récemment, j'ai été invité à participer à une émission sur « ANews Sécurité », aux côtés d'Alain Juillet et Jean-Claude Bourret. J'ai également participé à des webinaires avec des pilotes de chasse américains et un ancien secrétaire adjoint à la Défense des États-Unis. On y discute du phénomène OVNI de manière très ouverte, sans utiliser les termes « alien » ou « extraterrestre » !

Comment expliquez-vous que les autorités françaises ne s'intéressent pas du tout à ce phénomène ?

Je n'explique pas cette indifférence. J'ai l'impression que c'est un non-événement en France. Aux États-Unis, avec la création de l'UAP Task Force, le Congrès a commencé à bouger les lignes. Lors de l'émission sur ANews Sécurité, j'ai suggéré que cela pourrait être une manière de préparer les esprits à une éventuelle existence extraterrestre. Alain Juillet a opiné, disant : « Pourquoi pas ? », mais en France, c'est mon avis personnel, ce n'est pas un sujet d'intérêt majeur pour les autorités.

Avez-vous suivi les déclarations de David Grusch aux États-Unis et tout le débat autour de ces déclarations, ainsi que tous les événements de déclassification de vidéos ?

Oui, bien sûr, j'ai suivi cela. J'ai vu quelques vidéos dont certaines sont très impressionnantes et tout à fait explicables. Aujourd'hui, grâce aux experts en théorie des plasmas et des foudres, on peut expliquer des phénomènes qui paraissaient mystérieux il y a quarante ans.

Que pensez-vous des débats actuels autour des OVNI et des théories sensationnalistes ?

Malheureusement, dès qu'on parle de ces sujets, beaucoup de gens viennent polluer le débat avec des histoires de petits hommes verts et d'extraterrestres. C'est pour cela que je ne cautionne pas ces théories et que je suis très précautionneux dans mes réponses. Un phénomène sérieux doit être abordé avec rigueur, sinon cela décrédibilise le travail de chacun et empêche une approche rationnelle.

Parler publiquement de ce sujet comporte-t-il un risque pour votre réputation ?

Avec le grade et l'âge que j'ai, je ne cherche pas la publicité. Je refuse de paraître dans des médias qui pourraient utiliser mon témoignage pour cautionner des théories fantaisistes. Il y a toujours un risque de récupération de mon grade et de ma crédibilité, comme cela a pu se produire aux États-Unis.

Le fait d'avoir vécu ce phénomène le 5 novembre 1990 a-t-il changé votre vision de la vie ?

Absolument pas. Cela n'a rien changé pour moi. Je continue ma vie normalement, sans être obsédé par ce phénomène.

Des enquêtes ont-elles été menées pour expliquer ce que vous avez vu ?

Oui, lorsque j'ai rencontré mon ami de la commission Sigma 2, il m'a expliqué que ce que nous avons vu correspondait à la rentrée atmosphérique d'un étage de fusée Proton russe. Cela correspondait exactement à l'heure et au lieu de notre observation, et pouvait effectivement expliquer toutes ces lumières, notamment des lumières de couleurs différentes. On sait très bien que chaque métal n'a pas les mêmes propriétés physiques et chimiques. Quand il rentre dans l'atmosphère et brûle, il ne dégage pas la même lumière qu'un autre métal. Cela pouvait donc tout à fait expliquer les jaunes, les rouges, les orange, sans aucun problème. Le cap correspondait exactement. Donc cela laissait à penser que c'était une rentrée atmosphérique. De plus, ce sont toujours des lumières qui émettent beaucoup, pouvant ainsi cacher les étoiles du ciel, comme je vous l'ai dit. Mais deux choses restent en suspens : cela n'explique pas les queues de comètes tronquées. Et, surtout, une fusée qui rentre dans l'atmosphère brûle aux alentours des 80 kilomètres d'altitude. Or nous étions, je vous le rappelle, à 500 mètres, c'est-à-dire 160 fois plus bas. J'aurais donc dû les voir nettement au-dessus de moi et très peu de temps, alors que je les ai vues quasiment à mon niveau et un bon moment.

Est-ce un enjeu pour la France aujourd'hui de s'occuper de ce qui se passe ou faut-il continuer comme avant ?

Je ne peux pas dire qu'il faille continuer comme avant, mais tant qu'il ne se passe rien on ne fait rien. Peut-être que quelque chose de vraiment particulier nous incitera à saisir le dossier. Sigma 2, la 3AF et le GEIPAN font déjà des choses sérieuses. Le GEIPAN dépend du CNES, c'est une agence d'État. Donc on ne peut pas dire que personne ne s'en occupe, ce n'est pas vrai.

Quel est le rôle de l'armée dans tout cela ?

J'ai discuté avec un lieutenant-colonel à l'époque, maintenant général. Il était le « Monsieur OVNI » de l'armée à l'état-major mais ce n'était pas du tout son activité principale. Il n'a pas été prévenu par la hiérarchie ou par l'armée, mais par les médias. Cela montre que la chaîne de remontée d'information était inexistante à ce sujet.

Cette situation persiste-t-elle aujourd'hui ? Est-ce une question de sécurité nationale ?

Oui, c'est un peu curieux. Le GEIPAN a donné l'impression que la France était à la pointe de ces questions, notamment avec le rapport COMETA. Mais, aujourd'hui, on a l'impression qu'il ne se passe plus rien. La sécurité nationale est un concept essentiellement américain où tout est secret et très peu de choses sont divulguées. En France, c'est plutôt l'inverse, tout est transparent et peu de choses restent secrètes.

Que pourrait-on faire pour améliorer la situation ?

Il y a des choses qui pourraient être mises en œuvre, comme un système de compte rendu confidentiel. Dès que vous commencez à bouger, les gens vont fantasmer. Cela peut être pollué par les pseudo-ufologues adeptes de petits hommes verts. Ces pollueurs empêchent toute avancée sérieuse. Cependant, quand les Américains ont besoin de contacts sérieux, ils s'adressent au GEIPAN et à Sigma 2.

Justement, lorsqu'on évoque la 3AF et Sigma 2, il y a un véritable travail de collecte, de recherche et de décryptage qui est réalisé, n'est-ce pas ?

Effectivement, ils envoient des comptes rendus mensuels ainsi que d'autres informations. Je reçois régulièrement tous ces comptes rendus, incluant les discussions diverses, les résultats des rapports et les auditions. C'est un suivi très sérieux qui s'en tient aux faits, même si ce travail est effectué bénévolement.

Pensez-vous que cette question doit être réglée au niveau européen ? L'eurodéputé portugais Francisco Guerreiro. a essayé de lancer une commission, en vain. Quel est votre sentiment à ce sujet ?

Je n'ai pas vraiment réfléchi à cela.

Pensez-vous que, si les États s'organisaient un minimum, cela changerait la donne ?

Si les États s'organisaient avec des gens sérieux, peut-être que l'Europe s'en saisirait. Mais a priori, pour les commissaires européens, c'est aussi un non-événement. Tant qu'il ne se passe rien, on ne fait rien.

Pensez-vous que les gouvernements ou des « agences » cachent des informations ?

Vu le manque d'intérêt, il semble qu'il n'y ait rien à cacher. Comme je vous le disais, lorsque j'ai demandé l'autorisation de participer à ce documentaire diffusé sur Canal +, j'ai écrit au correspondant du bureau des officiers généraux qui a transmis l'information au cabinet du ministre des Armées. J'ai reçu une réponse vingt-quatre heures après, sans aucune restriction.

Cela montre-t-il que tout est transparent ?

Si quelque chose était caché, on m'aurait contacté pour me dire de ne pas en parler. Avec le grade et l'ancienneté que j'ai, j'aurais peut-être eu des restrictions sur ce que j'ai vu et ce que j'en pense. Donc je ne pense pas qu'on nous cache quelque chose.

D'autres pilotes ont-ils, comme vous, vu quelque chose ?

Oui, des pilotes civils ont vu des choses. Dans la liste des 500 témoignages recueillis au GEIPAN, certains pilotes civils et un pilote militaire de la Royal Air Force ont rapporté des observations.

Que pensez-vous des vidéos américaines de 2004 et 2015 montrant des traces radar ?

Cela semble intéressant. Ce sont des choses à étudier et à analyser. Quand je vois des vidéos où des formes passent de la terre à la mer puis ressortent de la mer et reviennent dans l'air à la même vitesse, il est normal de s'interroger.

A-t-on des documents similaires en France ?

Je ne sais pas ; en tout cas, je n'en ai pas eu connaissance.

Ne voyez aucune provocation à la question suivante, mais avec votre aspect rationnel, sceptique et objectif, l'hypothèse d'une intelligence non humaine relève-t-elle pour vous du délire ou est-ce envisageable ?

Je n'écarte pas cette possibilité et suis ouvert à cette hypothèse. Tant que nous n'avons pas de preuve, c'est possible, mais je ne fantasme pas là-dessus. Si je me mettais à dire : « Oui, c'est forcément ça », ce serait peu sérieux. Lors de l'émission sur la web TV, Jean-Claude Bourret était complètement dans cette hypothèse. Moi, je ne suis pas de cet avis.

Pensez-vous que les médias jouent un rôle dans cette perception ?

Oui, surtout si l'on essaie de faire du buzz et de l'audience. Sinon, peut-être que ce dossier serait abordé de manière plus rationnelle par des gens sérieux pour en tirer des analyses et éventuellement prendre des mesures. Les Américains ont pris des mesures lorsque des OVNI survolaient des installations nucléaires stratégiques, ce qui a quand même fait bouger les choses.

Quelle est la priorité en matière de sécurité dans ce contexte ?

La question de la sûreté aérienne est primordiale. Cependant, je ne veux pas commenter davantage sur ce sujet sans devoir divulguer des informations sensibles. Si je disais qu'il ne se passe rien, cela voudrait dire qu'on s'en moque, ce qui n'est pas vrai.

Avez-vous rencontré des scientifiques ou des astrophysiciens qui ont étudié ces phénomènes ? Jean-Claude Bourret a, par exemple, travaillé avec Jean-Pierre Petit, qui a beaucoup parlé des extraterrestres

Pour ma part, je n'ai pas rencontré de scientifiques ni d'astrophysiciens directement, mais j'ai participé à des conférences avec des gens qui s'intéressent au phénomène. Mais les spécialistes des plasmas et de la foudre, en général, travaillent dans leurs laboratoires et n'y participent pas.

Pensez-vous qu'on arrivera à expliquer ces phénomènes dans le futur ?

Oui, je pense que ce que l'on voit aujourd'hui et qu'on n'arrive pas à expliquer pourra être compris dans trente, quarante ou peut-être même cinquante ans. Les 4 % de phénomènes inexpliqués aujourd'hui resteront peut-être inexplicables encore longtemps, car ils pourraient être liés à des technologies inconnues de la commission Sigma 2, mais certains cas seront certainement expliqués dans plusieurs années ou dizaines d'années.

Les techniques de radar se sont-elles améliorées ces dernières années ?

Non, ce n'est pas une question de technique de radar. Je pense que les radars ne sont pas induits en erreur. Parfois, des systèmes perfectionnés peuvent envoyer des informations fausses, créant ainsi de l'inquiétude ou des réactions inutiles. J'ai déjà vu cela au CNOA[1], où un événement de défense aérienne a créé beaucoup d'activité à cause d'informations fausses données par un système.

Y a-t-il encore des aberrations dans les données ?

Oui, il y a des aberrations, mais il y a aussi des choses troublantes.

En vous entendant parler de manière objective, sans émotion ni complotisme, il y a des phénomènes qui demeurent inexpliqués et extrêmement troublants

1. Le CNOA est responsable de l'application des mesures d'interdiction de survol de l'espace aérien français.

Note des Auteurs : réaction dubitative du général Mignot. *Pourquoi l'utilisation du terme « extrêmement » vous gêne-t-elle ?*

Cela me gêne beaucoup parce que c'est un superlatif. Nous vivons dans une société qui utilise systématiquement des superlatifs, et je préfère éviter ce genre de termes.

Que préférez-vous utiliser à la place ?

« Troublant », oui, éventuellement. Moi, je dirais plutôt : « interrogatif ». Cela m'interroge, ça ne me trouble pas plus que ça. Vous savez, il faut garder la tête sur les épaules. Pendant deux ans, j'ai été responsable de la mise en œuvre du dispositif de défense aérienne français. Mon travail consistait à empêcher, tous les jours, qu'arrive un événement comme le 11-Septembre en France. Le commandant du CNOA, qui est autorité de défense aérienne déléguée, doit garder la tête froide. Si nous sommes en poste, c'est parce que nous avons la tête sur les épaules. Donc, non, ce n'est certainement pas « extrêmement troublant » ; cela m'interroge, c'est tout.

Qu'en est-il des vitesses folles et des changements de cap impliquant des forces d'accélération qu'un humain ne pourrait pas supporter ? Vous trouvez cela juste interrogatif, et non pas troublant ?

On se pose la question de savoir si le système a bien restitué la vraie trajectoire. Le but, notamment de Sigma 2, est de pouvoir croiser un maximum de sources pour vérifier les informations et éviter toute manipulation. C'est aussi votre travail de journaliste : croiser les sources pour ne pas se laisser manipuler.

Justement, pouvez-vous nous en dire plus sur votre expertise en manipulation ?

Je m'intéresse à la manipulation, non pas en tant que manipulateur, mais comme auteur sur ce sujet. Mon dernier livre s'appelle *L'Influence par l'amalgame.* J'y consacre 50 pages à la manipulation. Je connais très bien ce domaine et le constate en permanence dans les médias, surtout à la radio et à la télévision. Je fais donc attention à ne pas me faire manipuler.

Y a-t-il de la manipulation dans ce domaine, surtout avec la prolifération d'images numériques ?

Oui, bien sûr. Je suis persuadé que beaucoup de cas rapportés sont bidons. C'est tellement facile de faire croire n'importe quoi, de créer du buzz, d'avoir 50 000 followers et de gagner de l'argent grâce à la publicité. Malheureusement, parmi ces cas, il y a sans doute des gens de bonne foi qui ont vraiment vu quelque chose d'anormal. Mais avec l'avènement d'Internet et des réseaux sociaux, avec les capacités de traitement numérique des images, n'importe qui peut dire n'importe quoi, ce qui rend la crédibilité des observations nulle.

Les sources militaires qui déclassifient des vidéos aux États-Unis sont-elles forcément fiables ?

Oui, les sources militaires sont généralement fiables. Mais quand une institution déclassifie des vidéos, il faut toujours se méfier.

Pourquoi, selon vous, la Navy déclassifie-t-elle ces vidéos ?

Peut-être pour contrôler la narration. Mon approche est la suivante : si les choses fuitent à un moment donné, la question se pose pour les autorités de montrer les vidéos de ce qu'elles ont vu, tout en sachant qu'on ne peut pas l'expliquer. Ne rien dire, c'est alimenter alors le soupçon et les spéculations. C'est peut-être pourquoi elles préfèrent les publier officiellement.

Pierre-Henri CHUET

a été pilote de l'US Navy et de Rafale dans la Marine nationale. Pierre-Henri « Até » Chuet a, à son actif, plus de 2500 heures de vol, de jour comme de nuit. Il a fait partie de l'élite des pilotes d'avions de combat ayant volé depuis un porte-avions.

Déjà, croyez-vous en une vie extraterrestre ? Si oui, pourquoi et sous quelle forme ?

Je ferais la réponse du film *Contact* : « C'est que, s'il n'y a que nous, ça me semble un beau gâchis d'espace » *(rires)*. Après, je n'ai jamais creusé le sujet plus que ça, mais je pense que, pour toute personne qui a un minimum de connaissances en science et en mathématiques, il est difficile de croire que les conditions de vie ne sont pas réunies ailleurs. Même si c'est sous une forme infiniment petite.

Depuis 2017, avec la diffusion des vidéos américaines du Pentagone, cela a-t-il changé pour vous en tant que pilote ? Parce que, autrefois, beaucoup de pilotes n'osaient pas raconter ce qu'ils avaient vu, de peur d'être pris pour des fous. Aujourd'hui, la parole des pilotes s'est-elle libérée ?

Oui, je pense qu'il y a une démocratisation des sujets liés aux OVNI. C'est une bonne chose. Je pense que les gens ont moins peur de verbaliser ce qu'ils voient. On va doucement, mais sûrement, vers une évolution de l'état d'esprit autour de ces sujets.

Selon l'astronaute Jean-François Clervoy, il semblerait qu'il existe un état d'esprit commun entre tous les pilotes face à un danger exceptionnel. Votre formation vous amène-t-elle à adopter les mêmes réactions dans de telles situations ?

Oui, mais c'est un autre niveau ; lui, il est dans l'espace. Mais, généralement, on a une certaine approche des problématiques. Il y a beaucoup de recul par rapport à ce qui peut se passer. Il y a d'abord le travail qu'on est en train de faire ; après, il y a une analyse de ce que l'on voit. Mais ce qui caractérise les personnes qui travaillent dans l'aérien, c'est une certaine ouverture d'esprit aussi, ainsi qu'un certain sens critique. On construit nos raisonnements autour de la loi de Murphy : tout ce qui peut arriver va arriver. Donc, on est très ouverts et très à l'écoute des différents scénarios possibles. On est confronté à une situation, et on y pense quand même dans un petit coin du cerveau, c'est-à-dire que mieux vaut être trop préparé que pas assez.

Mais avez-vous déjà réfléchi, par exemple, si l'on vous demandait de tirer sur un objet, seriez-vous obligé de répondre aux ordres dans la chaîne de commandement, finalement ?

Non. En tant qu'officier, on a la responsabilité de s'assurer que l'ordre est juste, valide, légal et légitime. C'est pour ça que l'ordre de feu n'est pas un ordre automatique. En dernier ressort, c'est nous qui décidons. Il m'est arrivé de questionner un ordre de feu. C'est notre ressort en tant qu'officier, et la République attend de nous qu'on fasse preuve de sens critique. Bien sûr, c'est nous qui appuyons sur le bouton. Après, dire qu'il n'y a pas une certaine pression de par la formation ou pression de respect de la hiérarchie, ça serait oublier quand même pas mal de retours d'expérience sur les biais humains ; mais ça, on en a conscience en intellectualisant. Comme je vous le disais, il m'est déjà arrivé de questionner un ordre de feu ; donc oui, ça peut arriver.

Dans votre analyse des vidéos du Pentagone, vous mentionnez à un moment un objet assez grand au-dessus de la mer. Pensez-vous que vous auriez réagi de la même manière que les pilotes américains ?

Il y a différentes images. Celle où ils rigolent ; non, je ne pense pas que j'aurais rigolé. Ça ne m'aurait pas fait rire. Mais c'est aussi parce qu'ils sont en équipage. Moi, je travaille en monoplace et la tension peut s'évacuer par le rire. En monoplace, non.

Vous pensez que c'est une meilleure solution quand il y a deux pilotes aujourd'hui dans les avions ?

Oui, ça permet de démocratiser un peu plus le métier. Réussir à gérer un avion ultramoderne tout seul, parfaitement tout le temps, c'est très compliqué et élitiste. Le fait de mettre des avions à deux pour faire la même charge de travail permet de réduire un peu le niveau d'exigence et donc de permettre à plus de personnes de bien faire leur métier.

Avez-vous recueilli des témoignages d'autres pilotes, y compris des pilotes de ligne, qui ont observé des phénomènes inexpliqués ?

Il y a quelques personnes dans le milieu qui en ont parlé ouvertement. Sinon, ce n'est pas un sujet dont on parle naturellement. Il y a déjà tellement de sujets comme les événements aéronautiques, les accidents, la géopolitique, que, au final, c'est plutôt en bas de la liste.

Jean-François Clervoy nous a parlé de deux phénomènes qu'il avait observés et qu'il a pu analyser et expliquer par la suite. Vous est-il déjà arrivé de voir des choses qui vous ont troublé mais que vous avez pu expliquer par la suite ?

Moi, je me suis fait très peur avec un avion d'Air France à Brest. Il n'était pas prévu qu'il arrive, je me suis retourné et j'ai vu devant moi une lumière qui m'arrivait dessus. Si je n'avais pas su après coup que c'était un avion de ligne, j'aurais pu croire que c'était un phénomène étrange. De nuit, le cerveau humain a beaucoup de mal à comprendre ce qu'il voit.

Un jour, alors que son copilote dormait, un pilote a observé quelque chose d'inhabituel. En regardant l'aile de son Airbus, il a aperçu des étoiles en dessous de son avion. Bien que ce soit un phénomène différent, cela illustre la difficulté de maintenir une perception précise dans certaines conditions. Le pilote volait en ligne droite à 4 heures du matin, seul et fatigué, ce qui est normal, même s'il y a des périodes de repos prévues. Lorsqu'il a regardé vers la droite pour observer l'aile, il a vu des étoiles en dessous de l'avion, ce qui lui a fait douter de la situation pendant plusieurs secondes. Cela montre à quel point, la nuit dans un avion, le cerveau peut jouer des tours aux pilotes, affectant leur perception de la réalité.

Avec le nombre d'avions en circulation, ne trouvez-vous pas étrange qu'il n'y ait pas plus d'images et de témoignages de phénomènes inexpliqués ?

Pour ce qui est des images, c'est normal. Les gens surestiment la qualité des optiques que nous avons dans nos avions. Les images sont souvent dégradées parce que nos optiques sont compliquées. Nous ne sommes pas toujours en train de filmer, nous devons d'abord gérer notre trajectoire et prendre de bonnes décisions. Prendre une photo est en bas de notre liste de priorités. Il est possible qu'il n'y ait pas tant d'événements que ça, et les pilotes de ligne ne passent pas leur journée à regarder par la fenêtre.

Le fait de commenter les vidéos du Pentagone vous donne-t-il envie de vous intéresser davantage au sujet des OVNI, ou préférez-vous vous en tenir strictement aux aspects techniques ?

Je garde quelques neurones dessus pour suivre un peu ce qui se passe, mais pour l'instant, non, je ne m'y intéresse pas plus que ça.

Dans l'armée française, avez-vous des consignes spécifiques en cas d'observation d'objets volants non identifiés ? Existe-t-il une formation à ce sujet, en discute-t-on avec vous ?

Non, pas de sujet dans mon cursus. Je ne pense pas que ce soit une priorité.

Et vous, avez-vous déjà envisagé la possibilité qu'un contact avec un objet volant non identifié puisse se produire ?

Très honnêtement, je n'y ai pas vraiment réfléchi. J'espère qu'il y a des personnes qui y réfléchissent et qui ont des idées à proposer, mais, pour l'instant, nous nous concentrons sur ce qui est statistiquement le plus probable.

Luc DINI

est ingénieur en constructions aéronautiques. Auteur et conférencier sur le sujet des OVNI, il préside la commission Sigma 2 de l'Association aéronautique et astronautique de France (3AF).

Pourriez-vous nous expliquer en quoi consiste la commission Sigma 2 ? Pourriez-vous également nous raconter comment vous en êtes devenu membre et comment cette commission a-t-elle été créée ?

La commission Sigma 2 trouve son origine dans la commission Pan, créée par la 3AF en 2008 grâce à Alain Boudier et Michel Scheller. J'ai rejoint cette commission fin 2011 - début 2012 après une observation personnelle intrigante, ce qui m'a poussé à m'intéresser aux phénomènes aérospatiaux non identifiés (PAN).

J'avais alors pris contact avec le GEIPAN pour rédiger un petit compte rendu d'observation. Mais le déclic, en vérité, a été la prise de connaissance de l'existence du rapport COMETA qui m'a interpellé à la fois par le sujet qu'il traitait (les phénomènes aérospatiaux non identifiés) et par l'implication de hauts fonctionnaires ou d'anciens hauts fonctionnaires ayant occupé des responsabilités importantes dans le domaine de la défense et de l'espace. Pourquoi ces personnes-là se sont-elles intéressées à ce sujet ? Pourquoi ont-elles écrit un rapport ? La découverte du rapport COMETA, impliquant d'anciens hauts fonctionnaires, a renforcé mon intérêt. J'ai rencontré des gens comme Jean-François Clervoy, qui fait partie de la commission, ainsi que le Dr Paul Kuentzmann. Après une année de participation, le président de la 3AF m'a demandé de refonder la commission en Sigma 2, axée sur des recherches techniques et scientifiques. Depuis 2013-2014, je préside cette commission composée de spécialistes complémentaires pour explorer ce sujet mystérieux.

Comment vous situez-vous par rapport au GEIPAN ? Vous êtes complémentaires, vous êtes en concurrence, vous travaillez ensemble ?

On est complémentaires et on a surtout des rôles différents. Le GEIPAN est une organisation institutionnelle qui n'est pas là véritablement pour mener des études sur les phénomènes aérospatiaux non identifiés. Leur mission principale, en ce qui concerne la France, est d'étudier et de mener des enquêtes à l'initiative de témoins qui rapportent un témoignage soit directement, soit via la gendarmerie. À partir de là, ils vont mettre en œuvre deux types de compétences : une compétence d'enquête terrain, grâce à un réseau d'enquêteurs, et une compétence d'analyse via un collège d'experts. Certains membres de la commission Sigma 2, moi y compris, font partie de ce collège et participent à l'analyse à l'issue de l'enquête pour essayer d'identifier le phénomène ou, au contraire, conclure que nous n'avons pas les moyens d'apporter des éléments d'identification. Cela correspond à ce que l'on appelle la classe D (63,2 % des cas sont classés A ou B et expliqués par des méprises ou des erreurs de perception ; 33,4 % des observations sont inexploitables ; 3,4 % environ des observations restent inexpliquées – cas D. Le nombre des cas D a baissé depuis que le GEIPAN a entrepris une revisite des cas anciens.), des phénomènes aérospatiaux non identifiés au GEIPAN.

Que fait Sigma 2 ?

Sigma 2 se situe sur un plan très différent. Nous menons des recherches visant à trouver des cas et des bases de données, et pas forcément qu'en France. Il y a les bases documentaires du GEIPAN, mais nous travaillons également avec des organismes étrangers. Nous avons une activité de communication et de liens internationaux, avec des associations similaires à la 3AF, voire avec des départements équivalents au GEIPAN. En l'occurrence, on a travaillé avec le CEFAA chilien, l'équivalent du GEIPAN au Chili.

Une fois qu'on a dit cela, Nous faisons de la physique, nous traitons des techniques d'observation et nous réunissons des experts pour cela afin d'approfondir les cas inexpliqués. Dans certains cas, on peut trouver des explications, ça nous est déjà arrivé. Dans d'autres cas, nous cherchons à cerner les caractéristiques de ces phénomènes insaisissables. C'est ça notre mission. En cela, nous menons des études, ce que ne fait pas le GEIPAN.

Vous avez mentionné une observation personnelle qui vous a poussé à vous intéresser à ce phénomène. De quoi s'agissait-il ?

En octobre 2011, j'ai observé une tache lumineuse se déplaçant horizontalement dans le ciel nocturne depuis un véhicule. Ressemblant à une pièce de 20 centimes avec un rayonnement vert à l'arrière, cette apparition m'a intrigué. Sur le moment, je me demande si j'ai vu un reflet dans la vitre ou si j'ai vraiment vu quelque chose. Après avoir discuté avec les autres passagers, nous avons confirmé que nous avions tous vu la même chose. Mais quoi ? On ne sait pas. Cela m'a conduit à faire ce compte rendu au GEIPAN, dont je connaissais l'existence mais avec qui je n'avais jamais eu de contact. L'explication donnée deux mois plus tard était qu'il s'agissait probablement d'une météorite. Cette explication m'a suffi et je n'avais pas les moyens d'aller plus loin. Mais cela m'a conduit à prendre conscience de l'intérêt que portaient des gens très sérieux à ce sujet, puis à lire ce qu'ils avaient écrit et à me rapprocher de la commission Sigma.

Cet environnement technique et scientifique, curieux, m'a incité non seulement à m'impliquer, mais encore à développer cette commission en réunissant des compétences supplémentaires. Aujourd'hui, nous avons des spécialistes dans des domaines très différents : détection électromagnétique, radar, infrarouge, médecins, psychologues, des gens qui font des travaux dans le domaine biologique. Ces spécialités très complémentaires et diversifiées permettent d'appréhender différents cas de PAN avec plusieurs angles de vue. On ne sait pas forcément tout expliquer aujourd'hui, mais nos analyses ont révélé des similitudes avec les enquêtes menées par la NASA et le Pentagone, renforçant l'intérêt pour ces phénomènes étranges et inexpliqués.

Y a-t-il des cas récents intéressants en France ?

Des cas récents en France, vraiment sans explication, pas beaucoup. Il y a eu une observation assez étrange de plusieurs objets formant des rectangles rouges, observés du côté de la presqu'île de Crozon le 13 janvier 2020. Nous avons examiné les résultats de l'enquête, en considérant toutes les hypothèses classiques, y compris celles aussi banales que de se demander si ce n'était pas un camion avec des bandes réfléchissantes. Cela peut paraître stupide, mais nous envisageons toutes les possibilités, même les plus évidentes et simples. En fait, nous n'avons trouvé aucune explication pour déterminer ce que c'était. Ce cas a été publié par le GEIPAN, car la deuxième mission du GEIPAN est d'informer le public. Lorsqu'une enquête est diligentée, le GEIPAN, ayant mené l'enquête et l'analyse, publie ensuite une explication qui peut être consultée sur son site.

Donc le GEIPAN publie les résultats d'une analyse que vous avez menée à Sigma 2 ?

Non, ce n'est pas tout à fait cela. Quelques membres de Sigma 2, ainsi que d'autres personnes d'autres organismes, participent au groupe d'expertise du GEIPAN pour examiner les résultats de ses enquêtes sur des cas spécifiques, comme celui que j'ai mentionné. Si un cas est classé D (particulièrement étrange et avec des témoignages fiables), le GEIPAN ne va pas plus loin par manque de moyens ou d'expertise. Dans ce cas, nous pouvons prendre en charge le dossier après sa publication et approfondir l'analyse.

C'est ce que l'on a fait, sur un autre cas qui nous intéressait beaucoup : celui d'un vol Air France avec le témoignage du commandant Jean-Charles Duboc. Cette affaire date de 1994 et a fait parler d'elle deux ou trois ans plus tard via le rapport COMETA. Aucune explication n'a été trouvée à ce jour. Nous nous sommes intéressés aux caractéristiques de cette observation sous différents angles : visuel, puisque c'est le témoignage de l'équipage ; radar, puisqu'il y a eu des enregistrements faits par l'armée de l'air. Nous n'avons pas trouvé d'explication mais nous avons noté avec beaucoup de soin toutes les caractéristiques de ce cas : perception visuelle, changement de forme, trace radar synchrone mais qui ne se situe pas au même endroit. Toutes ces analyses peuvent servir par la suite.

Les Chiliens nous ont également consultés, en 2016 ou 2017, sur un cas d'observation extrêmement étrange fait par un hélicoptère de la marine chilienne. Au départ avec une vidéo infrarouge, dont nous n'avons pas fait grand-chose. Nous avons décelé quelques indices mais nous n'avions pas suffisamment d'éléments concrets pour pouvoir apporter une explication. Par la suite, un article est paru sur ce cas-là sous la plume de Leslie Kean, qui a fait parler d'elle d'ailleurs depuis, en 2017, sur la parution des articles relatifs au programme de recherche du Pentagone. Nous avons alors eu connaissance d'éléments radar.

Nos spécialistes ont croisé les informations et, pour ce cas, nous avons trouvé une explication extrêmement prosaïque : nous avons identifié un Airbus A340 en recoupant les images thermiques de ce type d'avion, la trajectoire, le plan de vol, etc. Nous pouvons faire *a posteriori* une analyse d'experts approfondie dès lors qu'il y a des éléments techniques suffisants. Nous n'avons pas de boule de cristal, donc il nous faut des éléments tangibles pour croiser les informations et soit trouver une explication, soit, au contraire, dire que nous n'arrivons pas à une conclusion d'identification. Mais nous notons les caractéristiques bizarres observées, car cela pourra servir dans une analyse d'autres cas pour faire des recoupements.

Avez-vous enquêté sur le cas du capitaine Mignot, aujourd'hui général, qui s'est déroulé le 5 novembre 1990 ?

On s'en est saisi du point de vue documentaire, en recoupant des informations venant de différents endroits. Cela ne veut pas dire que nous avons trouvé quelque chose de génial. Je l'ai aussi rencontré personnellement, il m'a expliqué son histoire au cours de deux ou trois discussions… Beaucoup d'informations, de caractéristiques faisaient penser à une rentrée atmosphérique. Néanmoins, son témoignage et celui de l'équipage soulèvent un certain nombre de questions compte tenu de la position de l'avion par rapport à l'observation de cette rentrée atmosphérique qui traverse la France.

Sur ce cas, il y a des témoignages venant de différents endroits qui, pour certains, vont dans le sens d'une rentrée atmosphérique qui a eu lieu de toute façon. Il n'y a pas de doute possible sur l'existence d'un phénomène de rentrée à ce moment-là. Mais il y a aussi des observations bizarres qui ont été faites par ailleurs, y compris par des pilotes. Je peux en citer au moins deux:

J'ai eu connaissance de témoignages de pilotes qui n'étaient pas en vol mais au sol, et qui ont aperçu des formes assez bizarres, cylindriques… Donc, cela ne ressemble pas à une observation de rentrée. Et il y a aussi les dossiers du ministère de la Défense britannique. Un rapport est paru, en 2006, sur les phénomènes aérospatiaux non identifiés dans le ciel britannique, relatant les observations de pilotes de la RAF qui volaient sur Tornado au moment de la rentrée. Ils ont observé un aéronef de la taille d'un Boeing 777 venu se placer à peu près à la même altitude et quelques centaines de yards en avant de leur avion. Cette patrouille de Tornado remontait vers le nord-est et a vu cet engin entouré d'une espèce de lueur bleuâtre avec des points lumineux blancs. Après un certain temps, cet engin a soudainement accéléré et les a laissés sur place. Ils volaient à environ 9000 mètres d'altitude à Mach 0,8. Ce témoignage de pilote est très intrigant, car il ne ressemble en rien à une rentrée atmosphérique d'après les observations. Le fait qu'un engin suive une trajectoire stabilisée à 9 000 mètres à une vitesse constante, puis accélère brusquement, indique clairement qu'il s'agit de quelque chose de différent. Ce phénomène est intéressant car il est concomitant à une rentrée atmosphérique confirmée. Ce qui est curieux, ce sont les autres observations étranges et différentes rapportées par divers témoins, y compris des citoyens ordinaires et des experts aéronautiques, tels que des pilotes. Ces témoignages posent de nombreuses questions et méritent une attention particulière. Tout ça pour dire qu'il y a, dans certains cas, des observations concomitantes. Est-ce un hasard, pas un hasard ? On n'en sait rien. Mais, en tous les cas, il y a des caractéristiques d'engins et d'objets qui se distinguent nettement d'une rentrée atmosphérique, et qui coexistent à ce moment-là, et qu'on ne peut pas ignorer.

Combien de témoignages sélectionnez-vous par an, à peu près ? Combien en élucidez-vous ?

C'est très variable. Cela dépend déjà des données intéressantes que l'on arrive à trouver. Ces dernières années, nous avons travaillé de façon approfondie sur trois ou quatre cas maximum. Nous travaillons en ce moment sur un cas qui date de 2007, pas encore élucidé. Il s'agit d'une observation faite dans les îles anglo-normandes, citée dans le livre de Leslie Kean. Deux pilotes ont observé des PAN en avril 2007. Ils en rendent compte au contrôle aérien, des échanges sont enregistrés. Le pilote, le capitaine Bowyer, fait un dessin qu'il diffuse. En 2014, nous avons réussi à récupérer les données radar enregistrées par le système de contrôle du trafic aérien de Jersey et de Guernesey. Nous faisons un travail extrêmement minutieux d'analyse de toutes les traces radar, c'est-à-dire tous les points radar générés et enregistrés dans la périodc d'observation visuelle faite par les pilotes. Nous avons reconstitué de façon extrêmement précise la trajectoire et l'attitude de l'avion d'où se faisait l'observation visuelle. Nous recoupons tout cela et cherchons à comprendre le comportement bizarre de certains plots radar. Tout cela demande du temps. Cela fait au moins deux ans que nous travaillons dessus et nous ne désespérons pas d'arriver à caractériser et confirmer que certaines zones d'écho radar correspondent bien à l'observation visuelle. Il se pourrait bien que les traces radar soient décalées et que les bizarreries que nous étudions correspondent véritablement à l'observation d'un OVNI avec des caractéristiques bizarres faites par les pilotes. Nous n'avons pas beaucoup de cas comme cela, malheureusement les enregistrements radar et visuels ne courent pas les rues.

Dans les cas que vous avez évoqués, comme le Chili ou le cas à Guernesey, vos interlocuteurs sont-ils des autorités militaires ou publiques ? Cela implique-t-il des secrets défense ou des choses qui ne peuvent pas être divulguées au public ?

La réponse est catégoriquement non. Je vais vous dire pourquoi. Pour des raisons de sécurité nationale, les Chiliens nous ont fourni des éléments publiés par les autorités chiliennes, c'est-à-dire l'armée chilienne. Le CFA, l'équivalent du GEIPAN, dépendait à l'époque de l'aviation civile. Le directeur était un général de l'armée de l'air à la retraite. Aujourd'hui, leurs activités sont plutôt rattachées à l'équivalent du musée de l'Air et de l'Espace, ce qui ne signifie pas forcément un grand intérêt des autorités chiliennes pour le sujet. Les informations fournies étaient officielles, mais il ne s'agissait absolument pas d'un dossier classifié.

Pour être honnête, nous n'aurions probablement pas accepté. D'abord parce que l'exportation d'informations d'un pays à l'autre est un commerce particulier. Nous travaillons sur des données dites ouvertes. Nous ne manipulons pas de données confidentielles françaises. D'abord, on ne nous a pas demandé de le faire. Ensuite, l'Association aéronautique et astronautique de France n'est pas accréditée pour le faire. Même s'il y a au sein de la commission des personnes accréditées, on ne mélange pas les rôles. S'il y avait des travaux d'analyse de données confidentielles, l'expertise serait menée au profit des autorités. Ce sont les autorités qui décideraient ensuite, via un canal comme le GEIPAN, de communiquer les informations. Mais, en réalité, nous ne menons pas ce genre d'analyse, même si nous en avons les compétences. Nous travaillons sur des données ouvertes, et le GEIPAN fait de même. Il protège seulement les informations liées à l'identité des témoins, en ne révélant pas leur identité. Jusqu'à présent, je n'ai pas vu de données dites « secrètes » dans les analyses du GEIPAN. Les données fournies par l'armée de l'air au GEIPAN, dans le cadre de leurs accords, n'ont pas de caractère particulièrement secret.

Comment percevez-vous les événements aux États-Unis depuis 2017, notamment les trois célèbres vidéos et les diverses déclarations qui les entourent ? Collaborez-vous avec des experts de la NASA ou d'autres organisations pour analyser ces phénomènes ?

Pas du tout. Nous avons participé à un congrès sur les phénomènes aérospatiaux non identifiés en novembre dernier, ce qui nous a permis d'organiser une réunion en petit comité avec Chris Mellon, Jacques Vallée, quelques membres de la commission Sigma 2, et Alain Juillet. Cette réunion avait pour objectif de discuter de l'affaire américaine et de son évolution. On peut dire que, depuis 2017, il y a effectivement une affaire américaine avec des courants qui semblent s'affronter : ceux qui veulent révéler des choses et ceux qui ne veulent pas, en apparence.

Lors de notre discussion sur le plateau de ANews (une émission de télé sur la sécurité), les explications données par Chris Mellon étaient assez intéressantes : Il a expliqué que le programme dit « secret » du Pentagone n'était pas véritablement un programme mené par le Pentagone. C'était un programme d'étude mené sur des fonds du Congrès américain, à l'initiative de Harry Reid et d'autres congressmen, avec l'aide et la contribution de la DIA (Defense Intelligence Agency). Ils ont mené un travail d'analyse de cas de PAN dont Jacques Vallée nous a dit qu'ils avaient constitué une base de données de 230 000 cas, ce qui est énorme et provient des quatre coins de la planète.

Ce programme appelé AATIP s'est déroulé. Il s'est arrêté faute de financement. Chris Mellon a expliqué qu'avec Luis Elizondo ils ont essayé de continuer le programme. Et la continuité de cette affaire passe par les fameuses vidéos infrarouges. Ils sont allés voir des membres du Congrès avec des pilotes de l'US Navy qui ont apporté leurs témoignages. Comme il n'y a pas eu de déclenchement de nouveaux travaux ni de mise en place d'une structure, des articles sont sortis en décembre 2017, révélant ces fameuses vidéos et l'existence du programme confidentiel AATIP. C'est ainsi que l'affaire a pris de l'ampleur. Il y a eu un choc de communication à ce moment-là. Sous la pression du Congrès, le Pentagone a consenti à mettre en place une structure appelée UAP Task Force en 2020, puis elle est devenue l'AARO, la structure actuelle, réputée pour mener des enquêtes sur les PAN. Cependant, elle ne publie pas beaucoup.

Que pensez-vous de ces cas ? Les avez-vous examinés et étudiés ?

Nous les avons regardés de loin, car il est extrêmement difficile d'analyser ces vidéos sans disposer des données complètes. Nous avions quelques informations, mais pas les informations radar. L'affaire du *Nimitz* est une affaire intéressante. Nous ne sommes pas du tout sceptiques. Nous avons eu l'opportunité de participer récemment à une conférence en ligne avec le responsable des radars du croiseur *Princeton* qui a accompagné le *Nimitz* : il a observé des échos radar de PAN. C'est une affaire sérieuse. Le seul problème est que, à part faire des commentaires en regardant cela à la télévision, nous n'avons aucune donnée sur le positionnement du F-18 qui a fait la vidéo, ni sur ce que les radars ont vu. Nous avons une suite d'événements, une sorte de *story-board* avec différentes phases, mais pas de rapport circonstancié et détaillé fait par l'US Navy. D'ailleurs, les pilotes de l'US Navy et le contrôleur Sean Cahill ont évidemment débriefé entre eux, mais toutes les données ont été récupérées par un organisme, à propos duquel on peut se poser des questions. Ils n'ont eu aucun débriefing sur ce qu'ils avaient vu et analysé.

L'organisme en question, c'est quoi ?

C'est probablement un organisme dépendant du Pentagone ou d'une agence quelconque. Ce sont eux qui récupèrent les données et les analysent. On ne peut pas douter un seul instant que les autorités américaines se soient penchées sur le sujet. C'est une affaire sérieuse. Mais pour nous, à la commission Sigma 2, comme d'autres, c'est l'avis du SCU[1] qui compte.

Vous avez vous-même discuté avec Avi Loeb : avec son équipe, il est en quête de données scientifiques parce qu'ils n'arrivent pas à accéder aux données collectées par le Pentagone, la Navy. On ne peut pas mener des analyses techniques et scientifiques juste en regardant une image ou une vidéo. Ça soulève beaucoup de curiosité et d'interrogations, mais cela ne suffit certainement pas à mener une analyse sérieuse. Il faut des données d'environnement et croiser les informations.

Donc, ce que vous dites, c'est que finalement, depuis 2017, pas grand-chose n'a fuité, puisque ces vidéos en tant que telles ne sont pas des éléments suffisamment probants si l'on n'a pas les données ?

Oui, très clairement, il y a encore un black-out assez important sur ces phénomènes. En fait, la question que nous nous sommes posée à Sigma 2 en janvier 2018, juste après la divulgation de ces informations, est la suivante : y a-t-il eu un changement de posture de l'administration américaine sur le sujet des PAN ? Quelques années plus tard, la réponse est oui. Il y a eu un changement d'attitude. Pourquoi ? Parce que, depuis la négation du sujet en disant : « Ça n'existe pas, il n'y a aucun intérêt », le Pentagone, par le truchement de l'US Navy, reconnaît l'existence de phénomènes inconnus dans leur espace aérien et pose le sujet en termes sécuritaires. C'est exactement l'inverse des conclusions de la commission Condon en 1969, qui mettait un terme au dossier

1. *Note des Auteurs* : association qui s'intéresse au PAN et compte un certain nombre de scientifiques.

Blue Book de l'US Air Force. La conclusion était alors qu'il y avait des phénomènes peut-être mal compris, beaucoup de méprises, mais, en tout cas, pas de sujet de sécurité pour l'US Air Force. Aujourd'hui, le Pentagone considère qu'il y a des incursions et que ces incursions posent problème.

Est-ce qu'ils ont divulgué beaucoup de données là-dessus ? Non. C'était notre deuxième question : va-t-il y avoir un partage de données sur le sujet ? Très peu. Sur les quelque 200 ou 300 cas mentionnés dans le tout premier rapport de l'AARO en 2021, on en vient à un nombre de cas qui s'élève à environ 900, début 2023. Un certain nombre sont élucidés, mais il en reste encore un gros pourcentage pour lequel il semble qu'ils n'ont pas d'explication. Explication ou pas, les cas donnés au public américain le sont au compte-gouttes. Un coup on montre la sphère de Mossoul, un coup on montre un truc pris par un drone Reaper. Il y a une affaire assez récente impliquant l'US Air Force, ce qui est très rare, mais il y a très peu d'informations qui filtrent en réalité.

Il y a un changement : les institutions américaines s'intéressent au sujet, mais il n'y a pas de révélation de type « tout cela vient d'ailleurs ». La dernière tendance, celle du rapport sorti il y a quelques mois de l'AARO, a pas mal déçu parce que son contenu n'est pas intéressant. Il y avait une espèce de retour en arrière en disant : « Bon, écoutez, finalement, il y a des cas étranges mais ils pourraient s'expliquer si l'on avait des mesures plus précises. Il n'y a pas de quoi en faire tout un foin. » C'est une espèce de banalisation probablement discutable. Mais on ne peut pas dire que l'AARO publie des tas de dossiers qui sont à la portée des scientifiques américains.

Qu'en est-il en France, d'après vos informations ? Parce que, manifestement en France, personne ne s'en occupe.

Je ne dirais pas les choses comme ça. Je pense qu'en France la question des PAN n'a jamais fait l'objet de négationnisme. Il y a eu des recherches, sans doute confidentielles, qui remontent aux années 1950 et qui ont été sinon révélées, du moins évoquées par le ministre de la Défense en 1974 (Robert Galley). C'est la première fois qu'un haut personnage de la Défense évoquait l'existence de phénomènes d'origine inconnue qu'on ne sait pas bien expliquer. Cela date de 1974, et le GEIPAN a été créé en 1977. De plus, les rapports du GEIPAN ne sont pas confidentiels. Il fait attention à ce qu'il publie concernant l'identité des témoins, mais vous pouvez trouver des dossiers sur des cas très étonnants comme le cas de Trans-en-Provence ou celui de Duboc en 1994.

En termes de communication, en France, il n'y a pas de positionnement en disant qu'il ne se passe rien et qu'il n'y a pas d'inquiétude particulière en termes de sécurité. Le phénomène n'est pas nié. Aux États-Unis, c'est différent. Ils nient totalement l'existence de phénomènes inconnus dans leur espace aérien. Aujourd'hui, parce qu'il y a eu un certain montage, le Pentagone est bien obligé d'étudier des choses, puisqu'il reconnaît que des installations sensibles sont survolées.

Après, il est probable qu'il y ait eu des travaux menés depuis longtemps, même si, pour l'instant, on ne voit pas les choses transparaître. La question est posée de multiples fois par le Congrès de savoir si, oui ou non, il y a des programmes de recherche qui ont été menés aux États-Unis.

Lorsque le Congrès souhaite interroger des témoins, certains peuvent témoigner sous serment, mais ne peuvent pas révéler des informations relevant de programmes confidentiels. Ils peuvent s'adresser à des groupes restreints habilités à connaître certaines informations, mais cela reste confidentiel.

En décembre dernier, par exemple, le Congrès a demandé la levée de ce secret dans le cadre de la loi de programmation militaire, incluant l'article dit Schumer. Finalement, la solution trouvée a été de maintenir le secret tout en informant les membres du Congrès de certaines choses.

Quel regard portez-vous sur les déclarations de David Grusch aux États-Unis ?

J'ai un double regard sur ses déclarations. Je pense que la personne est probablement sincère. Après, reste à savoir le dossier qui est derrière, les informations confidentielles qu'il a fait parvenir à l'inspecteur général des services américains. Il est difficile de se prononcer. Mais admettons qu'il y ait des programmes comme il le dit. Cela soulève la question de savoir s'il y a eu récupération d'engins, de débris, de technologie ou autre… Ce qui est quand même une question importante vis-à-vis de l'information qui est donnée sur les programmes américains.

Et le problème, c'est que cela ne devrait pas gommer l'existence d'observations. On n'a pas besoin de paralléliser la question de la récupération de technologies, d'épaves… avec les observations faites dans l'atmosphère. Ce sont deux choses différentes qui peuvent totalement se compléter, bien entendu. Mais la montée en puissance des discussions et l'espèce de tétanie observée dans les services américains, avec des questions comme « Y a-t-il effectivement des programmes secrets ? », « Y a-t-il des épaves détenues quelque part dans un hangar ? », paralysent totalement la discussion sur le nombre de cas et les informations recueillies par les observations de pilotes. Cela a focalisé totalement l'attention depuis l'été 2023 jusqu'à maintenant. Ce qui revient systématiquement, c'est l'effet sensationnel de ces « révélations » des lanceurs d'alerte sur ces fameux programmes. Peut-être ont-ils raison, mais, pendant ce temps-là, on parle beaucoup moins des cas observés et des données enregistrées, etc., ce qui est tout aussi intéressant. Du coup, on ne progresse pas beaucoup là-dessus. C'est dommage.

Par rapport à l'agitation médiatique aux États-Unis, comment voyez-vous l'évolution des médias français ?

Je pense qu'il y a une évolution. Les premières émissions que nous avons pu faire en 2018 ont commencé à donner l'occasion de débats sérieux, notamment sur CNews à l'époque. D'autres médias ont ouvert la porte à des interviews et se sont intéressés à ce que nous faisions. Nous ne sommes plus du tout dans l'ambiance de sujets très étranges comme « Croyez-vous aux fantômes ? », « Croyez-vous aux OVNI ? ». Nous avons dépassé cela. J'ai eu l'occasion de faire des interviews pour la commission Sigma 2 et, à l'occasion de la sortie de mon livre en novembre dernier, je vous assure que les échanges ont été intéressants.

Même si on a souvent très peu de temps, la curiosité et l'intérêt sont manifestes et le sujet est de moins en moins tourné en ridicule. Il y a donc un progrès qui a été acccompli. Bien entendu, le rythme est donné par l'actualité américaine.

En fonction de ce qui se passe aux États-Unis, de ce que raconte un lanceur d'alerte, cela va générer une sorte d'écho de l'autre côté de l'Océan, du côté européen, français notamment. L'attention et l'intérêt ne sont pas constants comme aux États-Unis, où il y a un débat relativement continu avec une attention des médias beaucoup plus forte, mais, du côté français, un certain nombre de journalistes ont écrit des articles très intéressants montrant les questionnements qui se posent.

Vous avez évoqué tout à l'heure les commentaires de plateau. On a parlé de la communication aussi. Aux États-Unis, ce sujet est-il devenu un sujet sensationnaliste régulièrement alimenté, avec un business derrière, parce que ça fait de l'audience ?

Inévitablement, oui, il y a un business qui existe. Certains s'en emparent et font du business avec.

Cela peut-il pirater la perception du phénomène et, en particulier, vos travaux ?

Non, je crois qu'il y a un effet positif à favoriser la communication sur les PAN, car cela permet d'expliquer leur intérêt, les questions qu'elles posent, et ce qu'il faudrait faire pour progresser. Cependant, cette communication seule ne suffit pas à susciter des actions concrètes, notamment dans le milieu scientifique. Aux États-Unis, des initiatives comme Galileo et la Fondation Sol montrent un intérêt croissant parmi certains scientifiques, bien que le défi reste d'éveiller l'intérêt et l'engagement des chercheurs. En France et en Allemagne, des efforts similaires se développent pour intégrer les PAN en tant que sujet scientifique à part entière. Malgré une structure établie au Pentagone, demeure ambigu ce qui est publié et collecté, bien que des données significatives soient utilisées pour les forces armées. Le débat entre les approches audacieuses comme celle d'Avi Loeb et les perspectives institutionnelles comme celles du Pentagone souligne un contraste marqué. La NASA joue un rôle intermédiaire, représentant les scientifiques tout en collaborant avec le Pentagone via un officier de liaison à l'AARO, bien que la nature exacte de cette coopération reste floue.

Et vous, avez-vous mis votre réputation en jeu en vous occupant des PAN ?

Ce n'est pas ma réputation personnelle, mais celle de la 3AF, association technique et scientifique qui travaille dans des domaines différents de l'aéronautique et du spatial. L'initiative du président Michel Scheller a été d'oser s'intéresser à ce sujet-là quand il n'était pas à la mode. En 2008, c'était très loin de 2017. À partir du moment où nous sortons des rapports et des analyses sérieuses et techniques qui ne sont pas mises en défaut, cela prouve que nous pouvons aborder ce sujet sérieusement.

Il y a eu des critiques, notamment sur l'affaire chilienne, émises par de prétendus spécialistes américains. Ces critiques, souvent lapidaires et peu justifiées, ignoraient nos analyses. Par exemple, ils affirmaient que ce qui avait été observé par les Chiliens était un OVNI lumineux, probablement un plasma à haute température, et non un avion. Ils négligeaient des explications comme la traînée de condensation, qui est normale à haute altitude et dans des couches d'air froid. Il n'est pas nécessaire d'avoir un plasma chaud pour que quelque chose brille, tout comme la neige peut refléter la lumière du soleil intensément sans être chaude.

Nous avons des techniciens capables d'analyses techniques et physiques crédibles. Nos travaux n'ont pas reçu de commentaires désagréables, ce qui prouve que nous pouvons aborder le sujet de manière sérieuse et scientifique. Dans la commission, certains membres s'intéressent aux phénomènes aérospatiaux non identifiés d'un point de vue technique et scientifique, sans chercher des engins extraterrestres ou une quelconque croyance. D'autres peuvent être plus sensibles à ces sujets, mais tous travaillent ensemble avec des outils techniques et scientifiques. La réputation de la 3AF reste intacte grâce au sérieux de ceux qui travaillent sur ces sujets.

Justement, puisque vous évoquez les convictions, une petite question peut-être plus personnelle : depuis que vous avez commencé à travailler avec Sigma 2, vos convictions ont-elles changé ? Vos croyances, peut-être même en ce qui concerne une intelligence extraterrestre, ont-elles évolué ?

Je vous ai expliqué comment j'en suis venu à la commission, en commençant par lire le rapport COMETA. Il est très clair que les phénomènes observés posent des questions vraiment sérieuses sur ce que cela peut être. Pourquoi, dans certains cas, les lois de la physique connues peuvent-elles être défiées ? Cela laisse le champ libre à l'hypothèse possible que certains phénomènes correspondent à des manifestations d'« engins » – ou appelez ça comme vous voulez – qui pourraient venir d'ailleurs. Il y a vingt-cinq ans, les gens souriaient peut-être à cette idée, mais aujourd'hui ces phénomènes que l'on observe à nos portes, dans notre espace aérien, ne se produisent pas à des milliers d'années-lumière, mais beaucoup plus près. La logique pourrait être d'envisager qu'il s'agisse de manifestations d'un environnement que l'on ne perçoit pas, ou de questions d'autres dimensions. Il est important de discuter ces hypothèses avec des théoriciens afin de comprendre comment les nouvelles théories envisagées pourraient se manifester physiquement et mettre en relief les observations des PAN. Ce n'est pas une question de croyance, mais de nature technique et scientifique.

Peut-on en rester juste sur ce point technique et scientifique, c'est-à-dire finalement avoir une position agnostique, ou bien, à un moment, on bascule forcément d'un côté ou de l'autre, c'est-à-dire soit du côté du scepticisme, soit du côté de la croyance en quelque chose d'autre ?

La question n'est pas de croire en quelque chose d'autre, mais de croire qu'à partir des observations faites il peut y avoir quelque chose d'autre. Il faut rester modeste, mais pensez aux astronomes d'il y a quelques siècles : ils ont fait des observations et des mesures et ont posé des hypothèses sur des lois inconnues. La Terre est-elle le centre de l'univers ou n'est-elle qu'une planète parmi d'autres ? Ces scientifiques ont remis en question certaines croyances avec beaucoup d'attention et de précaution dans leurs analyses et mesures, et avec de l'imagination ils ont construit de nouvelles lois et prouvé ces lois à travers des mesures. Il faut croire dans la démarche technique et scientifique pour découvrir des choses. Sinon, on se contente des évidences et on ne cherche pas plus loin.

Concernant certains éléments de crashs supposés, y a-t-il un intérêt des États, notamment des États-Unis ou même de la France, à récupérer des technologies ?

Sous l'hypothèse de crashs possibles d'engins venant d'ailleurs, à l'évidence, oui. J'ai évoqué ce sujet dans le rapport de la commission Sigma 2 que nous avions publié en 2015, et je l'ai également abordé dans mon livre. Il y a des traces de programmes de récupération par les structures américaines. Je ne parle pas nécessairement de récupération d'engins extraterrestres, mais d'engins entrant dans l'atmosphère, de satellites. Pourquoi pas des débris, comme les lanceurs d'alerte le laissent entendre ? Il y a eu un programme de collecte d'informations sur les observations d'OVNI, de rentrées atmosphériques. Peut-être est-ce pour récupérer des choses, tout comme les chasseurs de météorites surveillent les météorites pour récupérer des débris.

Récemment, il y a eu aussi des discussions au Parlement européen. Si demain il y avait un débarquement ou autre chose, serions-nous prêts ?

Prêts à quoi, à Independence Day ? Je pense qu'il faut rester raisonnable. J'ai suivi ce qui s'est passé au Parlement européen avec le député Francisco Guerreiro. J'étais en contact avec certains qui ont été sensibilisés sur l'intérêt du sujet. C'est bien de sensibiliser sur l'intérêt du sujet ; après, cela dépend de ce que l'on en fait.

En fait, il y a deux sujets, soulevés par les Américains : d'une part, la sécurité des vols ; d'autre part, la sécurité aérienne. Pour le premier cas, des pilotes de l'US Navy ont croisé ces phénomènes de près lors d'exercices. Ils se posent des questions sur ce que c'est, pourquoi c'est là, y a-t-il des risques aériens ? Il est sûr que l'effet de surprise d'une observation soudaine d'un PAN nécessite une communication vis-à-vis des pilotes. De plus en plus, certains se posent des questions et sont intéressés par la prise de conscience et de connaissance des phénomènes, ainsi que par les réactions à avoir. Ce sujet a été discuté avec l'aviation civile américaine et évoqué par certains pilotes auprès du Parlement européen. Ensuite, pour le second cas, celui de la sécurité aérienne, les Américains ont monté le sujet en épingle à cause des pilotes de l'US Air Force. Mais il y a bien d'autres préoccupations en matière de sûreté et il n'y a pas besoin d'aller chercher les PAN pour être conscient des risques qui existent.

En ce qui me concerne, quand je prends un avion, je prends mon bouquin, j'écoute de la musique, je peux même lire un papier sur les PAN. Il peut m'arriver de regarder à travers le hublot, mais je n'ai pas eu la chance de faire une observation. Peut-être que ça se produira un jour, mais ça ne m'empêche pas de voyager et de dormir. Vous voyez, ce n'est pas une appréhension, un risque. C'est plutôt quelque chose d'extrêmement intrigant et intéressant, qui mérite que l'on multiplie les observations et que l'on en sache davantage.

A-t-on oublié d'évoquer quelque chose qui mériterait d'être abordé ?

Il y a une question dont je ne connais pas la réponse : pensez-vous que les choses vont changer ? Pensez-vous qu'on saura bientôt de quoi il retourne ?

Et vous n'avez pas la réponse à ça ? Pensez-vous par exemple que l'on peut préparer l'opinion publique à des révélations ou à quelque chose d'autre ? Les informations qui ont fuité à travers la NASA et la Navy, ne s'agissait-il pas de préparer l'opinion publique à des révélations ?

C'est une excellente question. Nous nous la sommes posée et nous l'avons évoquée dans notre rapport, en essayant de comprendre la démarche américaine et ce qui la motive. J'ai tendance à dire aujourd'hui que l'hypothèse selon laquelle ce sujet est mis en exergue pour favoriser la croissance des crédits de défense aux États-Unis, à cause du durcissement des relations avec la Russie et des incursions dans l'espace aérien, semble plausible. Le complexe militaro-industriel cherche à avoir plus de moyens. C'est la première hypothèse.

La deuxième, que j'ai déjà évoquée au cours de notre discussion, est qu'il y a effectivement quelque chose et qu'une partie de l'administration, ou du pouvoir, est en faveur de révéler les choses, avec évidemment un rôle éminent des

États-Unis car cela fait partie de la pensée du leadership. Une autre partie y est totalement opposée, considérant que cela peut poser des risques et qu'il n'est pas question de changer de posture.

La troisième version, que vous évoquez, est qu'il y a une volonté de révéler des choses pour des raisons X ou Y, avec une stratégie de communication en route pour créer une succession de paliers, de chocs, pour amener le public à la prise de connaissance et à la révélation.

C'est difficile à dire, car, pour avoir une opinion claire sur le sujet, il faut être dans les arcanes. Je pense que la position raisonnable, en ayant écouté Jacques Vallée, Chris Mellon, et en observant les réactions dans l'opinion américaine, serait plus en faveur de la deuxième hypothèse. Il y a des opinions contraires : des gens qui mènent une certaine croisade pour que des travaux soient faits et que des révélations aient lieu, et d'autres qui résistent à cette tendance pour des raisons qui leur appartiennent. Ce scénario semble raisonnable. L'autre scénario, très complotiste, est moins plausible.

La deuxième option laisse quand même part à la possibilité qu'il y ait des révélations et donc des choses à révéler ?

Oui, bien sûr, mais on ne sait pas le degré de révélation et de connaissance. Il y a une différence entre dire : « L'observation du *Nimitz* est un fait, il est temps de sortir un rapport sur le sujet en expliquant ce qui a été vu et en ouvrant ces informations aux scientifiques » et imaginer des choses extraordinaires en disant : « C'est une soucoupe volante qui vient de telle étoile. »

Roland IVARNEZ

Ancien chef de la direction des opérations satellites au CNES (Centre national d'études spatiales), il a contribué à la conception et au lancement de plusieurs satellites et à divers projets de recherche et développement en technologies spatiales avancées. Roland Ivarnez est reconnu pour son expertise et ses collaborations internationales avec des agences comme l'ESA et la NASA. Il a supervisé le SEPRA (Service d'expertise des phénomènes de rentrée atmosphérique) créé en 1988 au sein du CNES pour succéder au GEIPAN (Groupe d'études des phénomènes aérospatiaux non identifiés).

Qu'est-ce qui vous a motivé à travailler dans le domaine de l'aérospatiale et plus spécifiquement au CNES ?

J'ai toujours été intéressé par l'aéronautique et l'espace. Avant même d'entrer au CNES, je suivais tout ce que les médias rapportaient sur l'activité spatiale.

Quel était votre rôle au sein du SEPRA qui faisait partie du département que vous dirigiez au CNES ?

Le SEPRA, qui n'était pas administrativement un département, était, compte tenu de la particularité de son activité, rattaché au chef du service chargé du traitement des données scientifiques. Cela explique que mon interaction au jour le jour avec le SEPRA était quasiment nulle (l'effectif du SEPRA était de 1,5 personne pour un effectif d'environ 200 personnes pour la sous-direction). Mon rôle consistait principalement à obtenir le budget nécessaire au fonctionnement et permettant éventuellement de faire appel à des ressources externes si un événement le justifiait. Nous analysions les procès-verbaux officiels et répondions aux premières interrogations suscitées par les témoignages. Notre approche était factuelle et rigoureusement scientifique. J'intervenais également en cas de conférence ouverte au public pour m'assurer que la position du CNES était clairement exprimée.

Avec le recul, pensez-vous que ces différentes structures du CNES ont été utiles ?

Je pense qu'il était utile que les observations et leur analyse soient centralisées et conservées. Le fait que le CNES assure cette tâche se justifie par la disponibilité d'outils (orbitographie, par exemple) qui permettent souvent d'apporter une explication.

Quel bilan en tirez-vous ?

Il me semble que l'objectif de conservation des observations a été rempli. Un point négatif est qu'il a semblé parfois que le CNES, organe officiel, validait des hypothèses extraterrestres, ce qui n'était absolument pas le cas.

Pensez-vous que de hauts responsables militaires ou politiques pensaient que ce sujet était sérieux et méritait des budgets ?

Le rapport COMETA a été produit par d'anciens hauts responsables qui ont conclu à l'intérêt du sujet. Le problème a été, me semble-t-il, que les personnes qui décident doivent faire des choix pour l'affectation de ressources humaines et budgétaires. Il est alors difficile de pénaliser des activités qui ont une obligation de résultat (planning et budget à tenir, maîtrise des risques), alors que le SEPRA n'a aucune obligation de résultat, puisque son activité dépend de l'existence de témoignages.

Récemment, Elon Musk a déclaré que, si le phénomène OVNI était réel, ses satellites en auraient apporté la preuve. Qu'en pensez-vous ?

Je ne suis pas certain que la constellation Starlink en elle-même ait pu démontrer quoi que ce soit sur le sujet. Cependant Elon Musk fait peut-être référence aux moyens importants qui sont aujourd'hui utilisés pour la surveillance de l'espace tant sur le plan civil (détection des risques de collision) que sur le plan militaire (identification de comportements hostiles). Ces moyens permettent le suivi d'objets de petite taille, et devraient donc détecter toute présence d'objets non identifiés.

Quelles observations d'OVNI peuvent être confondues avec des phénomènes astronomiques naturels ?

Il me semble que dans plusieurs cas les observations ont pu être expliquées par l'analyse des conditions astronomiques ou de la position des satellites.

Comment la physique des ondes électromagnétiques est-elle appliquée pour détecter des signaux provenant de sources potentiellement extraterrestres ?

À ma connaissance, le programme SETI (Search for Extra-Terrial Intelligence) mis en place aux États-Unis répond à cette question. De très gros moyens, en particulier le radiotélescope d'Arecibo et celui de Green Bank. Il semble qu'aucun signal n'ait été détecté.

Selon vous, quelle est l'importance de la transparence et de l'information publique dans ce domaine ?

La transparence doit être totale si l'on veut éviter les théories complotistes.

Croyez-vous que les gouvernements détiennent des informations sur des rencontres extraterrestres qu'ils ne divulguent pas au public ? Si oui, quelles pourraient être leurs motivations pour garder ces informations secrètes ?

Pour ce qui concerne la France, ayant été en contact avec de hauts responsables civils et militaires, je suis absolument certain qu'aucune censure n'est appliquée sur le sujet. De ce que j'ai pu lire dans les médias, je pense qu'il en est de même aux États Unis.

Pensez-vous que la fiction (films, livres, etc.) a influencé notre perception des extraterrestres et aurait un impact sur la manière dont nous interpréterions un contact réel ?

Oui, très probablement. L'homme a toujours cherché à expliquer ce qu'il observe et quand il n'y arrive pas il fait appel à des hypothèses qui lui permettent de garder une certaine cohérence dans sa vision du monde.

Croyez-vous ou non en une vie extraterrestre ? Si oui, pourquoi ? Sous quelle forme ?

À notre connaissance, il existe des milliards de galaxies comportant chacune des milliards d'étoiles. La probabilité que la vie soit apparue sur d'autres planètes que la nôtre est très élevée. Cependant, si on considère le foisonnement des formes de vie qui se sont développées sur Terre, il me semble peu probable qu'une espèce semblable à la nôtre existe ; ce qui n'empêcherait pas l'existence de formes intelligentes.

Avez-vous déjà envisagé un contact ? Si oui, comment l'imaginez-vous ?

Les lois de la physique, et en particulier l'impossibilité d'aller plus vite que la lumière, font qu'il me paraît improbable qu'il puisse y avoir un contact physique. L'étoile la plus proche, *Proxima Centauri*, est à plus de 4 années-lumière. Il faudrait donc au moins huit ans pour faire l'aller-retour, à condition d'avoir une masse nulle. Par contre, une civilisation qui veut se faire connaître pourrait émettre des signaux qui nous parviendraient après plusieurs années. Pour rappel, la NASA a mis dans les sondes Voyager des plaquettes visant à donner des informations sur la race humaine.

Comment pensez-vous que ce contact pourrait se produire : de manière pacifique ou autrement ?

Je ne crois pas qu'un contact physique soit possible.

Comment imaginez-vous de possibles entités extraterrestres ?

Je n'en ai aucune idée.

Selon vous, seraient-elles hostiles ou non ? Faut-il se méfier ? Faut-il avoir peur ?

Si des entités extraterrestres existaient et si elles souhaitaient nous contacter de façon pacifique ou hostile, elles l'auraient déjà fait.

Pensez-vous que nous y sommes préparés ? Dans combien d'années ou de siècles un contact est-il possible ?

Je pense que tant que les lois de la physique que nous connaissons aujourd'hui restent valables, nous n'avons rien à faire.

Les crashs d'OVNI vous semblent-ils plausibles ? Pensez-vous que nous avons secrètement récupéré du matériel extraterrestre ?

Non, je ne le crois pas.

Que pensez-vous des gens qui disent avoir été abductés ? Pensez-vous qu'il y a des explications psychologiques ou que cela pourrait être lié à des expériences réelles ?

Sûrement pas à des expériences réelles.

Comment la découverte de formes de vie extraterrestres pourrait-elle influencer la recherche scientifique sur la vie dans l'univers ?

Si cette découverte implique la remise en cause de nos connaissances en physique, les scientifiques auront du travail.

Y a-t-il des signes ou des phénomènes spécifiques que vous considérez comme des indicateurs potentiels d'activité extra-terrestre ?

Non.

Y a-t-il des expériences ou des leçons spécifiques que vous avez apprises au SEPRA et qui ont influencé votre carrière par la suite ?

Non.

Comment voyez-vous l'avenir des recherches sur les phénomènes aérospatiaux non expliqués avec les progrès actuels de la science et de la technologie ?

En l'état actuel du dossier et compte tenu de l'absence d'éléments nouveaux, il est estimé nécessaire de consacrer des recherches aux phénomènes non expliqués.

Frère CONSOLMAGNO

Guy Consolmagno est un frère jésuite et astronome américain, né en 1952 à Détroit. Diplômé du MIT et de l'Université de l'Arizona, il travaille depuis 1993 à l'Observatoire du Vatican, dont il est actuellement le directeur.

Dear Dr. Deymier —

Thank you for your interest in us and our work. Unfortunately, I am not available to accept your kind invitation. Because the topic can be so prone to sensationalism and misunderstandings, it is the policy of the Specola that we never respond to questions or interviews concerning ufos or other examples of marginal science.

— Br Guy

Cher Monsieur Deymier ?

Merci pour l'intérêt que vous portez à notre travail. Malheureusement, je ne suis pas disponible pour accepter votre aimable invitation. En raison de la propension au sensationnalisme et aux malentendus, il est de la politique de la Specola de ne jamais répondre aux questions ou aux interviews concernant les OVNI ou d'autres exemples de sciences marginales.

Frère Guy

François EUVÉ

est scientifique de formation (agrégé de Physique) et théologien jésuite. Il est rédacteur en chef de la revue *Études*. Il a été doyen de la Faculté de théologie du Centre Sèvres.

À titre personnel, croyez-vous ou non en une vie extraterrestre ? Si oui, pourquoi ? Sous quelle forme ? Avez-vous des expériences personnelles ou des raisons spécifiques qui ont influencé votre croyance ?

Je n'ai pas de difficulté à admettre une forme de vie en dehors de la Terre. La vie s'est développée à partir de la matière, qui est commune à toutes les composantes de l'univers. Il se peut aussi que cette vie ait atteint un stade de complexité qui lui a fait franchir un nouveau stade et acquérir une forme d'« intelligence ». Je mets des guillemets à ce mot, car il est bien difficile de le définir (c'est la question débattue de ce qui distingue l'humain de l'animal non-humain). Il faut évidemment faire aussi la part du hasard dans le processus évolutif (cf. Stephen J. Gould). Tant que nous n'avons pas établi de contacts durables avec d'autres êtres venant d'au-delà de la Terre, il me semble prématuré d'aller plus loin.

Comment votre foi ou votre croyance religieuse aborde-t-elle la possibilité de la vie extraterrestre et la question OVNI ? Sur ces questions, le théologien est-il en accord avec le physicien ?

La tradition chrétienne dit que le monde a été créé par Dieu, qu'il y a donc quelque chose de commun à toutes les composantes de l'univers. Toutes les composantes du cosmos sont des « créatures ». Certes la Bible donne une place particulière à la Terre, mais cela ne fait que refléter les connaissances de l'époque. Ce n'est vraiment qu'au XXe siècle que l'on a pris conscience de la taille de l'univers, du nombre de ses composantes et du caractère à la fois physiquement et chimiquement particulier de la Terre et du fait qu'il peut très bien exister d'autres « Terres ». Plusieurs penseurs chrétiens, comme Teilhard de Chardin, envisageaient la possibilité de vies extraterrestres.

Les phénomènes OVNI remettent-ils en question les convictions religieuses ou sont-ils compatibles avec la compréhension religieuse du cosmos ?

Compte tenu de mes réponses précédentes, il n'y a pas de difficulté, à mon sens. Une objection peut être soulevée : le Christ est le sauveur du monde, or il est né sur la Terre, comment peut-il sauver les habitants d'autres planètes ? C'est le même type de question ou d'objection relativement aux habitants de la Terre, soit venus au monde avant sa venue, soit nés après mais sans en avoir connaissance. Il a été répondu que le salut du Christ les englobe, comme il peut le faire pour d'autres êtres cosmiques. Aujourd'hui, on admet assez largement que l'incarnation divine dans le Christ a une dimension cosmique et pas seulement terrestre : « Une unique incarnation de Dieu dans le Christ dans l'histoire de la Terre est efficace pour toutes les créatures sensibles, où qu'elles vivent et à n'importe quelle époque» (Joshua Moritz).

Existe-t-il des récits ou des paraboles dans votre tradition religieuse qui pourraient être interprétés comme des allusions à des rencontres avec des êtres extraterrestres ?

C'est difficile à dire. Encore une fois, les textes anciens doivent être lus dans leur contexte d'écriture. À l'époque, il n'y avait aucune idée de vie extraterrestre.

Avez-vous déjà envisagé un contact ? Si oui, comment l'imaginez-vous ? De manière pacifique ou autrement ? Faut-il se méfier ? Faut-il avoir peur ? Comment pensez-vous que vous réagiriez ? Étonnement ? Curiosité ? Peur ?

Le rapprochement qui vient à l'esprit est celui de la première rencontre des Européens avec les habitants des Amériques. Sont-ils des humains comme nous ? L'expérience a montré qu'un contact était possible, car il y a eu échange de paroles. À titre personnel, ce serait plutôt de la curiosité.

Quels problèmes cela pourrait-il poser ? Pensez-vous que les enjeux seraient principalement d'ordre technologique, sociétal ou autre ?

Il faudra voir quel type d'échange peut s'instaurer.

Quel enjeu cela poserait il intellectuellement ? philosophiquement ?

Cela sera certainement l'occasion de réfléchir à ce qui nous fait humains. Ce serait intéressant de voir comment cela interfère avec le débat écologique : comment ces autres êtres se rapportent-ils à leur environnement, comment l'ont-ils transformé (si l'on pense que plus un organisme est complexe, plus il tend à transformer son environnement) ? Une question importante est celle du mal et de ses manifestations (violence, mensonge, etc.). Existe-t-il dans ces « populations » ? Comment se manifeste-t-il ? Ont-elles une notion de « faute » ? Ont-elles une morale ? Peut-on leur attribuer l'existence d'une liberté ?

Qu'est-ce que cela changerait et sur quels plans ? Cela changerait-il notre conception de la vie ? Comment pensez-vous que cela influencerait notre perspective sur notre place dans l'univers ? Y aurait-il des changements significatifs aux niveaux politique, économique, culturel ?

Je reprends la comparaison avec les « Indiens » : ce fut l'occasion de relativiser la centralité de la culture européenne. La curiosité pour d'autres cultures a été bénéfique. La découverte de l'autre est, à travers les difficultés et les incompréhensions, toujours enrichissante.

Pensez-vous que nous y sommes préparés ? Quelles seraient les étapes nécessaires pour se préparer à un tel événement ?

C'est affaire d'ouverture d'esprit. La rencontre est parfois une épreuve car la compréhension mutuelle est difficile. Il faut accepter de se laisser déplacer.

Serait-ce une chance pour l'humanité ? À votre avis, quel en serait l'impact ? Pourriez-vous envisager des scénarios où cela pourrait être bénéfique pour notre genre ?

C'est difficile de répondre avant d'en faire l'expérience.

Comment la découverte de formes de vie extraterrestres pourrait-elle influencer la recherche scientifique sur la vie dans l'univers ? et la recherche en théologie ?

Tout dépend, encore une fois, du type de contact. Les scénarios risquent de concevoir ces êtres à notre image. Mais nous ne savons pas quel type d'« intelligence » (et déjà quel type de vie) a pu se développer en d'autres lieux de l'univers. Rien ne dit d'ailleurs que nous pourrons nous comprendre.

Quel impact cela aurait-il sur les religions ? Pensez-vous que les croyances ou les dogmes religieux s'ajusteraient ou seraient fortement perturbés ?

Cela dépend sans doute des religions et surtout des personnes. Cela conduira à des débats, semblables à ce qui fut le cas pour la « controverse de Valladolid ».

Selon vous, quelle est la religion la plus « perméable » à l'idée d'une vie extraterrestre ?

Il m'est difficile de répondre.

Si les extraterrestres existaient, seraient-ils considérés comme des « créatures » de Dieu ?

Indéniablement.

Comment votre tradition religieuse pourrait-elle traiter les aspects éthiques ou moraux liés à une éventuelle interaction avec des civilisations extraterrestres ?

Il m'est difficile d'anticiper. Comme à l'occasion de nouvelles questions qui sont survenues dans l'histoire, le traitement se fera sur le moment.

Pensez-vous que la découverte de la vie extraterrestre pourrait avoir des implications pour la compréhension de la création divine ou de l'origine de la vie sur Terre selon votre foi ?

Compte tenu des réponses précédentes, je ne pense pas que cela soit remis fondamentalement en question. Cela dit, commencent à exister de nombreux débats parmi les théologiens (cf. Ted Peters, ed., *Astrotheology : Science and Theology meet Extraterrestrial Life,* Cascade Books, Eugene, Oregon, 2018, qui apporte un ensemble de positions, surtout dans la tradition chrétienne, mais aussi juive et musulmane).

Jacques ARNOULD

Ingénieur agronome, Docteur en histoire des sciences, Docteur en théologie, théologien catholique français. Il est expert éthique au CNES. Il est, entre autres, l'auteur de *Qui va là ? L'humanité face à l'extraterrestre* (Académie royale de Belgique, 2022) et *Des colonies dans l'espace. L'ultime utopie ?* (Paris, Odile Jacob, 2024).

> *Comment en êtes-vous venu à vous intéresser à la question extraterrestre ? Qu'est-ce qui vous intéresse dans cette question ? Quelle est la thèse de* Turbulences dans l'univers. Dieu, les extraterrestres et nous *?*

Je ne vais pas vous raconter ma vie… mais sachez que mon intérêt pour les sciences est passé par une formation en biologie, terrestre celle-là. À l'occasion d'un colloque sur la vie, son évolution, ses « frontières », il y a une trentaine d'années, j'ai rencontré un chercheur de la NASA qui préparait les actuelles missions martiennes : du même coup, j'ai découvert le milieu spatial et l'astrobiologie. Mon intérêt pour les deux n'a jamais diminué depuis lors.

Souvent, lorsque je donne une conférence sur l'espace, les auditeurs me posent la question : « Vous êtes théologien. Pouvez-vous nous dire ce que deviendraient les religions dans le cas où nous découvririons une vie extraterrestre ? » D'autres vont plus loin et affirment que les religions disparaîtraient avec l'existence « prouvée » d'extraterrestres… et que nous serions ainsi débarrassés de Dieu ! Je me suis donc intéressé plus sérieusement à cette question et j'ai appris qu'elle appartient aux terrains les plus anciens de la philosophie et de la théologie ! Auparavant, nos prédécesseurs parlaient et débattaient de la pluralité des mondes habités… Toutes les réponses ont probablement déjà été sinon apportées, du moins esquissées. Une chose est certaine : une vie extraterrestre ne réglerait pas le problème de Dieu ! Que certaines doctrines particulièrement anthropocentriques puissent être ébranlées par l'existence de formes vivantes et intelligentes ailleurs que sur Terre, cela est une évidence ; de là à nous attendre à la disparition de toutes les religions… je n'y crois pas ! Nous les humains avons montré une vraie capacité à « créer des dieux », à notre mesure et selon nos besoins… tout en laissant largement ouverte la question de l'existence de Dieu.

En fin de compte, la question extraterrestre m'intéresse parce qu'elle m'invite à poursuivre l'une des principales interrogations que nous nous posons et que nous devons nous poser : Qui sommes-nous ? Lorsque nous nous demandons : « Qui va là ? », c'est d'abord à nous que nous devons penser.

Quelles sont vos fonctions au sein du CNES ? La question extraterrestre y est-elle évoquée ?

Depuis 2001, j'occupe la fonction de conseiller éthique au CNES – un poste encore unique parmi les agences spatiales dans le monde. À ce titre, aucun des thèmes de recherche ou d'étude dont est chargé le CNES ne m'échappe ; la question extraterrestre, à travers les disciplines de l'astro- et de l'exobiologie, en est naturellement partie. Mes collègues scientifiques sont très souvent interrogés à ce sujet ; moi-même (comme cet entretien le montre) suis questionné sur les aspects philosophique, historique et éthique de ce thème... et le terrain est vraiment très riche !

À titre personnel, croyez-vous ou non en une vie extraterrestre ? Si oui, pourquoi ? Sous quelle forme ? Avez-vous des expériences personnelles ou des raisons spécifiques qui ont influencé votre croyance ?

Ne croyez pas ce que vous pouvez lire sur Internet ou, plus exactement, prenez garde de tout lire : lorsque je prétends avoir déjà rencontré des extraterrestres, je fais bien évidemment allusion à des fictions ! Le réalisateur Michael Madsen dans *The Visit* et le photographe Xavier Lambours dans *On a marché sur la Terre* m'ont en effet offert deux « rencontres du troisième type » fort intéressantes. Elles ont suscité en moi une certaine nostalgie (même si la seconde a pris la forme d'une lutte sur le tarmac du Bourget !)... mais elles n'ont pas influencé ma « croyance », pour reprendre votre expression. Je revendique d'être agnostique. Très honnêtement, à propos d'une possible vie extraterrestre, je ne sais rien ; c'est la définition de l'agnosticisme. Et les travaux actuels de mes collègues astrobiologistes me confortent plutôt dans cette posture : leur communauté est partagée entre ceux qui estiment que l'univers grouille de formes dites vivantes et ceux qui considèrent que la vie telle que nous la connaissons sur Terre est très probablement singulière, voire unique. Je laisse donc la question ouverte, en me souvenant que nous n'aurons jamais la certitude d'être seuls…

Quel regard portez-vous en particulier sur le phénomène OVNI ?

Nous changeons de sujet. Je suis en effet catégorique sur ce point : comme nous ne possédons aucune preuve scientifique de l'existence d'une « vie » extraterrestre, celle-ci ne peut pas servir d'explication à ce que vous qualifiez d'OVNI et que, avec mes collègues du CNES, je préfère appeler PAN, pour « phénomène aérospatial non identifié ».

Ma fonction au CNES m'a très rapidement mis en contact, si je puis parler ainsi, avec le thème des PAN. Ainsi, je suis membre du comité de pilotage du GEIPAN depuis son rétablissement, au début des années 2000. Je trouve ce sujet particulièrement intéressant, car il nous interroge à la fois sur nos méthodes scientifiques, sur les limites de nos connaissances, sur nos croyances. Bref, les PAN, tout comme les extraterrestres, nous offrent un terrain pour mieux nous connaître !

Avez-vous déjà envisagé un contact ? Si oui, comment l'imaginez-vous ? de manière pacifique ou autrement ? Faut-il se méfier ? Comment pensez-vous que vous réagiriez ? Étonnement ? Curiosité ? Peur ?

J'y ai fait allusion : Michael Madsen m'a offert l'opportunité d'avoir un contact avec un visiteur venu de l'espace et débarqué sur Terre… dans le cadre d'un documentaire fiction. Pour me mettre dans l'ambiance, il m'avait demandé de rédiger une sorte de « lettre d'adieu » à mes proches, au cas où cette rencontre tournerait au drame ! Pour autant (mais c'était facile…), je n'ai pas abordé cet exercice dans la peur ou la méfiance. Si l'occasion s'offrait à nous d'une rencontre aussi proche (je ne parle pas d'un contact radio, à des années-lumière), nous devrions évidemment rester très prudents ; mais nous savons bien que la peur, face à des êtres dotés d'un peu de sensibilité, est la plus mauvaise des attitudes pour engager une relation. Pourquoi ce qui est vrai d'une rencontre avec un chien ne le serait-il pas avec un « Martien » ?

Comment imaginez-vous de possibles entités extraterrestres ? Pensez-vous qu'elles auraient une forme physique similaire à la nôtre ou totalement différente ?

Je ne suis ni chercheur en astrobiologie, ni auteur de science-fiction ; je n'ai donc jamais cherché à imaginer à quoi « ressemblerait » une entité extraterrestre. Je sais seulement que, dans le domaine de l'astronomie, bien des connaissances, des certitudes ou des hypothèses à propos des systèmes stellaires ont été remises en cause par la découverte des premières exoplanètes. L'univers pourrait être bien plus varié que tout ce que nos imaginations peuvent produire !

Quels problèmes cela pourrait-il poser ? Pensez-vous que les enjeux seraient principalement d'ordre technologique, sociétal ou autre ? Quel enjeu cela poserait-il intellectuellement ? philosophiquement ? Qu'est-ce que cela changerait et sur quels plans ? Cela changerait-il notre conception de la vie ? Comment pensez-vous que cela influencerait notre perspective sur notre place dans l'univers ? Y aurait-il des changements significatifs aux niveaux politique, économique ou culturel ?

Je préfère parler, pour reprendre vos termes, d'enjeux plutôt que de problèmes. Et, vous avez raison, ces enjeux pourraient concerner tous les domaines humains : les sciences, les techniques, les philosophies, les religions, les arts. Bien entendu, je ne peux pas vous donner de réponse concrète, puisque nous sommes encore au stade de l'hypothèse et qu'une partie de ces réponses dépend des caractéristiques des formes de vie extraterrestres découvertes ou rencontrées : enregistrerons-nous un signal artificiel émis depuis une planète située à des années-lumière de la Terre ? Trouverons-nous des fossiles de bactéries sur Mars ? Repérerons-nous des formes de vie très simple dans les profondeurs d'une lune glacée de Jupiter ? Un vaisseau venu de l'espace se posera-t-il sur la place de la Concorde, à Paris ? Je vous renvoie, une fois encore, non seulement à la littérature de science-fiction, mais aussi aux auteurs d'antan, au moins de l'époque moderne, après les découvertes de Copernic et de Galilée. Tout ou presque a déjà été évoqué, imaginé. Le meilleur et le pire.

Pensez-vous que nous y sommes préparés ? Dans combien d'années, de siècles un contact serait-il possible ? Quelles seraient les étapes nécessaires pour se préparer à un tel événement ?

Nous le savons : il est par définition difficile, voire impossible, de nous préparer à un événement dont nous ne possédons pas tous les « contours ». Il existe d'ores et déjà plusieurs protocoles pour expliquer ce qu'il conviendrait de faire au cas où nous découvririons l'existence de formes de vie extraterrestres ; il s'agit d'autant d'expériences de pensée tout à fait pertinentes et nécessaires, tout en reconnaissant que nous pourrions tout de même être surpris. En fin de compte, nous ne pouvons sérieusement nous préparer à une seule chose : à être surpris. Évidemment, nous pouvons nous interroger et même être inquiets : nos sociétés présentent une tendance si forte à écarter l'imprévu, la surprise, que nous pouvons nous demander si nous prenons le bon chemin pour nous préparer à une rencontre avec l'extraterrestre du premier, du deuxième ou du troisième type ! Nous devons donc ne pas cesser de soutenir, de stimuler toutes les initiatives qui entretiennent l'esprit d'exploration, de recherche qui a été et est encore à l'origine des plus belles réalisations humaines, à quelque échelle que ce soit.

Serait-ce une chance pour l'humanité ? À votre avis, quel en serait l'impact ? Pourriez-vous envisager des scénarios où cela pourrait être bénéfique pour notre espèce ?

Une fois encore, je ne suis ni auteur de science-fiction ni prospectiviste et je ne possède pas de boule de cristal… Et comme je n'ai aucune idée de la forme que prendraient ces entités extraterrestres et notre rencontre avec elles, je n'ose pas m'avancer sur le terrain des scénarios. Pensons à ce qu'ont été pour les habitants de l'Europe et du continent américain leur rencontre du troisième type à partir de 1492 : parlerions-nous d'une chance ? Pour lesquels ? En théorie, la rencontre de l'autre possède toujours un avantage, celui de nous en apprendre sur nous-mêmes, comme je le disais précédemment. Mais cette chance peut être occultée, diminuée, détruite par des maux plus puissants, dus à la violence des uns ou des autres, ou simplement à la différence, à l'incompatibilité de nos systèmes. Rien n'est joué d'avance, rien n'est perdu… mais rien n'est gagné non plus !

Comment la découverte de formes de vie extraterrestres pourrait-elle influencer la recherche scientifique sur la vie dans l'univers ?

Ma réponse ne pourra être qu'incomplète, puisque je ne suis pas astrobiologiste… Ce qui me paraît le plus évident est que la découverte de formes de vie extraterrestres sortirait la Terre de son « isolement biologique » : les chercheurs auraient, enfin, un autre exemple de « vie » que celle qu'ils connaissent et analysent depuis des millénaires. Ils pourraient donc espérer progresser dans leurs travaux sur l'origine du vivant. Certains d'entre eux estiment que trouver de la vie ailleurs signifierait qu'il y a de la vie partout dans l'univers ; c'est évidemment une conclusion possible. En tout cas, les recherches en astrobiologie seraient poursuivies avec plus d'entrain encore, car nous serions curieux de découvrir encore et encore de nouvelles formes, de savoir si l'univers a autant, voire plus d'imagination que celle des auteurs de science-fiction. Et la question de la définition de la vie n'en serait que plus impérative…

Quel impact cela aurait-il sur les religions ? Pensez-vous que les croyances ou les dogmes religieux s'ajusteraient ou seraient fortement perturbés ? Si des preuves tangibles de vie extraterrestre étaient découvertes, comment pensez-vous que les communautés religieuses réagiraient ? Selon vous, quelle est la religion la plus « perméable » à l'idée d'une vie extraterrestre ?

Votre question me fait penser à un sondage effectué en 2008 par le théologien américain Ted Peters parmi les croyants des multiples religions représentées dans la baie de San Francisco ; il a montré qu'aucune d'entre elles ne présentait de véritables difficultés à envisager l'existence de vies extraterrestres. J'ai rencontré des croyants qui, à cette idée, s'avouaient très troublés et même choqués ; l'histoire est riche en témoignages semblables et en écrits qui ont défendu l'impossibilité d'une vie extraterrestre au nom de la religion ou de la théologie. Je respecte cette position… tant qu'elle ne prétend pas s'imposer dans une attitude intégriste, bien entendu ; mais je n'oublie jamais le mot, terrible je le reconnais, d'Arthur

C. Clarke: « Une foi qui ne peut pas survivre à la collision avec la vérité ne mérite guère de regrets. »

Bien entendu, les religions « anthropocentrées », celles qui portent un souci particulier pour l'humanité, seraient davantage bousculées par des rencontres du premier, deuxième ou troisième type que celles qui cultivent une foi plus cosmique, véhiculent des convictions animistes ou panthéistes. Nous avons coutume de dire que les religions et les philosophies orientales, en particulier, seraient mieux à même de « digérer » l'annonce de l'existence d'extraterrestres. C'est sans doute vrai. Mais il ne faudrait pas minimiser la largeur d'esprit des autres religions et étudier convenablement leurs traditions théologiques.

Comment votre tradition religieuse pourrait-elle traiter les aspects éthiques ou moraux liés à une éventuelle interaction avec des civilisations extraterrestres ?

Si nous posons, comme vous le faites, l'hypothèse d'une possible interaction avec des civilisations extraterrestres, si leur existence s'imposait, comme l'écrivait Arthur C. Clarke, la tradition chrétienne ne s'effondrerait pas ; elle pourrait contribuer, j'en suis convaincu, à la réflexion sur l'attitude à tenir à l'égard de ces civilisations (comme, d'ailleurs, de formes de vie moins évoluées...). Cette tradition devrait sans doute commencer par s'interroger sur sa propre attitude à l'époque de ce que l'Occident appelle « la découverte du Nouveau Monde » ; qu'apprendre de la célèbre controverse de Valladolid, lorsque les théologiens se disputaient pour savoir si les Indiens avaient une âme ? Bien entendu, il ne faudrait pas faire preuve d'angélisme, inviter à la prudence ; pour reprendre le titre d'un film de Michel Audiard : il ne « faut pas prendre les enfants du bon Dieu pour des canards sauvages », moins encore pour des oies innocentes et naïves ! Mais il faut aussi nous rappeler que, dans sa prédication, Jésus disait qu'« il existe plusieurs maisons dans la demeure de [son] Père ». Un mot qui est interprété comme une « ouverture » à l'hypothèse extraterrestre et à y appliquer la morale chrétienne. Mais, je le répète, nous sommes toujours dans le registre de la supposition, de l'expérience de pensée et, par suite, d'une sorte de « théologie-fiction ».

Si les extraterrestres existaient, seraient-ils considérés comme des « fils » de Dieu ?

Qu'entendez-vous par là ? Et à quelle religion faites-vous référence ? Dans la Bible, l'expression est sujette à plusieurs interprétations : elle peut désigner les humains, créés à l'image du Créateur, mais aussi des créatures angéliques. Les anges sont d'ailleurs, pour ceux qui sont persuadés de l'existence des extraterrestres, une sorte de preuve de cette existence : les anges d'antan pourraient bien être les extraterrestres d'aujourd'hui ; d'ailleurs, les récits de rencontre du troisième type ou de phénomènes OVNI prennent parfois des tournures analogues à celles des récits d'apparition divine ou angélique.

En théologie chrétienne, rien ne s'oppose à déclarer les extraterrestres créatures de Dieu ; plusieurs responsables religieux ont fait des déclarations dans ce sens.

Pensez-vous que la découverte de la vie extraterrestre pourrait avoir des implications pour la compréhension de la création divine ou de l'origine de la vie sur Terre selon votre foi ?

Chrétien, je suis un lecteur de Pierre Teilhard de Chardin, ce géologue jésuite qui a travaillé durant la première moitié du XXe siècle, en particulier à la recherche des origines de l'humanité. Il avait le souci de ne pas réduire la foi chrétienne aux seules dimensions de notre petite planète et de la brève histoire humaine ; il parlait d'un « Christ toujours plus grand ». Je partage cette conviction : la foi chrétienne n'a pas à craindre l'existence d'êtres extraterrestres, créatures de Dieu eux aussi ; elle doit plutôt s'en réjouir. Dieu reste le Tout-Autre par excellence !

Bibliographie personnelle sur le sujet

Turbulences dans l'univers. Dieu, les extraterrestres et nous, Paris, Albin Michel, 2017.

Qui va là ? L'humanité face à l'extraterrestre, Éditions de l'Académie royale de Belgique, coll. « L'Académie en poche », 2022.

Imam Hassen CHALGHOUMI

Imam de Drancy et président de la Conférence des imams de France.

Comment la foi musulmane ou votre croyance religieuse aborde-t-elle la possibilité d'une vie extraterrestre et des OVNI ?

Dans le Coran, certains versets suggèrent l'existence d'autres formes de vie, allant au-delà des simples objets volants pour évoquer la possibilité de vie extraterrestre. En Islam, il est souvent question d'autres mondes créés par Dieu, en plus de celui des humains. Ces autres mondes pourraient abriter différentes créatures. En regardant notre univers, notre planète, notre galaxie, nous réalisons à quel point nous ne sommes qu'un minuscule grain de sable dans l'immensité de l'univers. Ainsi, dans la croyance musulmane, il n'est pas surprenant de considérer l'existence d'autres créatures et d'autres choses.

Comme des mondes parallèles, en fait ?

Absolument ! En tant que musulmans, nous croyons en l'existence du monde des djinns. Les djinns sont créés à partir de feu sans fumée. Ils existent parmi nous, ils peuvent nous voir, mais nous ne pouvons pas les voir. Ils ont été créés avant les êtres humains. Dans la croyance musulmane, Dieu a dit aux anges qu'Il allait créer un humain, parlant ici d'Adam. Les anges ont répondu : « Attends, tu as déjà créé les djinns. Nous, les anges, t'adorons, nous te prions, nous ne péchons pas, mais tu as créé d'autres êtres avant nous. » Ils faisaient référence aux djinns, une puissance créée par Dieu, que certains appellent aussi des fantômes.

L'idée, c'est qu'il y a des créatures qui existent avant l'humain ?

Oui… qui existent avec nous, aujourd'hui, dans différents endroits, et ce monde-là, on le voit. Mais on y croit. Nous les imams, lorsqu'on fait une protection par rapport au mauvais œil, on sent des frissons, la présence d'êtres étrangers. On le ressent également dans des endroits un peu spéciaux, dans les montagnes… Si l'on croit que ce monde existe, on croit également que d'autres créatures existent. On n'est pas choqué par ça. Dieu a fait que, dans ce bas monde, ils nous voient, mais nous non. On sent leur présence, que le monde est habité. Même si on n'en parle pas trop pour ne pas faire peur.

Le phénomène OVNI et, globalement, la vie extraterrestre ne remettent pas en question la foi musulmane ?

Non, du tout. Le Tout-Puissant a tout créé, le bon et le mauvais, comme le reste des créatures. Certaines sont très dangereuses comme le scorpion ou le tigre, les bêtes sauvages, d'autres non. Si elles sont créées par Dieu, il y a une philosophie de sa création ainsi qu'un équilibre.

Cet équilibre, on peut imaginer qu'il existe aussi sur des vies extraterrestres, avec du bon et du mauvais ?

Absolument, avec d'autres planètes. Après, s'ils prient Dieu d'une autre manière, ça c'est autre chose. *(Rires.)*

Existe-t-il des récits ou des paraboles dans votre tradition religieuse qui pourraient être interprétés comme des allusions à des rencontres extraterrestres ?

Le Coran, livre sacré de l'Islam, ne mentionne pas explicitement l'existence des extraterrestres dans le sens moderne du terme. Cependant, il contient des versets qui sont parfois interprétés comme faisant allusion à la possibilité de formes de vie ailleurs dans l'univers. Par exemple, certains versets mentionnent la création de « mondes » au-delà de la Terre, ce qui pourrait être interprété comme une référence à d'autres planètes ou formes de vie. Un verset souvent cité est le suivant (Coran 42:29) : « Parmi Ses signes, Il a créé les cieux et la terre, et les créatures qu'Il a dispersées dans les deux. Il est capable de les rassembler quand Il le voudra. » Ce verset est parfois interprété comme une allusion à l'existence de créatures vivantes en dehors de la Terre.

Ce verset permet donc de valider l'idée et la croyance qu'il y a d'autres mondes ?

Oui ! Cependant, il est important de noter que ces interprétations ne sont pas universellement acceptées et varient en fonction des croyances et des compréhensions individuelles. Le Coran ne fournit pas de détails spécifiques sur les extraterrestres comme nous les concevons aujourd'hui. Les discussions sur ce sujet dans le contexte islamique sont souvent théologiques ou philosophiques plutôt que fondées sur des preuves scientifiques. Quand il est dit : « des cieux et de la terre », pourquoi la terre est-elle seule ? Y a-t-il plusieurs terres et sont-elles habitées ? C'est la science qui va découvrir ça. La croyance, elle, peut croire que Dieu n'a pas juste créé les humains et cette galaxie, mais aussi d'autres univers, tellement il est puissant et infini.

Dans la communauté musulmane, rencontrez-vous souvent des gens qui parlent de ça ou se questionnent sur ce sujet ?

Oui, souvent. Ce n'est pas du tout un sujet tabou. Dans l'Islam, on évoque fréquemment Gog et Magog, par exemple, qui sont annonciateurs de la fin des temps, ainsi que d'autres créatures qui peuvent venir de Dieu. La question de savoir s'il y a d'autres mondes que le nôtre est souvent posée chez les musulmans. La réponse est claire : oui, Dieu est tellement puissant qu'il est capable de créer d'autres mondes. Que ces créatures soient comme les êtres humains ou non, qu'ils soient jugés de la même façon ou pas, c'est une autre chose.

Justement, si d'autres vies existaient, seraient-elles « à égalité » en termes de dignité par rapport à l'être humain ou y aurait-il une hiérarchie ? L'être humain aurait-il une place particulière dans la création ?

En général, pour les familles monothéistes, l'homme est quand même le plus important, le plus sacré. C'est pour cela que Dieu lui a donné les textes. Tous les prophètes sont humains. S'il a créé d'autres choses, d'autres univers, les animaux, toutes les espèces… il a privilégié l'homme. Il lui a donné un cerveau et l'intelligence, la réflexion et la lecture des textes, la capacité de discerner le bien et le mal. C'est une chose propre à l'homme. Après, ils se sont dit que les djinns sont très intelligents, qu'ils ont la rapidité et la force, et vivent plus âgés que les êtres humains. Dieu a choisi un homme faible qui souffre, Adam. Peut-être que cette faiblesse est une force pour le rapprocher de Dieu.

Vous parliez des prophètes. Les prophètes ont-ils un statut particulier ? Sont-ils à la fois humains et divins ? Y a-t-il quelque chose d'« extraterrestre » au sens propre chez les prophètes ?

Chez l'être humain, il y a deux choses : d'un côté, la matière « terrienne », le sable, l'argile qu'est le corps. Et de l'autre côté, l'âme. L'âme, c'est l'au-delà. Elle ne vient pas d'ici. Nous participons donc de deux mondes. Celui de la terre et celui de l'au-delà. Dans la foi musulmane, avant d'être incarnés nous étions des esprits. Il y a un proverbe qui dit : « Je te connais depuis mille ans ». Les esprits se connaissent dans le monde d'avant la terre. Et l'esprit ne meurt pas, il est éternel. Il passe par ce monde et, quand le corps meurt, il retourne dans l'autre monde.

Ça rejoint la tradition platonicienne, non ?

Oui, tout à fait. Quand le corps meurt, l'esprit humain ou l'âme quitte ce monde.

Qui a été créé en premier : le monde humain ou les autres mondes ?

Les autres mondes, je pense. Dans la philosophie musulmane, on parle d'enfer pour punir. C'est la répression. Le paradis, c'est la motivation, la récompense. Le monde invisible de l'au-delà, c'est une chose qu'on attend. Notre monde, c'est un point dans l'univers infini et éternel. La terre disparaîtra peut-être, d'autres mondes seront créés.

À titre personnel, croyez-vous en une vie extraterrestre ?

Oui, tout à fait. Pourquoi j'y crois ? Parce que tout cet univers est tellement parfait, tellement incroyable, tellement immense qu'il y a forcément d'autres mondes. J'en suis sûr et certain. Et je serais ravi de connaître ces autres mondes. Je n'ai aucune crainte, aucune peur.

S'il y avait un contact avec des entités extraterrestres, vous n'auriez pas peur ?

Non. Vous savez, j'étais, il y a peu de temps, en Inde. Nous étions dans une école, dont l'étage était réputé « habité », hanté… Je suis monté. Un jeune, curieux, m'a accompagné mais il a eu peur. Nous avons récité des sourates pour nous protéger. Ce jeune a senti des frissons et moi comme quelqu'un qui me massait. Et je n'avais pas peur. J'ai récité des sourates. Nous avions les mêmes croyances, le même respect, et lui a flippé, moi non.

Et s'il y avait un contact avec des entités, serait-ce une chance pour le religieux que vous êtes ?

Tout à fait ! Vous savez, si l'on croit que le Tout-Puissant est le créateur de ce monde, ce sont des créatures de Dieu. Après, il ne faut pas chercher la guerre, ou le conflit, les voir comme une menace. Dans la mesure où elles ont une intelligence bienveillante, j'espère qu'on aura ce contact, nous ou nos enfants, nos descendants, pour aider l'humanité. Car si nous sommes en contact avec d'autres mondes, d'autres créatures, je pense que ça pourrait améliorer notre monde. Comment ? Grâce à des technologies qui permettraient par exemple de soigner les cancers ou les diabétiques. Pourquoi pas ? C'est un signe d'espoir de Dieu.

Vous évoquiez tout à l'heure le bien, le mal et l'équilibre. Cela veut-il dire que, s'il y a des entités extraterrestres, elles peuvent aussi être potentiellement mauvaises ?

Oui, c'est aussi possible, mais, si on est confronté à ces espèces, il faut que le croyant ne soit pas frileux. Il faut trouver comment on peut profiter de cette situation.

Donc ce n'est pas une menace, a priori *?*

Non ! Ça, c'est dans les films ou dans les fantasmes. Nous, on croit que l'univers entier est tenu par le Tout-Puissant. Après, à nous de faire les démarches pour aller vers l'autre. Les musulmans croient au destin. Il n'y a pas de hasard. Le hasard n'existe pas. Je pense qu'il y a un timing. Il y a un moment où ils viendront. Peut-être qu'ils attendent une date précise pour déclencher le contact. C'est une question de temps.

Pensez-vous que cela pourrait arriver prochainement ?

Possible. On ne sait pas.

Aux États-Unis, l'armée a déclassifié des vidéos où l'on voit des objets volants non identifiés et on a un peu l'impression qu'on prépare les gens à ce « timing », justement…

Possible aussi. Est-on obligé de dire toutes les choses que l'on connaît ? Non. Même en science. Est-ce que je vais dire à mon fils de 6 ans : l'Islam interdit telle ou telle chose ? Non. Il n'est pas prêt, le pauvre. Quand il sera mature et responsable, il pourra apprendre. C'est la même chose pour l'humanité. Est-elle est prête à accepter ça ou non ?

Qu'en pensez-vous, justement ?

Je pense qu'elle ne sera jamais prête mais qu'elle devra accepter la réalité. Si les choses s'imposent, elle acceptera. Après, est-ce que la NASA ou d'autres ont des infos, c'est tout à fait possible. J'espère que pour le bien de l'humanité, un jour, il y aura des révélations.

L'Islam est prêt à ça ?

Absolument. C'est l'ouverture vers l'autre. Pourquoi s'opposer à des créatures qui ont été créées par Dieu ? Si l'on ne croit pas que Dieu est à l'origine de toutes les créatures de l'univers, il y a une contradiction dans la foi. Cela veut dire qu'il y a des êtres hors de contrôle de Dieu. Et ce n'est pas possible si l'on considère que Dieu est Tout-Puissant. Tout naît de lui et va vers lui.

Si des créatures extraterrestres existent et qu'il y a un contact, cela changerait-il quelque chose pour l'homme ? Cela l'amènerait-il à plus d'humilité ?

C'est une belle question. L'homme est malheureusement arrivé à un stade où il se croit tout, se prend pour tout. C'est pour cela que l'épreuve du coronavirus, par exemple, le met à genoux. Terrassé par une chose qu'il ne voit même pas ! De même, il y aura un moment où l'homme sera face à une création technologique qui le dépassera. Il y a plein de choses, même sur Terre, qu'on n'arrive pas à comprendre : les pyramides, certaines maladies… Pour les musulmans, il y a trois pas dans la connaissance : le premier c'est « je connais » ; le deuxième, « j'ai des doutes » ; le troisième, « il n'y a que Dieu qui sait ». Dès qu'on rentre dans la connaissance de l'univers, on est faible. On n'est rien. Donc oui, ça relativiserait et ça amènerait un peu d'humilité pour le bien de l'humanité.

Vous évoquiez les pyramides, c'est intéressant parce qu'il y a des théories qui affirment que leur construction a peut-être été aidée par des forces supérieures…

Le prophète Soulayman – Salomon, pour les juifs – a aussi été aidé par ces créatures invisibles, qu'on appelle les djinns, pour créer son palais. Ce sont les djinns qui ont déplacé des pierres immenses, gigantesques. Ce monde invisible existe. Ces créatures peuvent donner la force face à un mal absolu mais aussi celle d'avancer et d'apprendre d'elles pour faire progresser l'humanité.

Encore une fois, ces djinns pourraient-ils être extraterrestres ?

Ça dépend comment on les présente. On voit souvent ça d'une manière mystérieuse, et d'une façon qui fait peur. Si vous présentez cela correctement, cela sera accepté. C'est comme pour la mort. On n'accepte pas la mort. Mais, au nom de la foi, on peut l'accueillir : une âme est demandée par Dieu, elle va aller de l'autre côté… C'est la même chose pour ces extraterrestres qui vont venir : ça dépend comment on les présente aux êtres humains. C'est comme ça qu'on peut préparer ce passage.

Et la foi donne une forme de confiance ?

Oui, absolument. Le croyant met sa confiance en Dieu. Il nous a donné les moyens d'agir et de réagir, mais on sait très bien qu'à la fin c'est lui qui tient les choses. Dans ce cas-là, pourquoi avoir peur ? Si Dieu nous donne l'accès à d'autres créatures, je pense qu'au début ça sera difficile, parce que la nature de l'être humain c'est toujours d'avoir peur de ce qu'il ne connaît pas. Il faut du temps pour s'adapter. On sera confronté à des gens qui viennent d'ailleurs et qu'on ne connaît pas… Certains diront qu'ils sont très bien, d'autres diront qu'on est foutus. L'extraterrestre, c'est l'étranger.

Franck FOUQUERAY

Franc-maçon de la Grande Loge mixte de France. Président fondateur du journal maçonnique n° 1 en France : *www.450.fm*. Toutes les réponses ci-dessous n'engagent que son auteur. Elles ne peuvent en aucune manière être représentatives de la franc-maçonnerie dans son ensemble.

Comment la franc-maçonnerie traite-t-elle la question des OVNI et de la vie extraterrestre dans ses enseignements ou discussions internes ?

La franc-maçonnerie n'aborde jamais, dans aucun travail ni aucune obédience, le problème des OVNI ou de la vie extraterrestre.

Existe-t-il des références ou des allusions à des phénomènes extraterrestres dans la symbolique maçonnique ?

Non, aucune allusion ni lien avec la vie extraterrestre. Même les Rites égyptiens réputés être les plus spiritualistes n'en parlent pas.

Comment votre point de vue personnel sur la vie extraterrestre s'articule-t-il avec vos croyances maçonniques ?

Selon moi, le travail maçonnique s'appuie exclusivement sur le travail symbolique des outils spéculatifs de la construction du temple de Salomon. Cela met en avant toutes les lois de l'univers (gravité, Lumière, Alternance, Vie, Mort renaissance…). Ainsi, il n'existe aucune incompatibilité entre ce principe et l'existence d'une vie extraterrestre. Mais les maçons n'abordent jamais ce point.

Les enseignements maçonniques ont-ils influencé vos réflexions sur ce sujet ?

Non, pas spécialement car le rapport est trop lointain entre le symbolisme maçonnique et l'existence d'une vie extraterrestre.

Croyez-vous en une vie extraterrestre, et pourquoi ? Sous quelle forme l'imaginez-vous ?

Oui, je suis totalement persuadé que des formes de vies existent dans notre univers et j'irais même plus loin en affirmant que les multivers m'intéressent grandement, ce qui ouvre alors de nouvelles voies inconnues.

Avez-vous envisagé un contact extraterrestre ? Si oui, comment le visualisez-vous ?

Oui, c'est évident qu'il existe déjà des contacts. Les gouvernements ont déjà bien assez de problèmes avec le monde humain et matériel pour propager auprès du grand public des informations qui seraient de nature à inquiéter le peuple. Le contact nous concernant ne peut qu'être en rapport avec nos cinq sens. Si un journaliste avoue qu'il est en contact de manière extrasensorielle, il va faire rire tout le monde et ne sera pas pris au sérieux. Cette forme de vie extraterrestre doit donc se caler sur notre mode de perception au risque de continuer à coexister sans aucun contact.

Comment percevez-vous la possibilité d'un contact, qu'il soit pacifique ou autre ?

C'est assez difficile car de nombreux témoignages existent aujourd'hui. Pourtant, personne ne veut tenir pour acquis qu'il existe une autre forme de vie. Pour ma part, tout contact émanant d'une forme de vie extraterrestre qui aurait acquis la technologie pour venir nous rendre visite ne pourrait être que pacifique. La conquête par la force et la violence est le signe d'une évolution assez limitée. Notre fantasme de Terrien que tout le monde nous en veut nous vient de nos propres carences et nos propres démons.

Comment imaginez-vous les possibles entités extraterrestres en termes de forme physique ?

En qualité de Terrien, je ne peux que raisonner sur le monde connu. Cela est donc totalement stérile. Toute forme d'intelligence venant de lointains horizons aurait forcément développé des formes, des matières, des modes de communication hautement intelligents et non encore perceptibles par notre modeste cerveau.

Pensez-vous qu'elles pourraient avoir une apparence similaire à la nôtre ou totalement différente ?

J'ai la conviction qu'elles seraient différentes car leur environnement géologique ne serait pas le même.

Y a-t-il des rituels ou des symboles maçonniques qui pourraient être liés aux phénomènes extraterrestres ou aux OVNI ?

À ma connaissance, non. Je n'ai aucune connaissance d'informations en ce sens.

Comment ces symboles sont-ils interprétés dans le contexte maçonnique ?

La franc-maçonnerie s'appuie sur une symbolique qui tend l'humain à s'affranchir du dualisme pour s'en détacher grâce au ternaire. Le chemin maçonnique s'appuie sur l'union du monde visible et du monde invisible dans un principe d'unité, par le rassemblement de tout ce qui est épars. Il n'est pas question d'inclure dans ce principe symbolique des êtres venus d'ailleurs.

Comment les francs-maçons abordent-ils les phénomènes inexpliqués ou mystérieux au sein de la fraternité ?

Comme je l'écrivais plus haut, c'est un point qui n'est jamais abordé en loge.

Les loges maçonniques organisent-elles des discussions sur ces sujets ?

Non, je ne connais pas une seule loge qui l'ait fait.

Les croyances maçonniques influencent-elles votre interprétation des observations d'OVNI ou des récits extraterrestres ?

Je dirais que non car elle n'exclut pas ce principe, mais ne le nourrit pas par les travaux qui y sont effectués.

Existe-t-il une diversité de perspectives au sein de la franc-maçonnerie concernant la vie extraterrestre ?

Non, car ni dans la maçonnerie sociétale ni dans celle symboliste il n'en est fait mention.

Envisagez-vous que la découverte de la vie extraterrestre pourrait avoir des implications sur les enseignements ou les rituels maçonniques ?

Le symbolisme maçonnique repose sur les lois qui animent l'univers tout entier. Les symboles sont issus du monde du travail sur la Pierre. Si demain une soucoupe arrivait dans les jardins de l'Élysée, cela ne changerait rien à ce symbolisme. L'avènement de $e = mc^2$ dans le premier quart du siècle dernier n'a pas changé une seule ligne de nos Rituels.

Comment la fraternité pourrait-elle s'adapter à de telles découvertes potentielles ?

J'ai envie de répondre avec humour, en affirmant que la Fraternité maçonnique en serait ravie car nos chaînes d'union seraient encore plus longues. Plus sérieusement, je doute que les maçons au titre de leur pratique auraient un avis, car cela dépasse la pratique initiatique. Il s'agit d'une question sociologique, anthropologique, mais pas spécialement initiatique.

Y a-t-il des ouvrages maçonniques ou des écrits qui ont abordé la question des OVNI ou de la vie extraterrestre ?

Il est possible que cela existe mais je n'en ai aucune connaissance.

Comment ces œuvres sont-elles généralement perçues au sein de la franc-maçonnerie ?

Pas forcément très bien car les maçons restent très conservateurs, ils sont d'une moyenne d'âge qui dépasse la cinquantaine et sont plutôt des CSP+, par conséquent assez rationnels. C'est pourquoi je doute que cela emporte un gros succès, mais je peux me tromper.

Bernard WERBER

Écrivain français, il est notamment connu pour sa trilogie des Fourmis. Son œuvre, traduite dans une trentaine de langues. Il a écrit et réalisé le film *Nos amis les Terriens* (2007).

Votre film Nos amis les Terriens *aborde d'une manière très originale le mystère OVNI, un film de 2007 dont le thème est toujours d'actualité.*

Pour commencer, ce qui m'intéresse par rapport au thème des extraterrestres, c'est comment ils sont par rapport à nous. On a toujours visualisé les extraterrestres selon une ancienne vision, les imaginant similaires à nous. Si l'on regarde la plupart des œuvres de science-fiction, les extraterrestres sont des humanoïdes verts avec des antennes et des oreilles en forme d'entonnoir pour la plupart. Même quand il y a eu les affaires de la Zone 51, je trouvais qu'ils ressemblaient quand même beaucoup à des humanoïdes. Or je me demande pourquoi la vie, qui est tellement multiforme, utiliserait des êtres similaires sur deux planètes. Les probabilités me semblent très faibles. Dans *Nos amis les Terriens*, l'idée était de mettre une voix off sans préciser la forme. Je crois que la forme nuit beaucoup.

Pour moi, les extraterrestres pourraient très bien exister sous forme de nuages, d'ondes ou de forme de vie végétale. Pourquoi l'homme se visualiserait-il sur la planète comme le seul qui a réussi ?

Mais la grande idée par rapport aux extraterrestres, ma hantise, ma peur vertigineuse, c'est qu'ils n'existent pas. D'ailleurs, le fait qu'ils n'existent pas, ça fout vraiment les foies. Si la problématique est juste : comme Dieu, est-ce qu'ils existent ou pas ? Il y en a qui croient, il y en a qui n'y croient pas. Quelque part, ce n'est pas intéressant. Ce qui est intéressant, c'est le vertige que donne le seul fait d'y penser.

Bon, imaginons qu'ils n'existent pas. Ça voudrait dire que la Terre est l'unique endroit dans tout l'univers où il y a eu une expérience qui a abouti à la vie, à l'intelligence et à la conscience, les trois niveaux qui nous ont amenés là.

Si c'est le cas, ça veut dire que ce qui est en train de se passer maintenant, le risque de Troisième Guerre mondiale, voire de destruction de la planète, qui ne semble pas être endigué et ne semble pas être endiguable, ce risque donc pourrait aboutir à la destruction plus récente de la planète. Or elle est destructible, c'est nous qui sommes dessus.

En 1961, une expérience a été faite en Russie, en Nouvelle-Zemble, d'une bombe atomique qui s'appelait la Tsar Bomba, menée notamment par Andreï Sakharov qui a eu le prix Nobel de la paix. Et cette bombe était censée être quelque chose comme 1 000 fois plus puissante que Hiroshima. Juste avant de la lancer, je ne sais pas si c'est Sakharov ou si c'est quelqu'un d'autre qui a dit : « On y est peut-être allé un peu fort. » Vu ce qu'ils avaient mis, ça aurait quand même fait un gros, gros, gros trou *(rires)*. À partir de quand, à quel moment notre planète commence à être déstabilisée par un gros trou, ça, je ne sais pas. Mais, en tout cas, on s'approche de l'outil de destruction de plus en plus important. De plus, actuellement, on est en train d'abîmer notre planète avec le réchauffement climatique qu'on provoque par notre consommation, par le risque que représente l'utilisation des bombes nucléaires. A priori, ce sont des pays comme l'Iran, la Corée du Nord, la Russie ou la Chine, qui ne sont pas vraiment des démocraties et qui ne sont pas tenus par des systèmes de contrôle, que ce soit des médias ou des partis d'opposition. Il suffit qu'un fou dise : « Moi, j'ai envie de faire un gros, gros, gros dégât », rien ne pourra l'arrêter.

Maintenant, imaginons, il n'y a rien ailleurs. Mais rien, rien, rien, rien. Ça veut dire que l'univers, ce sont juste des cailloux qui flottent dans l'espace, avec, à certains endroits, des cailloux plus gros et d'autres plus petits, et des cailloux qui bougent et des cailloux qui bougent moins. Cela voudrait dire que toute cette expérience extraordinaire de la vie qui se passe chez nous n'aura servi à rien.

Puisque l'expérience de la vie a donné vie, intelligence, conscience puis connerie, le dernier niveau. Et cette connerie nous amène à la fin de la vie partout. Donc, je crois que la notion extraterrestre est rassurante pour tout le monde. Même si nous, on gâche tout ; ailleurs, autre chose, d'autres gens, similaires à nous, eux plus raisonnables, plus intelligents, plus conscients, vont arranger les choses.

Il y a des scientifiques qui expliquent que, selon l'équation de Drake, soit il y a une multitude de planètes habitées, soit nous sommes tout seuls dans l'univers. Dans ce contexte, comment avez-vous eu l'idée de réaliser votre film du point de vue des extraterrestres ? Qu'est-ce qui vous a inspiré cette approche originale ?

J'avais déjà appliqué ça sur les fourmis, puis sur les dieux. C'était donc le dernier domaine sur lequel on ne se met pas à la place de l'autre. Je me suis demandé, puisqu'on imagine toujours les extraterrestres comme nous ressemblant, pourquoi ils nous traiteraient différemment de la manière dont nous-mêmes nous traitons les singes ou les autres formes de vie. À savoir : on ne comprend rien de ce qu'ils font, donc on donne une interprétation erronée. Mais vu que la voix a l'air de quelqu'un qui s'y connaît, personne ne pense à la remettre en doute. Par exemple, ce que je dis dans le film : on a décidé que le brame du cerf est un cri d'amour, et en fait non. C'est juste « Venez-vous battre ».

Dans votre film, l'un des aspects saisissants est le décalage entre ce que les extraterrestres pensent de nous et la réalité, comme en témoignent notamment les scènes d'amour où ils se trompent complètement dans leur analyse. Pouvez-vous nous expliquer comment ce contraste contribue à la force narrative de votre film ?

Je me suis beaucoup intéressé aux animaux. Ce qui est intéressant chez les animaux, c'est qu'on observe différentes formes de cohabitation. Cependant, il y a une grande légende sur les mantes religieuses qui mangent les mâles. En réalité, cela s'explique par des études menées en milieu clos. Il s'avère que, comme la plupart des animaux, la femelle, une fois fécondée, ressent de la faim, ne serait-ce que pour nourrir le futur être à venir. Si elle se sent affamée, elle peut en effet consommer le mâle. Mais si celui-ci n'est pas coincé, il peut s'en aller. J'aimais bien inverser le point de vue, pour montrer le niveau de prétention que peuvent avoir les documentaires animaliers. Ils prétendent comprendre ce que font les animaux, alors qu'ils n'en savent rien. C'est une proposition intéressante à considérer. Je trouve qu'il est important de rappeler, de manière générale, qui est qui et qui fait quoi. J'adore la phrase de Freud : « L'humanité a connu trois vexations : la première, c'est que la Terre n'est pas au centre de l'univers ; la deuxième, c'est que l'homme est un animal comme les autres ; et la troisième, c'est que la motivation de la plupart des artistes et des politiciens, c'est la libido, c'est-à-dire avoir des partenaires sexuels, que ce soient des femelles ou des mâles. »

Avez-vous suivi les publications des vidéos du Pentagone survenues aux États-Unis en 2017 ? Et que pensez-vous des récents développements, notamment de l'affrontement entre ceux qui soutiennent qu'on cache des informations et ceux qui affirment qu'il n'y a rien à cacher ?

Alors, vraiment, je pense que personne ne va bouger. Ceux qui y croient continueront d'y croire, et ceux qui n'y croient pas continueront de ne pas y croire, car nous sommes dans le domaine de la croyance. Et le domaine de la croyance, c'est l'idéologie. C'est-à-dire que cela n'a plus rien à voir avec la science.

En science, quelqu'un persuadé de quelque chose va tout faire pour démontrer que cette chose est vraie. C'est valable pour tout. Donc, celui qui veut montrer à tout prix que les extraterrestres existent va en trouver les moyens, comme l'équation de Drake. Et celui qui veut montrer que ça n'existe pas va trouver d'autres moyens : il suffit de dire que le hasard qui fait que la planète soit à la bonne distance, avec le bon angle, avec la Lune, avec tous les éléments au niveau des probabilités, c'est de l'ordre de l'impossible.

Ce qui est étonnant, c'est que très peu de gens envisagent la possibilité que ces objets volants non identifiés soient en fait des vaisseaux automatiques, voire une forme d'intelligence artificielle. Que pensez-vous de cette hypothèse ?

Il y a Philip K. Dick ! C'est mon auteur préféré. J'ai relu ses recueils de nouvelles, quand même une bonne centaine, je crois. Il a exploré toutes les possibilités de forme extraterrestre. Mais je me rappelle que dans l'une de ses nouvelles arrivaient tout à coup de l'espace des trucs gluants et ronds. Et tout le monde se mettait à dire : « On est envahi par les extraterrestres ! » et tirait dessus. Mais de plus en plus de ces trucs gluants tombaient. À la fin, on découvrit que c'était du pollen, une forme de vie de type « fleur » qui envoyait dans l'espace des gamètes sexuels. Cette idée que nous prenions du pollen extraterrestre pour une entité, pour un être vivant, puis qu'on tire dessus, je trouve que c'est aussi une manière de se moquer de ce qu'on est, de notre manière de fonctionner.

Justement, en France, ce qui est étrange, c'est que nous étions pratiquement les premiers, avec le rapport COMETA en 1999, à nous intéresser à ce sujet. Comment expliquez-vous le fait que, aujourd'hui encore, les gens continuent de rire dès que ce sujet est abordé et que, chaque fois qu'un reportage à la télévision est diffusé, nous avons systématiquement droit à la musique de la série X-Files *?*

Ce qui est extraordinaire, c'est le succès d'*X-Files* et ce n'est pas tant le fait que l'on rigole ou que l'on se moque, mais plutôt que *X-Files* montre que la plupart des gens y croient. Après tout, parce qu'on y croit, il y a des gens qui se moquent en disant : « Mais c'est faux ! » Moi, j'ai considéré que ceux qui croient et ceux qui ne croient pas étaient deux formes de bêtise. En fait, la vraie attitude honnête est l'agnosticisme : on n'en sait rien. Donc, on va se renseigner, puis on accumule les informations. Et après, quand on en aura suffisamment, on pourra essayer de se faire une intuition. Et encore, cette intuition, que ce soit dans un sens ou dans l'autre, elle pourra toujours être invalidée.

Quel est votre regard sur les vidéos d'OVNI comme celles diffusées par le Pentagone ?

J'ai aussi vu des vidéos faites par des amateurs que je connais. Ce sont les beaux-parents d'une amie, et ils partaient tous les week-ends parce qu'il y avait quelqu'un qui recevait un message extraterrestre qui disait : « On va apparaître là. » Donc, ils se mettaient tous en groupe en train d'attendre, parfois quatre ou cinq heures quand même. Puis, tout d'un coup, il y avait un truc qui surgissait, qui allait vite. Ça se passait une fois tous les quinze jours. Ils avaient une masse de vidéos énorme.

Maintenant, la question c'est : pourquoi utiliser un vaisseau de type soucoupe volante ? L'idée là présentée dans *Dune*, de plier l'univers comme une feuille, je trouve ça intéressant. Il y a un moment où il faut sortir de l'esprit humain. Les gens analysent les fourmis et visualisent des royaumes, parce qu'il y a une reine, un être plus gros. Et, avec les royaumes, une hiérarchie de type royaume médiéval. Mais, en fait, la reine ne fait juste que pondre. Donc on n'a pas la bonne optique.

Si les extraterrestres débarquaient demain, que se passerait-il, selon vous ?

Je trouve vraiment que les extraterrestres, tels qu'en parlent les humains, sont trop humains. Il y a toujours la notion d'équipage, la notion de vaisseau… C'est comme Christophe Colomb qui découvre l'Amérique. Il y a cette idée qu'ils viennent nous voir comme nous allons voir les autres peuples.

Pour répondre, ça dépend s'ils sont sympas. Et il y a des formes de vie sur Terre qu'on ne voit pas, c'est un problème de taille. On est aussi toujours parti du principe qu'ils avaient la même taille que nous. Même quand on parle des petits gris ou des hommes verts, globalement ça correspond à des gens de petite taille ou des nains. On n'a jamais pensé, par exemple, que ça puisse être des acariens. Pourtant, où est-il dit qu'ils devaient avoir la même taille que nous ?

Que pensez-vous de l'hypothèse qu'ils puissent venir d'un monde parallèle ?

Oui, comme la théorie des cordes ! J'ai été un des premiers à en parler en 1983 ! On n'y comprenait rien. Et je trouve que c'est mieux que ça soit les romanciers qui en parlent plutôt que les scientifiques, parce que les romanciers au moins n'ont pas de limite. Et il y a écrit le mot « roman ». Dès qu'on fait une découverte en astrophysique, comme pour la théorie des cordes, les scientifiques veulent à tout prix prétendre à la vérité. Mais en fait ils font du roman. Pour moi, ils se prennent au sérieux, alors que le romancier émet une hypothèse. C'est pour ça que je parlais de Philip K. Dick. Je pense qu'il a dû ratisser large toutes les possibilités extraterrestres. Et c'est en ça qu'il est plus intéressant qu'un scientifique qui chaque fois même ramène ça aux limitations de ce qu'on connaît.

Quels sont les avantages et les inconvénients d'être écrivain, et comment cela influence-t-il votre perception de la croyance, de la science et des certitudes ?

Je ne suis tellement pas dans la croyance. La croyance, ça veut dire qu'on pense qu'on détient une vérité. Moi, la vérité change tous les jours, mais je ne suis pas fermé ni à Dieu ni aux morts. Les scientifiques se surveillent entre eux et, dès qu'il y en a un qui sort du rang, tout le groupe est contre lui. C'est beaucoup plus facile d'être simple penseur que d'être scientifique. Ils vivent dans un système où ils doivent toujours donner des preuves. Et, en fait, il y a des abus. C'est-à-dire que vous pouvez faire dire n'importe quoi. J'aime bien ce que disait Karl Popper : la différence entre la religion et la science, c'est que la science on peut la remettre en question, alors que la religion on ne la met pas en question. En fait, tout ce qu'on sait est faux. Il n'y a pas de certitudes scientifiques.

Par exemple, prenons deux informations, censées être des certitudes : la première, la Terre est ronde. La Terre n'est pas ronde, elle n'est pas patatoïde. La seconde : on ne peut pas aller plus vite que la vitesse de la lumière. Il suffit de mettre une lampe de poche sur une locomotive, *a priori* il y a l'addition des deux vitesses par la loi de la physique, donc on peut remettre en question tout ce qui est scientifique. Sans parler des théories scientifiques anciennes qui sont ridiculisées.

Mais c'est intéressant de se demander quel est l'intérêt pour nous que les extraterrestres existent ou n'existent pas. L'un des intérêts, ça pourrait être la solution pour qu'il y ait la paix dans le monde. Il y avait une série qui s'appelait *V*: ils arrivaient et ça résolvait tous les problèmes. Maintenant, à quel prix ?

Une des questions qui revient actuellement est de savoir si les gouvernements nous cachent quelque chose ?

Je ne suis pas adepte des théories du complot. Je pense qu'il y a certaines informations sur lesquelles on ne fait pas de bruit parce qu'on pense que ça pourrait créer des soucis. Mais je ne crois pas trop à l'existence d'un coffre-fort secret contenant des documents ultrasensibles.

Avez-vous déjà envisagé, un jour, un contact extraterrestre ? Comment l'imaginez-vous ?

Moi, j'aimerais bien qu'ils soient des êtres formidables, et j'espère qu'ils puissent nous sauver. Et si ce sont vraiment des gens aussi bien, j'aimerais bien discuter avec eux. Mais je ne vois pas pourquoi ils seraient plus formidables que les gnous ou que les araignées, après tout. Et les araignées et les gnous n'ont rien à faire de nous. Les gnous sont peut-être plus embêtés parce qu'on les tue pour les manger. Les araignées, on les écrase parce qu'elles ne sont pas jolies dans le salon. Mais toutes les formes animales ne nous veulent ni du bien ni du mal. La souris qui vient chez nous cherche-t-elle à nous faire du mal ? Non, c'est juste qu'elle a une possibilité de se nourrir, c'est tout. Les arbres qui font des fleurs le font-ils pour nous faire plaisir ? Ils n'ont rien à faire de nous, ils font des fleurs pour attirer les insectes qui vont permettre la pollinisation. Donc, j'imagine très bien des extraterrestres qui n'en ont rien à faire de nous et qui peuvent venir de temps en temps pour voir. La possibilité que nous ayons des extraterrestres indifférents me semble être un thème romanesque intéressant.

Si vous deviez refaire ce film aujourd'hui, quels seraient les changements que vous envisageriez, compte tenu de tout ce que nous savons maintenant ?

La première chose que je changerais serait de mettre une star, car le film a été très mal distribué faute de célébrité. J'ai compris que, dans l'économie française du cinéma, la star passe avant le scénario. Si la star n'est pas présente, le film n'est pas diffusé. Voilà ce que j'aurais changé d'un point de vue commercial basique. En ce qui concerne le scénario lui-même, ce que j'ai essayé d'apporter dans *Nos amis les Terriens*, c'est juste du relativisme : vous croyez qu'on sait tout, mais peut-être qu'on ne sait pas tout. Vous croyez qu'ils sont comme nous, mais peut-être qu'ils ne le sont pas.

Par contre, vous croyez que, dès que des êtres étrangers nous voient, ils se disent : « Oh là là, qu'est-ce que c'est bien ! Ils font des voitures, ils font la tour Eiffel, ils volent dans les avions, ils s'habillent, ils sont beaux. » Non, il n'y a aucune raison. Ils se disent peut-être : « Bon, ils sont dans leur trip à eux », et on les laisse, comme on laisse des enfants jouer.

Pour moi, le film le plus puissant sur ce thème reste *2001 : Odyssée de l'espace*. La première fois que je l'ai vu, je n'ai rien compris. J'ai trouvé ça très prétentieux. La deuxième fois aussi, la troisième fois aussi, la quatrième fois également. Puis j'ai lu *La Sentinelle* d'Arthur C. Clarke[1]. J'ai trouvé le principe très intéressant. Avec le recul, ça a dû m'influencer pour faire *Nos amis les Terriens*. Ce film (de Kubrick) raconte qu'une autre espèce nous surveille et nous donne un rendez-vous à chaque saut évolutif pour voir où nous en sommes. Le dernier rendez-vous, qui est le thème du film, est le moment où nous allons surmonter notre peur de la mort.

Pour l'anecdote, Arthur C. Clarke a donc écrit la nouvelle dont est tiré le scénario de Kubrick. Ce dernier l'a ensuite contacté pour lui demander de noveliser le film, ce qu'il a

1. *Note des Auteurs* : qui a inspiré le film de Kubrick.

fait, d'ailleurs. Mais Clarke a avoué dans une interview qu'il n'avait pas compris le film. C'est-à-dire que l'adaptation est tellement forte et puissante que le créateur original du scénario n'a pas compris. Je trouve ça vraiment intéressant.

Il y a aussi le problème de la communication avec d'éventuels extraterrestres. Pour vous, quel serait le meilleur moyen ? Envisageriez-vous la télépathie comme une possibilité ?

Ce qui s'est passé avec le film *Rencontres du troisième type* me semble précurseur, c'est-à-dire l'idée que ce soit la musique et non pas la parole qui permette de communiquer avec eux. La télépathie fait partie des grands classiques de la science-fiction, mais ce sont nos fantasmes à nous. Nous sommes toujours dans les mêmes fantasmes. Le premier texte de science-fiction qui parle des extraterrestres est un texte de Lucien de Samosate, où il parle des Luniens, un peuple qui ressemble à des araignées. Lucien de Samosate est considéré comme le premier auteur de science-fiction. Et cela n'a pas beaucoup changé depuis.

Dominique FILHOL

est réalisateur du documentaire *OVNIS : une affaire d'États*, *Le bureau des OVNI* et le film *Valensol 65*.

Vous avez fait plusieurs films, notamment OVNI : une affaire d'États. *Comment avez-vous commencé à vous intéresser à ce sujet ?*

C'est un sujet qui m'intéresse depuis l'enfance. Mon père avait fait une observation assez étrange au bord de l'autoroute avec plusieurs personnes.

À quel moment cette observation a-t-elle été faite par votre père ?

Il a vu quelque chose dans les années 1970 sur l'autoroute du Nord en direction d'Amiens. Quelques années plus tard, j'ai retrouvé des archives de la télé de l'époque qui parlaient de ce phénomène.

Avez-vous vous-même vécu des expériences personnelles ?

Oui, j'ai vu des choses curieuses à plusieurs reprises en regardant le ciel. Parfois, un simple flash qui pourrait être un satellite Iridium, mais c'était un peu étrange quand même. La chose la plus bizarre que j'ai vue, c'était une espèce de sphère qui suivait un avion. J'avais 17 ans.

Comment en êtes-vous venu à faire le documentaire OVNIS : une affaire d'États *? C'est vous qui avez décidé de le faire ou l'on est venu vous chercher ?*

C'était mon initiative. En 2017, j'ai vu les vidéos filmées par les pilotes de chasse américains sur le programme secret du Pentagone. En France, on n'en parlait pas. J'ai appelé la chaîne Planète et proposé de faire un documentaire. Ils ont été très réactifs.

Cela a-t-il été facile d'avoir les intervenants du film ? Avez-vous essuyé beaucoup de refus ?

Au départ, il était important pour moi de montrer que je voulais faire un film sérieux. Ça a pris du temps d'avoir tous ces intervenants, que ce soit le sénateur Reid ou Luis Elizondo. Je ne me souviens pas avoir essuyé de refus.

Est-ce complexe et risqué de réaliser un documentaire sur ce sujet ? Peut-on compromettre sa réputation ?

Il y a un risque d'être mis dans une case d'excentrique ou de conspirationniste. Moi, je ne m'identifie pas à ça. Les gens peuvent penser ce qu'ils veulent. Je parle de faits qui ont été établis par des scientifiques et des autorités.

Il existe de nombreux films de fiction sur les extraterrestres, mais les documentaires sérieux restent souvent sujets à caution. Comment expliquez-vous cela ?

La fiction peut aller au-delà de l'imagination. Le documentaire se veut être un travail d'enquête rigoureux. Des séries comme *Ancient Aliens* posent des vraies questions, mais peuvent faire du mal au sujet en étant parfois trop tirées par les cheveux. Il y a documentaire et documentaire. Certains sont moins sérieux que d'autres, ce qui peut nuire au sujet.

En France, comment se fait-il que tout le monde rigole sur ce sujet ?

Je ne trouve pas que tout le monde rigole. Cela dépend des milieux. Dans le grand public, il y a des préjugés, mais il y a aussi des journalistes qui font un travail sérieux dessus, comme au *Figaro* ou au *Parisien*.

Pourquoi avez-vous choisi le cas de Valensole pour votre prochain film ?

C'est le cas ufologique français le plus connu et le plus étudié. C'est un cas qui se prêtait bien à un film. Ça se passe dans un lieu bucolique, en Provence, dans un petit village, dans les années 1960. Tous les éléments que j'aime bien.

Avez-vous pu tourner sur place directement ?

Oui, je suis allé plusieurs fois à Valensole. L'endroit où s'est posé l'objet n'a plus de trace maintenant, mais la lavande n'a pas repoussé à cet endroit-là pendant dix ans.

Comment avez-vous été accueilli par les gens sur place ?

On a été super bien accueillis. Les gens du village nous ont beaucoup aidés pour que le film puisse exister. On a pu tourner tranquillement, malgré le tourisme en période de lavande.

Avec toute votre expérience en ufologie, que pensez-vous personnellement de ce cas de Valensole ?

J'ai été touché par les gens qui ont connu Maurice Masse. Il n'avait aucun intérêt à mentir, n'a jamais changé son témoignage, et refusait l'argent pour les interviews. Le personnage est crédible. Il était résistant pendant la Seconde Guerre mondiale, ce qui renforce sa crédibilité.

Croyez-vous en une vie extraterrestre ? Avez-vous changé de position sur ce sujet ?

Je suis ouvert à la possibilité qu'on ne soit pas seuls. Les phénomènes aérospatiaux non identifiés existent. Mais personne n'a encore la preuve qu'il s'agit d'extraterrestres. Cela peut être lié à la conscience, à une autre dimension. Toutes ces hypothèses sont intéressantes.

Parmi toutes les formes de vie qui pourraient exister dans l'univers, des civilisations plus avancées seraient-elles en mesure de nous visiter ?

Oui, c'est possible. Certaines civilisations peuvent être plus avancées et nous observer, tout comme nous envoyons des sondes sur Mars. Il y a des théories qui parlent de dimensions parallèles ou de civilisations cachées sur Terre depuis toujours. C'est intéressant d'explorer toutes ces possibilités.

Vous avez également fait un film sur le GEIPAN. Y a-t-il d'autres cas intéressants que vous avez étudiés ou que vous trouvez importants ?

En France, le cas de Valensole est le plus emblématique. Dans le monde, il y a des cas comme Roswell et Rendlesham. Actuellement, je suis de près ce qui se passe aux États-Unis.

Pensez-vous que la fiction – films ou livres – a influencé notre perception de la question extraterrestre ?

La fiction a clairement influencé notre image de la vie extraterrestre. Des films comme *Rencontres du troisième type* ou *Premier Contact* ont été plus intelligents et renseignés que des films catastrophes comme *Independence Day*. La fiction a façonné notre manière d'appréhender l'autre.

Avez-vous vu une des vidéos de Jeremy Corbell, notamment celle avec l'objet en forme de méduse ?

Oui, c'est très étrange. Pour l'instant, il n'y a aucune explication. L'objet apparaît uniquement sur la caméra, pas à l'œil nu. C'est intéressant de savoir s'il y a des données radar ou si c'est juste un film. Les simples films ne suffisent pas pour étudier cela sérieusement.

Comment expliquez-vous qu'on n'ait jamais eu de preuve tangible des objets ou des pièces des crashs d'OVNI ?

Soit il y a un système bien rodé pour récupérer ces objets, soit c'est une grande légende urbaine. Mais il y a tellement de gens impliqués qui ont travaillé sur ces sujets, j'ai du mal à croire que tous mentent.

Avez-vous rencontré des personnes peu crédibles qui brouillent les pistes ?

Oui, il y a des gens peu crédibles. Je m'intéresse davantage aux scientifiques et aux experts qui travaillent sérieusement sur le sujet.

Quelle serait la prochaine étape dans la situation des OVNI et de la question extraterrestre ?

Je ne sais pas ce qui est prévu, mais c'est sûr qu'on va continuer d'en parler cette année. Peut-être qu'on en saura plus sur les histoires de vaisseaux récupérés. David Grusch a mentionné qu'il allait donner des noms aux sénateurs, ce qui est intéressant.

Est-ce compliqué d'enquêter sur ce sujet ?

Oui, c'est un sujet vaste et complexe. Plus on s'y plonge, plus on découvre de nouveaux dossiers. C'est passionnant, mais il est important de rester objectif et de ne pas tomber dans les croyances.

Bob BELLANCA

est animateur et producteur de radio et de télévision. Il est le fondateur de BTLV, premier média en ligne consacré au mystère et à l'inexpliqué.

Vous avez fondé BTLV, le média du mystère et de l'inexpliqué. Pouvez-vous expliquer quelle place est accordée à la question des OVNI et à la vie extraterrestre ?

La vie extraterrestre et le phénomène OVNI ont toujours été au centre de la ligne éditoriale de BTLV. Mais c'est vrai que depuis 2017, avec les révélations du *New York Times* sur l'officine officieuse du Pentagone travaillant sur le phénomène OVNI, les choses se sont accélérées. La sortie des vidéos de l'armée américaine, prises par les pilotes, a révélé que, depuis 2004, le phénomène OVNI était très important et observé par les militaires de l'US Navy. Cela a pris une place très importante sur BTLV. C'est le sujet phare. Chaque fois qu'on fait une émission sur le phénomène OVNI, notamment en direct et en clair, ce sont les émissions qui marchent le mieux.

Est-ce compliqué d'installer un média crédible sur ces sujets ? Cela a-t-il été facile et reconnu ?

Établir la crédibilité d'un média comme BTLV est effectivement une tâche ardue. Personne ne nous prend au sérieux. Souvent, on entend : « Tiens, Bob, c'est les petits hommes verts », ou : « Bob, c'est télé OVNI, radio OVNI. » C'est très difficile parce que, contrairement à ce que la science devrait faire – rester curieuse –, elle condamne souvent. La sphère médiatique, surtout *mainstream*, condamne aussi fréquemment par ignorance. Elle ne veut pas se compliquer la vie et qualifie tout cela de n'importe quoi. Donc, cela a été compliqué. Pour être reconnu comme un organisme de presse, il a fallu plusieurs années. Nous avons dû faire preuve de transparence, rédiger beaucoup de contenu, utiliser fréquemment le conditionnel dans nos émissions et rester factuels dans nos articles. Mais, aujourd'hui, nous pouvons être fiers d'être le seul organisme de presse télé et radio spécialisé dans ces phénomènes mystérieux et inexpliqués.

Quelle est la sociologie de vos auditeurs qui s'intéressent particulièrement aux OVNI ?

L'audience de BTLV, composée de nos abonnés et téléspectateurs, n'est pas constituée d'enfants. Il s'agit souvent de personnes âgées de 40 à 60 ans, qui se sont posé des questions existentielles à un moment donné de leur vie : quel est le sens de la vie, pourquoi suis-je ici, à quoi cela sert-il, où vais-je ? Suis-je là uniquement pour enfanter, dans le meilleur des cas, et ensuite disparaître, ou dois-je laisser une empreinte, quelque chose de durable ? Y a-t-il un après ? Fais-je partie d'un processus ? Ai-je une mission de vie ?

Nos auditeurs ne sont pas souvent des cadres supérieurs, mais ce sont des personnes qui lisent beaucoup et s'intéressent aux phénomènes extraordinaires, à l'histoire, à l'archéologie. Ce sont des passionnés, souvent des gens qui ne regardent pas fréquemment la télévision mais qui lisent beaucoup. Voilà la sociologie de mes abonnés, de mes auditeurs.

Parmi eux, qui s'intéresse particulièrement aux OVNI et aux extraterrestres ?

Dans l'audience de BTLV, ce sont plutôt les hommes qui sont très intéressés par les OVNI et les extraterrestres, bien que de plus en plus de femmes s'intéressent aussi à ce phénomène. Les hommes sont souvent fascinés par ces objets volants non identifiés.

Pensez-vous que les médias donnent une perception juste de ce phénomène ?

Non. Je pense que les médias ne donnent pas une perception juste de ce phénomène parce qu'ils ne le connaissent pas. Pour eux, cela se résume souvent à un reportage avec la musique de la série *X-Files*. N'ayant pas de spécialistes sur le sujet, comme lorsque des lumières sont observées dans le ciel sans explication rationnelle, ils confient souvent ce type de reportages à des stagiaires ou à des journalistes non spécialisés, qui arrivent avec des *a priori*. Ils préfèrent éviter d'expliquer que c'est inexplicable, de peur d'être ridiculisés.

Pensez-vous que la fiction (film, livre) influence notre perception des extraterrestres ?

Oui, fatalement. La science-fiction, la littérature et la culture populaire ont influencé notre perception de la question extraterrestre en lui donnant une image conventionnelle : le petit extraterrestre de 1,20 mètre avec des yeux en amande. C'est l'image que l'on a lorsqu'on parle du phénomène OVNI. Mais peut-être que les extraterrestres ne sont que des consciences, peut-être qu'ils ont des antennes, un seul œil, ou six jambes. Il serait présomptueux d'imaginer que les extraterrestres, s'ils existent, nous ressemblent. Ils ont certainement évolué différemment en fonction de leur atmosphère et de leur gravité. La pop culture a façonné notre vision d'un humanoïde petit, avec de grands yeux noirs et une peau grise.

En France, ce sujet est-il pris au sérieux ? Comment est-il traité ?

En France, ce sujet n'est pas pris au sérieux. Encore une fois, je reviens sur les médias et leur traitement du sujet dans les médias *mainstream* : il n'est pas pris au sérieux. C'est compliqué d'être pris au sérieux parce que, d'un côté, vous avez des gens, comme ceux qui viennent sur BTLV, qui essaient de comprendre, de donner une explication ou, au moins, de tenter de comprendre le phénomène qu'ils ont observé ou qu'ils étudient. Et, de l'autre, vous avez ceux qui participent à des colloques avec la « Confédération galactique », où l'on affirme que les « frères galactiques » sont déjà là, qu'ils nous observent et qu'ils vont bientôt sauver la Terre. Ces raccourcis dangereux rendent difficile d'être pris au sérieux quand on étudie ce phénomène.

Et comment est-il traité aux États-Unis ?

Aux États-Unis, on pratique l'*UFO entertainment*, car les Américains sont, rappelons-le, des professionnels de l'industrie du spectacle. Tout est propice à attirer l'audience et à générer des revenus. Le phénomène OVNI est devenu un véritable spectacle aux États-Unis. Quel que soit le témoin, il y aura des annonces et des bandes-son grandiloquentes. Il faut que ce soit du spectacle, car cette notion est profondément ancrée dans la culture américaine.

Alors, n'est-ce pas un sujet sur lequel on peut tout dire ?

Oui, c'est ce que je soulignais à propos de la « Confédération galactique » : on peut avancer toutes sortes d'affirmations. En l'absence de preuves concrètes, rien n'empêche de dire : « J'ai été enlevé par un extraterrestre » puis, la semaine suivante : « Cet extraterrestre m'a proposé de procréer avec lui et nous avons eu un enfant. » Sur BTLV, j'ai accueilli des personnes affirmant avoir des enfants sur d'autres planètes, entre autres récits. Je ne suis pas là pour porter un jugement, mais pour poser des questions. Peut-être que ces personnes disent vrai, peut-être qu'elles ont effectivement des enfants ailleurs, mais, comme dit l'adage : « À grande annonce, grande preuve. » Pour l'instant, nous n'avons que des conjectures et des témoignages rapportés. C'est fascinant. Je ne rejette pas ces témoignages car ils possèdent un aspect mystérieux et merveilleux qui peut captiver l'imagination. C'est pourquoi je les apprécie, même si parfois les affirmations sont controversées.

Comment arriver à différencier un témoignage crédible ?

En tant que journaliste et interviewer, on développe une sensibilité proche de celle d'un psychologue. On perçoit rapidement quand une personne est authentique dans sa vérité personnelle – notons bien : « *sa* vérité », pas nécessairement « *la* vérité ». Il est facile de distinguer la sincérité d'une façade. Parfois, les récits sont si extraordinaires qu'ils pourraient rivaliser avec un épisode de *Star Wars*. On peut discerner assez vite les témoignages crédibles.

Personnellement, croyez-vous en une vie extraterrestre ?

Oui, bien entendu, je crois en une vie extraterrestre, tout comme les astronomes et les scientifiques qui estiment que nous avons plus de chances de découvrir une forme de vie ailleurs dans l'univers que de ne pas en trouver. Avec des milliards de planètes à explorer, il serait présomptueux de penser que nous sommes les seuls à avoir évolué. Oui, je crois fermement en l'existence d'une vie extraterrestre. Maintenant, savoir si elle nous a déjà rendu visite, c'est précisément le sujet de BTLV et à travers toutes les questions que j'aborde sur cette plateforme.

Sous quelle forme ?

Comme je l'ai dit tout à l'heure, cela peut prendre toutes les formes possibles et imaginables.

Avez-vous changé de position sur le sujet ?

Non, je n'ai jamais varié sur ce point. Même lorsque je ne m'intéressais pas encore à ces sujets, je considérais toujours que, lorsque je contemplais le ciel d'été allongé dans l'herbe et observant toutes ces étoiles, il devait sûrement y avoir des êtres ou des entités quelque part là-haut. Non, je n'ai pas changé d'avis là-dessus.

Avez-vous des expériences personnelles ?

Non, je n'ai pas eu d'expérience personnelle avec les OVNI qui ait influencé ma conviction.

Quels sont, selon vous, les trois cas les plus emblématiques ou troublants du phénomène OVNI ?

Il y a beaucoup d'exemples. Tout d'abord, il y a les lumières de Phoenix, qui sont tout simplement incroyables. Ensuite, il y a les lumières de Los Angeles pendant la Seconde Guerre mondiale. Et puis, quels autres cas emblématiques pourrions-nous mentionner ? Souvent, ils se produisent aux États-Unis, comme vous l'avez remarqué. Il y a aussi l'affaire de Maurice Masse à Valensole. Tous ces cas sont vraiment très significatifs. L'incident de Valensole est particulièrement frappant : rien n'a repoussé à l'endroit où l'objet aurait atterri. Voilà, ce sont des cas emblématiques, c'est certain.

Les crashs d'OVNI vous semblent-ils plausibles ? Pensez-vous que nous avons secrètement récupéré du matériel extraterrestre ?

Pour ma part, je ne formule pas de certitudes, je considère toutes les possibilités. On peut concevoir qu'une grande puissance, si elle récupère un engin d'origine inconnue, choisit de ne pas en révéler l'existence, surtout s'il renferme une technologie avancée. Elle pourrait décider de le conserver pour mener des recherches approfondies sur le phénomène. Cependant, de nos jours, je constate qu'il est extrêmement difficile de dissimuler la vérité avec l'omniprésence des smartphones et les multiples moyens de communication à notre disposition. Avec chacun ayant la possibilité de se transformer en journaliste amateur, il semble que cacher quelque chose d'aussi crucial serait particulièrement complexe.

Pensez-vous que les gouvernements ou des agences nous cachent des choses ?

Encore une fois, on parle de sécurité nationale. Les agences gouvernementales et les gouvernements de différents pays sont censés protéger leurs concitoyens. Donc, ils doivent expliquer ce qui se passe au-dessus de nos têtes. Aujourd'hui, ils sont confrontés à un phénomène qu'ils n'arrivent pas à expliquer. Ils doivent garantir la sécurité et, si jamais ils ont découvert quelque chose de dangereux, je ne pense pas qu'ils affoleraient la population. Donc, il y a un secret. Si jamais ils ont récupéré des informations, ils les garderaient secrètes pour ne pas les communiquer à l'ennemi. C'est mon sentiment, mais c'est normal. L'armée fait des choses secrètes, on l'appelle « la Grande Muette ». On peut imaginer que, si des technologies sont récupérées, on ne le crie pas sur les toits.

Si on découvrait la vie extraterrestre, quelles seraient les conséquences ?

On dit souvent que nous ne sommes pas prêts. Je pense que la société dans son ensemble n'est pas prête à découvrir l'existence d'extraterrestres qui pourraient nous rendre visite ou qui pourraient exister ailleurs dans l'univers. Nous avons fondé nos sociétés sur des bases religieuses. Tout cela ne serait-il pas remis en question ? La place de Dieu ne serait-elle pas mise en cause ? Je doute que nous soyons préparés à de telles répercussions. Comme d'habitude, il est probable que certains, comme les Raëliens, se réfugieraient dans des endroits comme le Larzac en implorant les extraterrestres de venir les chercher, de les emmener loin de la vie sur Terre qu'ils estiment mauvaise. Je pense qu'il y aurait certainement un bouleversement notable.

Dans le cas d'un contact avec une civilisation extraterrestre, pensez-vous que nous y sommes préparés ?

J'imagine que les scientifiques et les gouvernements se préparent à cette éventualité. Cependant, tout dépend de la nature de la vie extraterrestre. Si nous la concevons comme sympathique, gentille et bienveillante, il n'y aurait aucun problème, je pense que nous sommes prêts. Mais si demain nous faisons face à une civilisation extraterrestre hostile, qui veut nous anéantir, récupérer notre planète, ou nous transformer en chair à saucisse, je ne suis pas sûr que nous serions capables de nous défendre ni que nous soyons préparés à une telle situation.

Pourriez-vous envisager des scénarios où cela pourrait être bénéfique ? Qu'est-ce que cela changerait ?

On peut effectivement envisager des scénarios où les extraterrestres seraient plus sages que nous et nous aideraient à ne plus nous battre, à accepter le partage, les différences de couleur de peau, de religion, et même les différences physiques – grands, petits, beaux, moches –, tout cela deviendrait anecdotique. Nous passerions à autre chose, à une sorte de sagesse et de spiritualité. Il me semble que je ne sais plus quel scientifique disait que le XXIe siècle serait spirituel ou ne serait pas (phrase souvent attribuée à Malraux). Donc, cela pourrait-il nous apporter une certaine spiritualité ? Je ne sais pas. Voilà, je ne sais pas si ce serait bénéfique ni si cela changerait quelque chose, mais on peut l'envisager.

Que pensez-vous des personnes qui disent avoir été abductées ?

J'ai reçu de nombreuses personnes affirmant avoir été abductées, comme Calvin Parker, qui nous a malheureusement quittés. C'était un Américain. J'ai aussi rencontré Alexander, un Français, ainsi que d'autres. Donc, bien sûr, il y a des gens qui disent avoir été enlevés. C'est toujours pareil, c'est très troublant de voir des gens venir parler de cela alors qu'ils savent très bien qu'ils vont être moqués et raillés, et qu'ils n'ont rien à en tirer, si ce n'est quelque chose de négatif. Moi, je suis toujours touché par ceux qui viennent témoigner. Je ne sais pas ce qu'ils ont vécu, mais ce qui est sûr, c'est qu'ils ont vécu quelque chose d'extraordinaire pour venir en parler.

Y a-t-il une bonne question que l'on ne vous a pas posée ?

Voudriez-vous être emmené dans un vaisseau extraterrestre ? Mais bien sûr, ma bonne dame ! Si l'on me garantit que je peux revenir sur Terre, je monte demain dans un vaisseau extraterrestre.

Sommes-nous prêts ?

Peut-on encore parler d'irrationalité quand on s'intéresse aux OVNI ? Est-ce devenu un sujet sérieux sur lequel se pencher, n'est-ce plus une occasion de moquerie ou de dédain ?

L'intérêt pour les OVN a longtemps suscité des débats passionnés, oscillant entre fascination et scepticisme, quand ce n'est pas un regard un peu moqueur. Parler d'OVNI, c'était forcément être un peu « perché » et pas très crédible. Comme le relève Alain Juillet, ancien directeur du renseignement à la DGSE et spécialiste de la question : « On a perturbé le problème de perception des OVNI par le fait qu'on a tout mélangé. Quand on commence par "J'ai vu un engin et il y avait des petits bonshommes verts qui sont sortis », alors là c'est fini » (p. 121).

Pendant des décennies, les témoignages et les récits de phénomènes inexplicables ont alimenté les théories conspirationnistes ou les spéculations les plus diverses et discutables sur l'existence d'une vie extraterrestre. Ces récits ont été largement considérés comme des produits de l'imagination humaine ou des malentendus, quand ils n'étaient pas pris pour les délires d'esprits perturbés.

Ce discrédit sur le sujet extraterrestre a longtemps eu cours et il faut parfois encore y faire face dans certains milieux, comme celui de la politique, notamment en Europe. « La plupart des politiciens en ont très peur, je ne comprends pas vraiment pourquoi. J'ai donc agi individuellement en espérant réduire la stigmatisation entourant ce sujet, toujours corrélé à des petits hommes verts ou gris » (p. 135), explique Francisco Guerreiro, alors député européen.

Et ce n'est pas seulement l'apanage de la sphère politique. Il en va de même dans le monde des médias. Bob Bellanca, fondateur de BTLV, souligne les défis et l'importance de traiter sérieusement la question des OVNI dans les médias : « Établir la crédibilité d'un média comme BTLV est effectivement une tâche ardue. [...] La sphère médiatique, surtout mainstream, condamne souvent par ignorance » (p. 362).

Néanmoins la donne a changé. Les récentes révélations d'autorités officielles, notamment militaires, sont venues bouleverser les choses : le rapport du Pentagone sur les phénomènes aériens non identifiés (UAP) en 2021 a reconnu l'existence d'objets aériens dont la nature reste inconnue. Ce rapport mentionne des observations, rapportées par des pilotes de l'US Navy, de phénomènes aériens défiant les lois de la physique connue, sans fournir d'explications concluantes.

Car des explications définitives, pour l'instant, il n'y en a pas. Toutefois, la perception publique et gouvernementale du phénomène OVNI a subi une métamorphose radicale. Christopher Mellon, ancien secrétaire adjoint à la Défense pour le renseignement, résume clairement la situation : « La question n'est plus de savoir si les PAN (phénomènes aériens non identifiés) existent, mais de comprendre ce qu'ils sont, d'où ils viennent, comment ils fonctionnent et quelles sont les intentions de ceux qui les contrôlent » (p. 91).

Les questions, elles, demeurent, apportant un nouveau regard car le sujet a désormais changé de nature. Il est devenu crédible, sérieux, digne d'intérêt et de réponses argumentées et rationnelles. C'est par exemple l'approche du général Mignot, un des premiers militaires français à avoir apporté un témoignage d'observation d'un phénomène aérospatial non identifié. « Je m'inscris dans une logique de rigueur cartésienne. Je ne cautionne pas les approches sensationnalistes ou complotistes liées aux "extraterrestres". Ces idées ne me concernent pas et je n'ai jamais cherché à évoquer de telles théories » (p. 256).

Et Alain Juillet d'ajouter : « Quand un général, ancien directeur de Centre national des opérations aériennes, un type sérieux, vous raconte ça, et que tout son équipage, avec des gens très divers, concordent sur la description de ce qu'ils ont vu… vous pouvez vous dire que c'est vraiment un témoignage sérieux. Il n'y a aucun doute » (p. 120).

Les témoignages de professionnels de l'aviation et de l'armée ajoutent une crédibilité indéniable aux discussions sur les OVNI. Pierre-Henri Chuet, ancien pilote de l'US Navy, souligne une évolution positive dans la perception des pilotes : « Il y a une démocratisation des sujets liés aux OVNI. C'est une bonne chose. Je pense que les gens ont moins peur de verbaliser ce qu'ils voient » (p. 273).

Le sujet est donc devenu sérieux. Et cette approche est désormais largement partagée. En témoigne la parole des experts qui ont bien voulu nous répondre : astronaute, astrophysiciens de premiers plan, ancien sous-secrétaire d'État à la Défense américain, militaires, responsables politiques, religieux, scientifiques, professionnels de la sécurité ont accepté d'envisager le sujet et les questions qu'il soulève pour y apporter leur éclairage. Pourquoi ? Parce qu'il est un enjeu majeur de notre époque et de notre avenir, peut-être même pour notre civilisation et l'espèce humaine.

Comme le mentionne Christopher Mellon : « La reconnaissance officielle des OVNI pourrait avoir un impact profond et multidimensionnel sur la société façonnant l'avenir de notre civilisation à travers des avancées scientifiques, des changements culturels, des adaptations économiques et des répercussions psychologiques et sociétales » (p. 94). Cette déclaration ne fait pas seulement office de reconnaissance officielle du phénomène, elle marque le passage d'une vision irrationnelle à une enquête rigoureuse et méthodique.

Là encore, l'atteste la prise de parole des théologiens et des religieux : la vie extraterrestre et la possibilité de l'existence de créatures non terriennes sont désormais envisageables et envisagées à la lumière du prisme des différents dogmes. Reconnaissons-le de suite, les religieux ont été les moins prompts à nous répondre, arguant souvent d'une incompétence en la matière, quand ce n'est pas un désintérêt revendiqué. Nombreux sont ceux qui ont refusé.

Mais, là encore, certains ont osé penser l'éventualité, souvent selon des perspectives variées mais assez convergentes. François Euvé, théologien jésuite, explique que « la tradition chrétienne dit que le monde a été créé par Dieu, il y a donc quelque chose de commun à toutes les composantes de l'univers. Toutes les composantes du cosmos sont des "créatures" » (p. 311). L'imam Hassen Chalghoumi, quant à lui, ajoute, dans une perspective musulmane : « Dans le Coran, certains versets suggèrent l'existence d'autres formes de vie allant au-delà des simples objets volants pour évoquer la possibilité de vie extraterrestre » (p. 327). Jacques Arnould, docteur en théologie, catholique, va même jusqu'à affirmer qu'« il faut aussi nous rappeler que, dans sa prédication, Jésus disait qu'"il existe plusieurs maisons dans la demeure de [son] Père" ». Un mot qui est interprété comme une « ouverture » à l'hypothèse extraterrestre et à y appliquer la morale chrétienne » (p. 325).

Ces points de vue montrent que non seulement l'existence potentielle d'une vie extraterrestre n'est pas en contradiction avec les croyances religieuses, mais aussi qu'elle recèle un enjeu théologique prodigieux. Charles-Maxence Layet, journaliste scientifique, pointe d'ailleurs une forme de convergence : « *Ce qui se déroule avec le phénomène OVNI correspond à une nouvelle forme de religiosité. [...] On pourrait dire que c'est une nouvelle façon de communier, de se relier à l'invisible, de qualifier les êtres invisibles et les émissaires.* » Après tout, en l'absence de toute preuve avérée, la vie extraterrestre reste un objet de croyance.

Mais cela reste avant tout un formidable enjeu pour les scientifiques, au premier rang desquels les astrophysiciens. « Pour moi, la science est le privilège de rester curieux à propos du monde et d'apprendre à partir des preuves et des données plutôt que d'avoir une opinion à ce sujet. Malheureusement la plupart des gens ont des opinions bien arrêtées sur la question de savoir si nous sommes seuls » (p. 207), déclare l'astrophysicien Avi Loeb.

Si Mike West, podcasteur et sceptique averti, critique le travail de Loeb, qualifiant ses théories de « hautement spéculatives », il reconnaît l'importance d'une recherche scientifique approfondie dans ce domaine. Il en va de même pour Jean-Pierre Luminet : « Il faut faire preuve d'imagination ! Le monde scientifique actuel devient trop orthodoxe. Les jeunes n'osent pas sortir des sentiers battus. Et sur ce point-là Avi a raison. »

La science, par définition, repose sur l'observation, l'expérimentation et la validation. Les scientifiques s'intéressent de plus en plus aux PAN et à la possibilité d'une intelligence extraterrestre. La recherche de preuves tangibles et la volonté de comprendre l'inconnu sont au cœur de cette démarche. Les astrophysiciens, tout particulièrement, offrent une perspective unique sur la question des OVNI. Et si certains restent sceptiques quant aux visites extraterrestres, comme Françoise Combes, professeure au Collège de France, qui constate que, « les distances étant tellement infranchissables pour nous, je ne pense pas que des engins habités ou non puissent nous visiter », d'autres envisagent toutes les hypothèses sans réticences : « S'il y a effectivement des OVNI, il y a des civilisations extraterrestres qui nous visitent et qui donc ont découvert des lois physiques que nous ne connaissons pas encore ! [...] Cela veut dire qu'ils ont découvert le moyen de voyager entre les étoiles », explique ainsi l'astrophysicien Jean-Pierre Luminet (p. 221).

Philippe Guillemant, physicien, enrichit cette dimension théorique d'une perspective quasi métaphysique : « Le lien est évident, puisque notre intégration dans le concert qualifié à tort d'extraterrestre dépend directement de notre compréhension de la véritable nature conscientielle du réel » (p. 235). Jacques Arnould, expert éthique au CNES, renforce cette perspective en affirmant : « Les PAN tout comme les extraterrestres nous offrent un terrain pour mieux nous connaître » (p. 319).

Derrière la question de la possibilité de l'existence d'une vie extraterrestre, c'est donc notre rapport au réel et à nous-mêmes qui se joue. Rien que ça !

Une question au moins demeure alors... Sommes-nous préparés à cela ? Il semble que cela ne soit pas tout à fait le cas. Pour Nick Pope, ancien fonctionnaire du ministère de la Défense britannique, voix influente dans le domaine de la recherche sur les OVNI : « Nous ne sommes pas préparés car nous ne savons pas à quoi nous préparer. Il y a tellement de variables concernant ce à quoi pourraient ressembler les extraterrestres et comment le premier contact pourrait se dérouler qu'il est presque impossible de prédire comment les événements se dérouleraient et comment l'humanité réagirait. »

Et, pourtant, la perspective ne semble pas effrayer nos témoins. Car la curiosité, la confiance et l'enthousiasme semblent toujours l'emporter. Quand on évoque la possibilité d'une preuve de vie extraterrestre, l'astrophysicien Jean-Pierre Luminet est sans équivoque : « Personnellement, j'aimerais bien qu'elle arrive de mon vivant » (p. 232). Le journaliste et producteur Bob Bellanca va même plus loin : « Si l'on me garantit que je peux revenir sur Terre, je monte demain dans un vaisseau extraterrestre » (p. 370). Quant à l'écrivain Bernard Werber, le plus terrifiant n'est pas ce que l'on pourrait croire : « La grande idée par rapport aux extraterrestres, ma hantise, ma peur vertigineuse, c'est qu'ils n'existent pas » (p. 344). Et, effectivement, c'est peut-être bien là le plus grand danger.

III.

PETITE HISTOIRE DES MONDES EXTRATERRESTRES : DE L'ANTIQUITÉ À NOS JOURS

Sommes-nous seuls dans l'univers ? Existe-t-il d'autres mondes habités ? Des intelligences non terriennes sont-elles déjà entrées en contact avec l'humanité ?

Depuis l'Antiquité, l'exploration de ces thèmes montre la curiosité fondamentale de l'homme pour l'univers et pour la possibilité d'une vie au-delà de notre planète. Faute de réponses probantes et définitives, cette curiosité reste inchangée, toujours aussi vivace. Les questions soulevées par les Anciens continuent d'inspirer les chercheurs et les écrivains d'aujourd'hui, alimentant la recherche en exobiologie, en astronomie, comme la science-fiction.

Ces questions antiques nous invitent à explorer les possibilités infinies de l'univers, après avoir alimenté des récits ancestraux. Les civilisations du monde entier narrent des histoires de dieux venus du ciel, de héros voyageant vers des terres lointaines et mystérieuses, quand ce n'est pas de portails menant à d'autres dimensions. Ces récits, qu'ils soient gravés dans la pierre ou transmis oralement de génération en génération, témoignent de l'imaginaire collectif et de la quête de compréhension de l'univers.

Les Grecs anciens, par exemple, parlaient des dieux de l'Olympe qui interagissaient avec les humains, tandis que les textes védiques de l'Inde ancienne décrivaient des vimanas, des chariots volants transportant les dieux à travers le ciel. Les mythologies nordiques regorgent de références à des mondes autres que Midgard, la terre des hommes, tels qu'Asgard, la demeure des dieux, et Jotunheim, le royaume des géants.

Plus prosaïquement mais toujours métaphoriquement, des textes anciens, tels que ceux de Platon, évoquent l'existence de réalités alternatives et de formes de vie non terrestres. Par exemple, dans le mythe de l'Atlantide, Platon décrit une civilisation avancée qui pourrait être interprétée comme une métaphore d'un monde parallèle. De même, les récits épiques de voyages dans des lieux étranges ou célestes, comme ceux trouvés dans les écrits d'Homère, pourraient être vus comme des allégories de la rencontre avec l'autre ou l'au-delà.

Ces histoires peuvent être interprétées de diverses manières. Pour certains, nous le verrons, elles sont la preuve d'une rencontre avec des êtres d'autres mondes ou d'autres dimensions. Pour d'autres, elles sont le fruit de l'imagination humaine et une façon de donner un sens au monde et à l'existence.

En regardant le ciel à nouveau, toujours et encore, nous pouvons nous demander si, dans un passé lointain, des visiteurs d'autres mondes ont pu influencer les civilisations anciennes et inspirer les mythes et légendes ainsi que les interrogations qui perdurent aujourd'hui. L'exploration de ces idées continue de captiver l'imagination et d'alimenter la recherche scientifique comme la littérature.

L'étude de l'histoire de l'hypothèse de mondes pluriels, possiblement habités, depuis l'Antiquité jusqu'à la modernité n'est pas seulement un exercice de nostalgie ou de virtuosité savante. En examinant les croyances et les récits plus ou moins théoriques, nous pouvons voir comment l'humanité a toujours cherché à comprendre sa place dans l'univers et à imaginer ce qui pourrait exister au-delà des frontières de notre monde connu. Car, si la figure de l'extraterrestre telle que nous la connaissons aujourd'hui est relativement récente (elle émerge au XIXᵉ siècle), l'hypothèse d'une pluralité des mondes est, elle, vieille… comme le monde.

Cette exploration de ce qui pourrait être possible est alors une invitation à penser ce qui se trouve encore au-delà de notre compréhension actuelle. La mythologie rencontre alors la science, comme l'histoire et l'avenir se croisent et s'éclairent pour tenter de trouver un sens dans le silence infini des étoiles que d'aucuns, comme Pascal, peuvent trouver effrayant.

De la naissance récente de la figure extraterrestre

À partir de quand la figure de l'extraterrestre telle que nous la connaissons aujourd'hui a-t-elle émergé ? Y a-t-il des extraterrestres dans l'Antiquité ? des aliens au Moyen Âge ? Les petits hommes verts étaient-ils connus des hommes de la Renaissance ?

Il semblerait que cette figure, si présente aujourd'hui, est une invention récente. Si l'idée d'êtres vivants sur d'autres planètes existe depuis des siècles, ce n'est qu'au XIXe siècle que l'« extraterrestre » a commencé à prendre sa forme actuelle. L'atteste l'absence d'illustration, de représentation de l'extraterrestre pendant des siècles. On peut trouver des monstres de toutes sortes, des dieux, des créatures terrifiantes, mais l'extraterrestre reste étrangement absent de l'iconographie occidentale de l'Antiquité jusqu'à la modernité. La peinture, notamment, n'en fait aucunement montre. Pas d'extraterrestres dans les tableaux médiévaux, ni de soucoupes volantes dans les œuvres classiques ou même baroques.

Il est difficile de déterminer avec certitude quelle est la première image, la première reproduction visuelle d'un extraterrestre, car des représentations d'êtres venant d'autres mondes semblent exister dans d'autres cultures, sans qu'on en soit pour autant absolument certains.

Des peintures rupestres datant de dix mille ans environ, retrouvées dans des endroits comme Tassili n'Ajjer, au Sahara, ont pu être interprétées comme représentant des créatures extraterrestres. Des sculptures et figurines anciennes de diverses cultures, comme les figurines Dogu du Japon ou les figurines en terre cuite de la vallée de l'Indus, présentent parfois des caractéristiques inhabituelles qui ont conduit certains à les spéculer comme étant des représentations d'êtres non terriens. Surtout, dans certaines religions anciennes, comme la mythologie sumérienne, on trouve des récits de divinités ou d'êtres célestes qui pourraient être interprétés comme des extraterrestres.

Ces images et ces récits, alimenteront d'ailleurs la *théorie des anciens astronautes* sur laquelle nous allons revenir. Mais rien n'est moins certains, tout est sujet à interprétations, au sens propre comme au sens figuré, et la figure de l'extraterrestre ne se détache de toute façon pas comme une évidence. Elle semble absente des archétypes mentaux de l'humanité. L'image de l'extraterrestre telle que nous la connaissons aujourd'hui, avec ses grands yeux, sa peau verte ou grise et sa morphologie humanoïde, est un phénomène relativement récent. L'atteste justement la « première image » supposée.

Selon Roland Lehoucq, astrophysicien au Commissariat à l'énergie atomique, la toute première représentation d'un extraterrestre semble remonter aux années 1835-1836. Il s'agissait d'hommes chauves-souris habitant la Lune, observés au moyen d'un supertélescope imaginaire[1]. Parue en 1835 dans *The Sun* de New York et due à Richard Adams Locke, l'illustration de ces Sélénites volants voulait tourner en dérision certains savants de l'époque qui pensaient avoir observé des constructions sur la Lune.

1. Voir *Médecine/Sciences*, n° 10, vol. 27, novembre 2011.

Cette représentation a marqué le début de nombreuses illustrations imaginaires autour des extraterrestres. Celles-ci vont évoluer rapidement au fil du temps, notamment en faisant émerger la figure du Martien, créature imaginaire originaire de la planète Mars qui va devenir le parangon de l'alien (avec celle du petit homme vert avec laquelle elle se confond souvent). Ces Martiens sont souvent représentés comme des êtres à l'apparence vaguement humanoïde, avec une hypertrophie crânienne, un air menaçant donné par des orbites étranges quand elles ne sont pas inquiétantes. La figure extraterrestre doit convoquer tous les fantasmes et en devient rapidement dépositaire.

Nous n'irons pas plus avant dans l'étude sémiologique de cette figure extraterrestre. Ce n'est pas ici l'objet. L'absence de représentations ou de présence visuelle évidente d'entités non terriennes n'est que le symptôme ou le marqueur d'un glissement au cours du temps. Si l'hypothèse d'autres mondes habités est très ancienne, remontant à l'Antiquité, il est étonnant de constater que la figure de l'extraterrestre telle que nous l'envisageons aujourd'hui est, elle, assez récente. Pourquoi apparaît-elle au XIXe siècle ?

Plusieurs facteurs ont contribué à l'émergence de cette figure de l'extraterrestre au XIXe siècle : la France, et l'Europe entière avec elle, connaît alors une période de profonds bouleversements et de transformations majeures, radicales et variées : changements politiques, révolution industrielle, évolutions sociales profondes, expansion coloniale, et découvertes scientifiques de premier plan.

Tous ces facteurs politiques, culturels, scientifiques et technologiques vont contribuer à changer la perception de l'univers et à faire émerger progressivement l'extraterrestre en une figure emblématique de l'imaginaire moderne.

Le XIXe est, avant tout, un siècle scientiste et positiviste dans de nombreux domaines. Une foi accrue dans la science et la raison, et dans un progrès continu, conduit à une exploration plus systématique et spéculative des possibilités extraterrestres.

Au premier plan de cette exploration, l'astronomie. Celle-ci connaît des progrès considérables. Grâce à l'amélioration des télescopes, les astronomes peuvent observer le ciel avec plus de précision et découvrir de nouveaux objets célestes, comme des galaxies et des nébuleuses. Dès la fin du XVIIIe siècle, William Herschel est connu pour son télescope de 12 mètres de longueur focale, pour sa découverte de la planète Uranus et pour son catalogue d'étoiles doubles. Ses découvertes et celles de ses contemporains ont, par exemple, élargi la connaissance des planètes et des étoiles. Cela a conduit à la prise de conscience que l'univers est un lieu vaste et complexe, et qu'il est possible qu'il abrite d'autres planètes capables de supporter la vie. De même, les observations détaillées de Mars, notamment les « canaux » martiens observés par l'astronome italien Giovanni Schiaparelli, directeur de l'Observatoire de Milan en 1877, conduisent, elles aussi, à d'intenses spéculations sur l'existence de civilisations avancées sur Mars, contribuant à installer la figure du Martien comme figure de référence.

La photographie vient populariser ces observations : Les premières photographies astronomiques de la Lune, réalisées en 1840 par le scientifique américain John William Draper, montrent les détails de la face visible de la Lune et révèlent une surface accidentée et mystérieuse, alimentant l'imagination et l'idée de mondes habités. Mais, surtout, ces nouvelles images ouvrent l'observation astronomique à un cercle qui ne se cantonne pas aux seuls astronomes.

Conjointement, d'autres domaines favorisent indirectement ce mouvement : ainsi, la publication de *L'Origine des espèces* par Charles Darwin en 1859 introduit des concepts de diversité et d'évolution biologique. Ceux-ci vont être extrapolés par certains à l'échelle cosmique. Si la vie pouvait évoluer sur Terre, pourquoi ne le pourrait-elle pas ailleurs ?

L'essor des technologies et communications, dans l'illusion d'un progrès infini, va également jouer son rôle. Les avancées dans la télégraphie puis dans la radio vont alimenter les perspectives de communication avec d'éventuelles civilisations extraterrestres en cas de contact.

Paradoxalement, ce siècle scientiste alimente également un intérêt croissant pour le spiritisme et l'ésotérisme. Le mystère, l'étrange et l'inexpliqué connaissent un engouement phénoménal, nourrissant entre autres les idées des civilisations avancées dans d'autres dimensions ou mondes. Souvent associé à des entités spirituelles ou à des niveaux d'existence supérieurs, le personnage conceptuel de l'extraterrestre devient l'apanage de mouvements spirites et ésotériques.

Enfin et surtout, la fin du XIXe siècle a également été marquée par les premières observations d'objets volants non identifiés (OVNI). Ces observations ont contribué à alimenter la croyance en l'existence d'extraterrestres, même si la plupart d'entre elles n'ont jamais pu être expliquées de manière satisfaisante. Ces phénomènes vont donner lieu à des récits, souvent sensationnalistes, qui nourrissent l'imaginaire populaire et contribuent à valider l'idée d'être venus d'autres mondes.

Car s'il est une chose à retenir de ce siècle concernant la question extraterrestre, c'est qu'il marque l'époque où celle-ci va devenir populaire et ne plus être l'uniquement la préoccupation de philosophes, penseurs, astronomes, scientifiques… versés en cosmologies et en spéculations métaphysiques.

Les journaux et magazines du XIXe siècle s'emparent du sujet, souvent de façon sensationnaliste déjà : des articles fleurissent et paraissent de plus en plus régulièrement, agrémentés d'illustrations représentant des extraterrestres et des mondes extraterrestres, initiant une sorte de perception populaire de la question. Un des épisodes emblématiques de cette démocratisation populaire, illustrant l'enthousiasme, la curiosité mais aussi la crédulité d'un grand public tout jeune sur cette question, est donné en Angleterre en 1835. Nous l'avons évoqué au sujet de la question de la « première image » d'extraterrestre.

Ce qu'il est convenu d'appeler le « Great Moon Hoax » (le grand canular de la Lune) est une série de six articles publiés par le journal américain *The Sun* de New York en août 1835. Ces articles, prétendument écrits par l'astronome britannique Sir John Herschel, mais en réalité publiés par Richard Adam Locke, révélaient la présence de vie sur la Lune, relatant les observations faites à l'aide d'un télescope extrêmement puissant.

Ces articles décrivaient des paysages lunaires fantastiques, comprenant de vastes forêts, des océans, des rivières et des plages. Mais surtout la Lune y était peuplée d'hommes chauves-souris, les *Vespertilio-homo*, ainsi que de bisons, de chèvres à une corne, de licornes et d'une multitude d'autres créatures fantastiques dont des castors bipèdes sans queue !

Initialement pris pour des rapports scientifiques authentiques, ces papiers ont connu un immense succès et ont suscité un intérêt phénoménal parmi les lecteurs de l'époque, aux États-Unis comme dans les pays où ils ont été traduits. En France, ils sont publiés et traduits par deux fois : tout d'abord à Lyon en 1835 sous le titre *Découvertes dans la Lune faites au cap de Bonne-Espérance* par Herschel fils, ensuite chez Masson et Duprey en 1836 sous le titre *Publication complète des nouvelles découvertes de sir John Herschel dans le ciel austral et dans la Lune.*

The Sun finit par admettre qu'il s'agissait là d'une manipulation, et le retentissement fut énorme. Le « Great Moon Hoax » demeure une des premières supercheries médiatiques d'ampleur concernant les extraterrestres. Sa réussite est telle qu'il en a éclipsé une autre tentative de même inspiration, au même moment, entreprise par un auteur déjà célèbre, Edgar Allan Poe : en juin 1835, l'auteur du *Scarabée d'or* publie l'*Aventure sans pareille d'un certain Hans Pfaall* dans le mensuel *Southern Literary Messenger*. Présentée sous forme de journal, la nouvelle raconte le périple d'un homme qui entreprend un voyage vers la Lune en montgolfière pour échapper à ses créanciers. Pfaall finira par atteindre la Lune dont il décrira la surface lunaire et ses habitants, mentionnant des créatures étranges et des paysages surréalistes.

Poe s'inspire des théories astronomiques et se distingue par son souci du détail, combinant des éléments de science (ou de pseudo-science) avec des éléments imaginaires pour donner une apparence de plausibilité technique à son récit, créant une impression de réalisme dans une histoire proprement fantastique.

Le texte d'Edgar Allan Poe connut un certain succès mais n'eut pas le retentissement des papiers parus dans *The Sun*. Cette nouvelle reste pourtant considérée comme l'une des premières œuvres de science-fiction. Surtout, elle popularise l'idée de voyages spatiaux et d'explorations extraterrestres.

Que retenir de ces deux épisodes ? Que nous montrent ces deux « canulars journalistiques » publiés dans des revues ? Ils révèlent que le thème devient « populaire ». La figure de l'extraterrestre rentre dans ce qu'on appellera plus tard une « pop culture ». Les journaux s'emparent du sujet qui connaît un enthousiasme grandissant. Il y a un public large, un « grand public » pour cela. Les mystères de l'univers et de ses habitants possibles ou supposés alimentent une vraie curiosité partagée par un grand nombre de lecteurs.

La littérature relaie vite l'engouement sensationnel suscité par les journaux. Le XIXe siècle voit ainsi naître un nouveau genre littéraire, porté par la figure de l'extraterrestre : la science-fiction.

Des œuvres littéraires, telles que *Micromégas* de Voltaire (1752) et *Somnium* de Johannes Kepler (publié à titre posthume en 1634) ont bien évidemment joué un rôle précurseur en mettant en scène des êtres extraterrestres et des voyages interstellaires. Mais il s'agit toujours, jusque-là, de contes ou de fantaisies dont la signification est, la plupart du temps, métaphorique.

Au XIXe siècle, la science-fiction s'impose comme un genre à part entière avec une identité très forte. Les voyages dans l'espace, les rencontres extraterrestres et les civilisations futures deviennent en propre des thèmes explorés par des auteurs comme H. G. Wells ou Jules Verne. Influencés par les avancées scientifiques et technologiques, ils vont contribuer à ancrer ces thèmes dans l'imaginaire populaire, avec un succès toujours grandissant. En 1865, Jules Verne publie *De la Terre à la Lune* dont le récit relate l'entreprise d'un groupe d'artilleurs et de scientifiques réunis au sein du Gun Club de Baltimore, ayant décidé de construire un canon géant capable d'envoyer une capsule habitée sur la Lune. Arrivés à destination, les astronautes découvriront un paysage lunaire désolé et désert dont ils vont explorer la surface, profitant de faire des expériences scientifiques avant de revenir sur Terre. Nous sommes alors cent quatre ans avant la mission Apollo 11 ! H. G. Wells lui emboîtera le pas en publiant quelques années plus tard *Les Premiers Hommes dans la Lune*. Il était auparavant devenu célèbre avec un autre roman, au retentissement phénoménal : *La Guerre des mondes*, publié en 1898. L'extraterrestre y prend une figure qui va l'identifier pendant longtemps et qui essaimera jusqu'à la seconde moitié du XXe siècle : il est envahissant et hostile, c'est la menace absolue.

L'émergence de la figure de l'extraterrestre au XIXe siècle est ainsi le produit d'une confluence d'innovations scientifiques et technologiques dans divers domaines, de spéculations philosophiques et spirituelles, mais aussi d'une littérature d'anticipation, et de représentations culturelles, qui ont ensemble façonné et fécondé l'imaginaire collectif de l'époque sur la possibilité de vie extraterrestre.

À défaut de certitudes, et en l'absence de représentations séculaires, cet imaginaire s'est nourri de sources théoriques qui vont alimenter spéculations et controverses autour de la figure de l'extraterrestre et de son rôle supposé dans le devenir de l'humanité.

Les Anciens Astronautes

Nous l'avons évoqué, la figure l'extraterrestre est, pendant très longtemps, étrangement demeurée absente des représentations culturelles que sont notamment la peinture et la sculpture. Si les extraterrestres existent et sont peut-être même rentrés en contact avec l'humanité, comment se fait-il qu'ils ne soient pratiquement pas représentés, du moins en Occident ? La question est une sorte de paradoxe de Fermi culturel et artistique : si les extraterrestres existent et nous ont côtoyés, alors il devrait forcément y en avoir des traces, des signes, des reliquats et des représentations.

Or, justement, certains ont élaboré une théorie, dite des Anciens Astronautes, en s'appuyant sur divers sites, artefacts ou récits ne pouvant qu'émaner, selon eux, d'une présence extraterrestre intelligente qui aurait aidé l'humanité dans son cheminement historique. Également connue sous le nom de théorie des extraterrestres de l'Antiquité, ou néoévhémérisme, cette hypothèse soutient que des êtres extraterrestres ont visité la Terre dans un passé lointain et ont influencé le développement des cultures humaines.

Les extraterrestres seraient donc bien présents dans un certain nombre de réalisations humaines, mais nous ne voulons pas le voir, ou nous ne le voyons pas faute de regarder de la bonne façon : il suffit de considérer ces pièces comme des preuves non seulement de leur existence mais aussi de leurs interactions, diverses et variées, avec le genre humain.

Cette théorie, pure imposture ou délire pour les uns, avancée visionnaire pour les autres, a été popularisée dans les années 1970 par deux auteurs : Erich von Däniken et Zacharia Sitchin. Et c'est peu de dire qu'elle a suscité bien des controverses.

Né le 14 avril 1935 à Zofingue, en Suisse, Däniken est un autodidacte. Il entre dans le monde du travail une fois ses études secondaires terminées, occupant divers emplois dans des hôtels. Son seul titre universitaire est celui de docteur *honoris causa* de la Universidad Boliviana. En 1968, il connaît un succès de librairie considérable avec *Erinnerungen an die Zukunft, Ungelöste Rätsel der Vergangenheit*, traduit en 1969 en français par *Présence des extraterrestres*. Däniken acquiert très vite une renommée internationale, et ses livres suivants, comme *Le Retour des dieux* (1969) ou *L'Or des dieux* (1972), connaissent également un succès commercial important. Ses vingt-huit livres se vendront à 62 millions d'exemplaires et seront traduits en 32 langues. De quoi contribuer à populariser la théorie des Anciens Astronautes, ainsi que l'astroarchéologie, une discipline qui vise à rechercher dans les vestiges des civilisations du passé des « preuves » de visites extraterrestres sur notre planète.

S'il a fortement contribué à faire la renommée de cette théorie, Däniken en est considéré comme l'un des fondateurs uniquement. Il semble en effet que l'auteur suisse se soit largement inspiré des travaux de Robert Charroux, journaliste et essayiste français, et en particulier de son livre *L'Histoire inconnue des hommes depuis cent mille ans*, publié en 1963. Cet ouvrage reprend lui-même des thèmes amorcés par Jacques Bergier et Louis Pauwels dans *Le Matin des magiciens* en 1960. L'expression « Anciens Astronautes » provient d'ailleurs de l'ouvrage plus tardif de Jacques Bergier et Georges H. Gallet, *Le Livre des Anciens Astronautes*, publié en 1977.

L'idée des Anciens Astronautes trouve ses racines et ses arguments, ou supposés tels, dans diverses mythologies et légendes de nombreuses cultures de civilisations anciennes, comme celles des Égyptiens, des Mayas et des Sumériens. Celles-ci auraient bénéficié de l'aide technologique d'extraterrestres pour assurer leur développement et celui de l'humanité tout entière.

Plusieurs types de « faits » sont présentés pour étayer cette hypothèse : selon les tenants de cette théorie, les pyramides d'Égypte ne peuvent pas avoir été construites seules. La précision et la complexité des pyramides de Gizeh, et particulièrement celle de Khéops, indiquent une connaissance technique avancée qui pourrait avoir été apportée par des visiteurs extraterrestres ou par des intelligences non humaines. De même, la construction du site de Stonehenge, datée entre 3000 et 1100 avant J.-C., est souvent mentionnée comme une prouesse nécessitant des connaissances astronomiques et des techniques de construction avancées que ne possédaient pas les humains à cette époque. Au Pérou, les Lignes de Nazca – ces géoglyphes géants visibles uniquement depuis le ciel – sont également interprétées comme des pistes d'atterrissage ou des messages destinés aux dieux extraterrestres.

Certains objets ou artefacts peuvent également être envisagés comme des signes représentant des visiteurs d'un autre monde portant des combinaisons spatiales : les Dogu, figurines de l'ère Jōmon au Japon, en constituent l'exemple emblématique.

En Égypte, dans le temple de Seti I à Abydos, certains hiéroglyphes sont décrits par les partisans de la théorie des

Anciens Astronautes comme représentant des hélicoptères, des sous-marins et des avions, contre l'avis général des égyptologues et scientifiques qui ne voient là qu'élucubrations délirantes.

Ces thèses s'alimentent également à une lecture alternative de certains textes sacrés ou religieux : Ainsi, certains récits bibliques, comme celui d'Ézéchiel, pourraient être interprétés comme des descriptions de rencontres avec des OVNI. Les Védas, textes sacrés de l'Inde ancienne, contiennent des descriptions de chariots volants appelés *vimanas*, qui pourraient décrire en réalité des vaisseaux spatiaux extraterrestres.

De même, *L'Épopée de Gilgamesh*, une des premières œuvres littéraires connues datant de la fin du IIIe millénaire avant J.-C., transmise sur une série de tablettes d'argile couvertes de signes cunéiformes, narrant la légende du roi mythique et dieu de Mésopotamie, décrirait des êtres célestes et des véhicules volants, interprétés comme des preuves de visites extraterrestres.

C'est la thèse d'un autre auteur, qui connaîtra lui aussi une grande audience : Zecharia Sitchin. Né en Union soviétique puis naturalisé Américain, Sitchin est l'auteur de *La 12e planète*, publié en 1976, dans lequel il prétend décrypter d'une manière tout à fait neuve le contenu de 14 tablettes sumériennes pour aboutir à une révélation originale sur l'origine de la civilisation.

Située au sud de l'Irak actuel, Sumer est une région de l'antique Mésopotamie ; c'est aussi une civilisation autour de laquelle subsistent beaucoup de mystères. Apparue assez soudainement en Mésopotamie, vers le IVe millénaire avant J.-C., on ne sait pas vraiment d'où viennent les Sumériens. Le sumérien demeure ainsi un isolat linguistique, c'est-à-dire qu'il n'a jamais pu être, jusqu'à aujourd'hui, rattaché à une famille de langues connue. Cette langue n'appartenant ni au groupe des langues sémitiques, ni à celui des langues indo-européennes.

De plus, il semble que les Sumériens et leurs successeurs akkadiens possédaient une culture exceptionnellement avancée. Ils ont légué à l'humanité les premiers concepts de loi, de gouvernement et de vie urbaine et ont fondé les premières cités-États (Ur, Lagash, Uruk, Umma). Les Sumériens sont pionniers dans l'utilisation de la brique pour la construction d'habitations. Ils possédaient un système astronomique et la première description du système solaire et connaissaient aussi les mathématiques et l'écriture des nombres en système sexagésimal. On leur doit également le développement de la roue et, surtout, la grande invention sumérienne : l'écriture – pictographique puis cunéiforme.

Comment expliquer ces avancées épistémologiques extraordinaires ? D'où viennent ces connaissances ? La mythologie sumérienne et son interprétation ont été la source d'une réponse des plus étonnantes de la part de Zecharia Sitchin.

Les Anunnaki sont les principales divinités du panthéon mésopotamien. Ces anciens dieux de Mésopotamie étaient adorés par les Sumériens. Ces derniers les représentaient comme des êtres célestes avec des ailes, des bonnets à cornes, et, plus important encore, ils auraient eu la capacité de contrôler toute l'humanité et de façonner son destin.

Sitchin voit dans les Anunnaki des extraterrestres venus de la planète Niribu, située au-delà de Neptune. Ils auraient créé l'Homo sapiens en croisant leurs propres gènes avec ceux de l'Homo erectus, pour ensuite l'utiliser comme esclave pour l'extraction de matières premières (de l'or principalement) nécessaires à la protection de l'atmosphère, alors en danger, de leur propre planète Nibiru.

Nibiru, la fameuse « 12e planète », évoluant sur une orbite très elliptique, reviendrait tous les 3 600 ans vers l'intérieur du système solaire : elle aurait causé des catastrophes planétaires majeures, ayant notamment abouti à la formation de la Terre et de la Lune.

Selon Sitchin, lorsque cette « 12e planète » est passée à proximité de la Terre, son peuple, les Anunnaki, a décidé d'entrer en contact avec notre monde il y a environ 500 000 ans. Les Anunnaki recherchaient en effet de l'or, dont ils avaient désespérément besoin pour rétablir l'atmosphère de leur planète. Mais, n'étant pas en mesure d'extraire l'or eux-mêmes, ils ont décidé de modifier génétiquement les humains primitifs afin qu'ils l'extraient pour eux. Les Anunnaki auraient ainsi créé l'Homo sapiens en croisant leurs propres gènes avec ceux de l'Homo erectus.

Ces théories de Däniken et de Sitchin sont considérées comme pseudo-scientifiques et ont été largement contestées et rejetées par la communauté scientifique et universitaire (historiens, anthropologues, égyptologues…) pour qui elles ne reposent sur aucune vérité historique mais uniquement sur des interprétations alternatives et spéculatives de textes anciens ou de monuments, souvent au prix d'erreurs historiques manifestes et d'anachronismes.

Néanmoins, nous ne pouvions pas ne pas les mentionner eu égard au retentissement phénoménal qu'elles ont connu. La théorie des Anciens Astronautes a exercé une influence considérable sur la culture populaire. Aujourd'hui encore, elle continue de fasciner et de faire l'objet de nombreux développements, notamment en série documentaire télévisée.

Elle nous rappelle surtout deux choses fondamentales lorsqu'on évoque la question extraterrestre. La première est que l'univers est vaste et encore largement inexploré. La seconde en découle directement : l'hypothèse que nous ne soyons pas seuls, que d'autres formes de vie que celle terrestre et que d'autres mondes puissent exister est toujours très vivace.

Si, comme nous l'avons vu, la figure de l'extraterrestre est une figure assez récente, depuis des milliers d'années l'intérêt et la curiosité de comprendre le monde et notre place, unique ou non, dans l'univers n'ont jamais cessé. Notre désir de percer ces mystères encore non résolus remonte probablement à l'aube de l'humanité. C'est en tout cas ce qu'attestent les préoccupations des Anciens autour de la possibilité d'une pluralité des mondes. Cette hypothèse naît dès l'Antiquité et va courir au long des siècles, cristallisant recherche astronomique, théorie cosmologique et imagination souvent débridée. De Xénophane à Camille Flammarion, en passant par Lucrèce et Giordano Bruno, la pluralité des mondes a été l'occasion d'intenses discussions, conjectures et réfutations, notamment au Moyen Âge où l'hypothèse devient minoritaire, peu compatible avec le paradigme de l'Église catholique.

Atomes et pluralité des mondes

L'humanité a toujours été fascinée par l'idée de l'existence d'une vie au-delà de notre planète, sur des mondes non terriens. Cette fascination ne date en effet pas d'hier ; elle remonte à l'Antiquité. Pourtant, point de petit homme vert chez Épicure, ni de petit gris chez Platon ou encore moins de Martien chez Aristote ou d'alien chez Sénèque. Nous l'avons dit, si l'hypothèse de la vie extraterrestre est aussi ancienne que l'humanité, la figure de l'extraterrestre demeure absente en tant que telle. Le ciel antique, notamment gréco-romain, était toutefois un ciel peuplé. Peut-être l'était-il déjà trop. De dieux, de demi-dieux, mais aussi, possiblement, d'autres créatures.

Nombreux sont les philosophes, cosmologues, astronomes évoquant une vie ailleurs que sur notre planète, mais c'est l'idée d'autres mondes, de mondes pluriels, qui fascine les Anciens. Souvent explorées à travers la mythologie et la philosophie, les spéculations sur la nature de l'univers sont l'occasion d'envisager l'existence de mondes « parallèles » peuplés de créatures vivantes, qu'elles nous ressemblent ou non.

La Lune est particulièrement l'objet de toutes les considérations les plus audacieuses. Au VIe siècle avant J.-C., Xénophane semble avoir été l'un des premiers à avoir évoqué l'existence d'une vie extraterrestre, c'est du moins ce que relate

Cicéron. Comme le relèvent les philosophes Thibaut de Gress et Paul Mirault à propos de Xénophane : « Ce n'est pas tant sur la Terre que sur la Lune que ce dernier, à en croire Cicéron, développa ses réflexions les plus étonnantes. Affirmant, bien des millénaires avant Galilée, que la Lune était similaire à la Terre, Xénophane n'hésita pas à placer à la surface des habitants eux-mêmes similaires aux Terriens, capables de construire des villes et d'organiser avec raison une vie commune[1]. »

Au VIe siècle avant J.-C, dans un temps où la philosophie n'existe pas encore, la Lune est donc déjà envisagée comme une autre Terre, similaire à la nôtre. Cette fascination pour la Lune va perdurer tout au long de l'Antiquité. Plus de cinq ans plus tard, Lucien de Samosate (120-180) décrit dans *Histoires vraies* un voyage imaginaire vers la Lune, où les protagonistes rencontrent des extraterrestres et découvrent une société et une culture différentes de celles de la Terre.

Précurseur de la science-fiction, Lucien propose un récit fantastique qui raconte un voyage imaginaire vers la Lune et d'autres mondes. Fidèle à lui-même, Lucien raille là les récits de voyages fantastiques populaires à son époque, véhiculant croyance et superstitions. Il prend d'ailleurs un malin plaisir à se différencier de ces récits qu'il brocarde en annonçant la couleur : « Je me suis adonné au mensonge, bien plus loyalement que les autres : je serai véridique au moins sur un point, en déclarant que je mens. [...] J'écris donc sur des choses que je n'ai pas vues, que je n'ai pas vécues, que je n'ai point apprises de tiers, et qui en outre n'existent absolument pas et ne peuvent pas le moins du monde se produire. Voilà pourquoi les lecteurs ne doivent en aucune façon y croire », déclare-t-il en introduction à ses *Histoires vraies*.

---

1. Thibault Gress, Paul Mirault, *La Philosophie au risque de l'intelligence extraterrestre*, Paris, Vrin, 2016, p. 15.

Mais, bien que cette œuvre soit satirique, elle reflète une certaine réflexion sur la possibilité de vie extraterrestre. Si l'œuvre est ironique et joue avec les conventions du genre du récit de voyage en racontant des aventures farfelues, il n'en reste pas moins que l'hypothèse d'un tel voyage ne paraît pas inconcevable et qu'elle semble même bien ancrée dans l'imaginaire collectif et les habitudes narratives de l'époque.

D'autres philosophes ont évoqué l'idée de l'existence de la vie sur d'autres planètes, tout particulièrement ceux de la famille des atomistes.

« Il y a un nombre infini de mondes semblables au nôtre et un nombre infini de mondes différents », écrit Épicure à Hérodote vers – 290. L'idée vient des philosophes atomistes Leucippe et Démocrite au ve siècle avant notre ère. Pour ces penseurs, le monde était fait d'atomes, entités invisibles et indivisibles (ἄτομος, en grec ancien, veut dire « insécable ») qui se déplaceraient dans l'espace vide. Est-il besoin de rappeler que, à cette époque, il s'agit de pures spéculations théoriques, les outils d'observations empiriques ne permettant pas de vérifier l'audacieuse hypothèse qui s'avérera visionnaire. Les choses sont constituées d'une infinité d'atomes, et l'univers est également formé d'une multitude de mondes, qui peuvent être habités. L'hypothèse d'une pluralité des mondes se fonde très clairement sur la physique atomiste :

« Il existe un nombre infini de mondes, certains semblables à celui-ci, d'autres différents. Car les atomes, étant en nombre infini [...], se meuvent au loin jusque dans des espaces infiniment grands, il n'y a aucun obstacle qui leur permette de créer une combinaison ou un arrangement d'atomes semblables à celui-ci, ou bien dissemblables à ce monde », écrit Épicure dans sa *Lettre à Hérodote*.

La doctrine atomiste va clairement nourrir l'hypothèse de la pluralité des mondes. Disciple d'Épicure, Métrodore de

Chio (IVᵉ siècle avant J.-C.) a été plus explicite sur la possibilité de vie ailleurs dans l'univers. Il est célèbre pour avoir affirmé : « Il ne serait pas plus extraordinaire qu'un seul épi de blé croisse dans un vaste champ que le seul monde habité dans l'univers infini. » Lucrèce, au Iᵉʳ siècle avant Jésus-Christ, reprendra cette idée : « Il te faut avouer qu'il y a dans d'autres régions de l'espace d'autres terres que la nôtre, et des races d'hommes différentes, et d'autres espèces sauvages. » Et d'ajouter, dans *De Rerum Natura* : « Rien n'empêche qu'il y ait un nombre infini de mondes dans les profondeurs infinies de l'univers, et que ce monde soit l'un d'eux. »

Si l'univers est multiple, si le nombre des mondes est infini, alors d'autres races d'hommes, d'autres espèces vivantes existent nécessairement. Il est impossible que nous soyons seuls dans l'univers. L'argument probabiliste, que l'on retrouve aujourd'hui assez couramment chez de nombreux spécialistes (voir les différentes interviews), avait déjà cours. Et la figure de l'extraterrestre anthropomorphique était déjà envisagée.

Bien évidemment, ces philosophes n'avaient pas de preuves concrètes de vie extraterrestre. Aucun d'entre eux n'a apporté de « témoignage » relatant avoir fait une rencontre, ou vu un phénomène quelconque. Ce sera d'ailleurs, nous allons le voir, une des objections que portera Aristote à l'hypothèse de cette vie non terrienne : il n'y a aucune observation, encore moins de preuves.

Mais les spéculations, les idées et les arguments de ces philosophes attestent que la possibilité de vie au-delà de la Terre était déjà un sujet de réflexion dans l'Antiquité. Cependant il semble que, si l'hypothèse d'une pluralité de mondes est envisagée, un contact ou une rencontre avec des êtres non humains ne soit pas de l'ordre de leurs préoccupations. Le voyage interstellaire reste l'apanage de dieux, si l'on ose dire.

Platon et le peuplement cosmique des âmes

Des dieux certes, mais pas seulement. Du moins pour Platon.

Il est difficile de parler de vision du cosmos, mais aussi de l'univers mental des Anciens sans évoquer Platon (428-347 avant J.-C.). L'auteur du *Banquet* croyait en une création unique d'un monde, même si sa philosophie était centrée sur une dualité fondatrice : celle d'un monde sensible, d'une part, et d'un monde intelligible, celui des Idées ou des formes idéales, d'autre part, opérant ainsi ce qu'on a pu appeler un dédoublement métaphysique du monde.

Cette dichotomie aurait pu être l'occasion d'une réflexion sur la question de la pluralité des mondes. Mais, comme le relèvent Thibault Gress et Paul Mirault : « Son objet n'est pas celui des matérialistes. Il ne réfléchit pas à la pluralité des mondes, et ne se demande pas directement si d'autres lieux sont habités[1]. » L'éventualité d'une vie extraterrestre n'intéresse pas particulièrement Platon. Aucune mention explicite dans le corpus de ses nombreux dialogues qui se concentrent sur la nature de l'âme, la connaissance, la justice et la cité idéale, l'art et le beau, et qui ne laissent aucune place à des discussions sur la vie au-delà de la Terre.

1. *La Philosophie au risque de l'intelligence extraterrestre*, *op. cit.*, p. 31.

Néanmoins, certains passages de ses écrits peuvent laisser penser que les choses ne sont pas si univoques qu'elles le semblent. Et quelques dialogues peuvent donner à penser qu'il n'était pas entièrement hostile à la croyance en l'existence d'autres mondes habités. C'est le cas du *Timée*.

Dialogue tardif écrit vers 350 avant J.-C. (quelques années à peine avant sa mort), le *Timée* présente une cosmogonie décrivant la création de l'univers par un démiurge. Cet univers est un être vivant unique, une image du Tout parfait. Platon y mentionne l'univers comme un tout harmonieux et cohérent, sans faire référence à l'existence de mondes multiples.

Il y développe également une théorie complexe du peuplement cosmique des astres par les âmes humaines. Cette théorie s'inscrit dans sa vision générale de l'univers, où les âmes occupent une place centrale entre le monde intelligible et le monde sensible. Selon Platon, les âmes humaines sont créées par le Démiurge, l'artisan divin qui a créé l'univers. Celui-ci crée l'univers comme un être vivant unique, doté d'une âme et d'intelligence. Après avoir formé le cosmos, le Démiurge crée également les âmes humaines. Ces dernières sont créées à partir de la substance de l'âme du monde. Elles sont donc de nature divine et immortelle. Destinées à habiter des corps humains, elles doivent auparavant passer par une phase d'incarnation céleste. Chaque âme humaine est assignée, par le Démiurge, à une étoile. Cela signifie que chaque étoile a une âme qui lui est propre et que le cosmos est « animé », de même que l'âme est « cosmique ». Platon conçoit en effet la nature des corps vivants en quelque sorte comme « poussières d'étoiles ». Cette attribution céleste permet aux âmes de contempler les mouvements parfaits et harmonieux des cieux, ce qui constitue une préparation pour leur future vie terrestre.

Avant d'être incarnées dans des corps physiques, les âmes contemplent donc le monde intelligible et perçoivent directement les Formes idéales, dont elles deviennent dépositaires. Cependant, en raison de leur imperfection et de leur désir de changement, les âmes tombent dans le monde sensible et s'incarnent dans des corps humains.

Cette incarnation les oblige à vivre dans un monde de changement et d'imperfection. Mais c'est également là l'opportunité d'apprendre et de se perfectionner, d'éprouver les passions et les émotions, et de développer des capacités de discernement et de jugement.

Le but des âmes humaines est néanmoins de retourner dans le monde intelligible et de contempler à nouveau les Formes idéales. Les âmes peuvent retourner à leur étoile d'origine après avoir mené une vie juste et vertueuse, à laquelle mène la philosophie. Alors seulement, l'âme purifiée pourra se détacher du monde sensible et réintégrer le cosmos céleste, en communion avec l'ordre universel. « La nature même de l'âme humaine, qui est d'être apparentée aux astres qui l'ont engendrée, présente des effets explicitement cosmologiques », expliquent encore Gress et Mirault. « Le cosmos est habité du fait même que les âmes humaines cherchent à rejoindre celle-là même qui les a engendrées, c'est-à-dire l'âme de chaque corps céleste à laquelle elles sont apparentées »[1]. En dernière instance, les hommes sont faits, selon Platon, « d'éléments empruntés à l'univers qui doivent lui être rendus un jour », après la mort (*Timée*, 42*e*-43*a*).

Que retenir de cette théorie du peuplement cosmique des astres ? Que, selon Platon, les âmes ont, à proprement parler, une vie extraterrestre.

1. *La Philosophie au risque de l'intelligence extraterrestre*, *op. cit.*, p. 31.

Les âmes ne sont pas originaires de la Terre, elles ne font que passer ici-bas, avant de repartir dans le cosmos. Si, pour Platon, l'univers est Un et unifié, toutes les parties de l'univers sont habitées par des âmes. Aucun lieu ne leur est « étranger ». Pas d'alien chez Platon, donc ! Pour autant, on peut dire, au moins par extrapolation, que, chez l'auteur du *Timée*, les âmes ont une vie « extraterrestre » dans le sens où elles ne sont pas originaires de la Terre et qu'elles passent la plus grande partie de leur existence en dehors de celle-ci. La Terre n'est qu'une étape dans leur voyage cosmique de purification et de retour vers le monde intelligible. Une vie extraterrestre, intelligente qui plus est puisqu'elle est dépositaire des formes idéales du monde des Idées, existe bien, sans qu'il soit besoin pour cela d'une pluralité de mondes ni même de petits hommes verts !

Cette conception d'une vie extraterrestre des âmes peut paraître abstraite, lointaine, voire « déconnectée », hors sol. De fait, d'ailleurs, elle l'est. Et pourtant, quand certains penseurs contemporains envisagent les phénomènes OVNI comme de possibles états de consciences supra-individuelles modifiées (voir interview de Philippe Guillemant), sommes-nous si loin que cela des explications de Platon ?

Aristote et la terre unique

Cette hypothèse de la pluralité des mondes et d'une vie extraterrestre n'a cependant pas été avalisée par tous les penseurs de l'époque antique. Aristote fait figure de principal critique et opposant à cette conception. Il a même été l'un des premiers à la contester de manière systématique, considérant que seule la Terre était habitée. Le monde aristotélicien ne connaît pas de place pour une vie extraterrestre.

L'univers aristotélicien n'est pas celui des atomistes. Dans son *Traité du Ciel*, le Stagirite propose une cosmogonie qui ne fait aucune place à l'existence d'une vie qui ne soit pas terrienne. Constitué de quatre livres, ce *Traité du Ciel*, écrit vers 350 avant J.-C., va exposer les théories astronomiques d'Aristote.

L'auteur de l'*Éthique à Nicomaque* développe une cosmologie géocentrique : la Terre est immobile au centre de l'univers. Cet univers aristotélicien est fini, clos et unique. L'hypothèse d'un nombre infini de mondes est donc d'emblée évacuée – et, avec elle, la possibilité de l'existence de créatures vivantes. L'être humain est unique et central dans la cosmologie aristotélicienne.

Le cosmos selon Aristote est divisé en deux parties : le monde sublunaire, qui est le domaine terrestre. Il est composé des quatre éléments classiques : terre, eau, air et feu.

Dans ce domaine, les mouvements sont imparfaits et soumis au changement, à la génération et à la corruption. Et le monde supralunaire, qui comprend tout ce qui se trouve au-delà de l'orbite de la Lune. Ce domaine est parfait, immuable et éternel. Il est constitué d'un cinquième élément appelé *éther* ou *quintessence*. Les mouvements dans cette région sont parfaitement circulaires et éternels.

Le monde d'Aristote est un monde ordonné et dynamique. Chaque élément a son lieu naturel vers lequel il tend à se déplacer : la terre et l'eau tendent vers le centre de l'univers (la Terre), tandis que l'air et le feu tendent vers la périphérie du monde sublunaire. Ces mouvements expliquent les phénomènes naturels comme la chute des objets lourds ou la montée des flammes.

Par ailleurs, tous les autres corps célestes (Lune, planètes, Soleil, étoiles) tournent autour de la Terre, se déplacent en mouvements circulaires. Cette conception de l'univers sera largement acceptée et dominera la pensée astronomique pendant de nombreux siècles.

Nous n'entrerons pas plus avant dans la structure cosmologique aristotélicienne. Il est en revanche intéressant de se pencher sur la nature des objections qu'il apporte à l'hypothèse des mondes parallèles.

Nous avons évoqué la première d'entre elles, l'observation du ciel. En bon empiriste, Aristote relève qu'il n'y a aucune preuve observable et fiable pouvant laisser supposer l'existence d'autres mondes. Vient ensuite une objection d'ordre physique : le mouvement. Nous l'avons dit, les mouvements naturels des éléments sont dirigés vers leur lieu naturel et le mouvement des astres est circulaire autour de la sphère terrestre, qui se trouve au centre de l'univers. Si plusieurs mondes existaient, il serait incohérent d'expliquer ces mouvements naturels. Le mouvement des astres n'aurait plus de sens. Les corps n'auraient pas de direction unique vers laquelle se déplacer. Les éléments dans différents mondes auraient des directions contradictoires et ce serait le chaos. « Il n'y aurait plus de mouvements naturels, mais des mouvements violents que semble contredire notre expérience immédiate [...]. La physique du philosophe ne peut admettre cette éventualité », remarquent Thibaut Gress et Paul Mirault[1].

À cette objection physique s'ajoutent des arguments logiques et téléologiques (ou finalistes) : Aristote accorde une grande importance aux causes finales et à la téléologie. Chaque chose, chaque être, a une finalité, une raison d'être. L'univers est un système ordonné et finalisé. Les mouvements des corps célestes, par exemple, sont expliqués non seulement par des causes mécaniques, mais aussi par des causes finales, leur désir de perfection et d'imitation du mouvement divin. Chaque élément de l'univers a ainsi une place et une fonction bien définies, une finalité dans une organisation intrinsèque. Chaque partie contribuant au tout de manière harmonieuse.

Or l'existence de plusieurs mondes créerait une dispersion et une pluralité venant compromettre cette finalité unique et cet ordre harmonieux de l'univers. Et cela est tout simplement inconcevable pour l'auteur du *Traité du Ciel*.

Cette réfutation téléologique s'appuie par ailleurs sur un argument purement logique : celui du principe de non-contradiction. Plusieurs mondes identiques iraient à l'encontre de ce principe. Aristote conçoit le ciel comme parfait, immuable et unique. Or la perfection implique l'unicité. Si plusieurs mondes existaient, il faudrait plusieurs cieux

1. *La Philosophie au risque de l'intelligence extraterrestre*, *op. cit.*, p. 37.

parfaits, ce qui contredirait l'idée d'unicité et de perfection. Si deux mondes parfaits existaient, ils seraient forcément identiques et l'un d'entre eux serait superflu et inutile.

On le voit, l'expérience, la physique, la finalité comme la logique sont autant de plans qui contribuent, pour Aristote, à discréditer la thèse de la pluralité des mondes qui n'est pas compatible avec sa conception du cosmos.

La vision aristotélicienne de l'univers, géocentrique et unique, va peu à peu s'imposer et devenir dominante au détriment de l'hypothèse de la pluralité des mondes. Comme le notent Gress et Mirault : « Le rôle majeur que jouera la philosophie d'Aristote dans l'élaboration de la pensée occidentale explique pourquoi cette idée d'une pluralité des mondes dut attendre plusieurs siècles avant de pouvoir réellement réapparaître avec Giordano Bruno qui sera – ce n'est pas un hasard – assimilé aux philosophes atomistes de l'Antiquité[1]. »

Il faudra en effet attendre la Renaissance pour voir ressurgir la possibilité d'une existence de formes de vie qui ne soient pas terrestres. Le monde médiéval chrétien, dominé par la scolastique et la théologie, s'avère beaucoup moins perméable et permissif dans ses hypothèses que celui des Anciens.

1. *La Philosophie au risque de l'intelligence extraterrestre*, *op. cit.*, p. 45.

Moyen Âge

La longue période du Moyen Âge (approximativement entre 500 et 1500) est en effet dominée par la pensée aristotélicienne et la cosmologie ptolémaïque géocentrée. Ces systèmes philosophiques et scientifiques, largement acceptés par l'Église catholique, structurent la compréhension du cosmos, jusqu'à la période avancée, que seule la Renaissance remettra pleinement en cause. L'idée d'autres mondes habités par des vies d'extraterrestres devient de plus en plus rare, largement remplacée par le dogme de la religion catholique et la vision géocentrique d'un univers centré sur la Terre, les cieux entourant la sphère terrestre.

Théologie chrétienne et pensée aristotélicienne s'accordent alors pour promouvoir une vision de la primauté et de l'unicité universelle de l'être humain au cœur de la création divine, conformément aux enseignements de l'Église. Pas de place pour des vies extraterrestres dans ce paradigme.

L'antique hypothèse de la pluralité des mondes semble ne plus avoir cours, du moins devient-elle largement minoritaire. Quand elle est considérée, c'est pour être immédiatement évacuée : ainsi au XIIIe siècle, Thomas d'Aquin aborde la question pour en rejeter l'idée affirmant que Dieu a créé un seul monde parfait. En effet, d'Aquin relève que Dieu, dans sa toute-puissance, aurait pu créer d'autres mondes. L'idée ne lui paraît théologiquement pas absurde. Néanmoins, il affirme qu'il n'en a créé qu'un seul, parfait, la Terre. Pourquoi donc en créer d'autres qui, au mieux, seraient identiques, puisque parfaits et sinon d'une moins grande perfection, donc sans intérêt ?

Il faut attendre le XVe siècle pour qu'un autre homme d'Église, Nicolas de Cues (1401-1464), cardinal et philosophe, spécule à nouveau sur l'infinité de l'univers et la possibilité que d'autres mondes existent avec des créatures différentes de celles que nous connaissons ici-bas.

De Cues est l'un des premiers à remettre en cause la cosmologie médiévale. En 1440, dans *De la docte ignorance*, il développe une philosophie qui reconnaît les limites de la connaissance humaine tout en affirmant une infinité de réalités et de perspectives. Pour de Cues, Dieu étant infini, il a créé un univers infini, sans centre ni limite. Ce dernier pourrait par ailleurs contenir une multitude de mondes, tous uniques et dotés de leurs propres caractéristiques, y compris d'y abriter possiblement la vie. « Le chapitre XII du deuxième livre de *La docte ignorance* [...] énonce explicitement les conséquences logiques qu'implique ce nouvel Univers appréhendé comme Infini contracté [...] et ouvre donc grande la porte à la possibilité qu'existent des intelligences extraterrestres », expliquent Gress et Mirault[1].

Et de fait, au cours d'une comparaison sur la noblesse et la perfection des astres, de Cues évoque explicitement l'hypothèse d'une vie extraterrestre : « Bien que Dieu soit le centre et la circonférence de toutes les régions des étoiles et que de lui procèdent les différentes natures de noblesses qui habitent dans chaque région, afin que des lieux célestes et stellaires ne restent pas vides et empêchent que la Terre

1. *La Philosophie au risque de l'intelligence extraterrestre*, *op. cit.*, p. 62.

soit seule à être habitée d'êtres inférieurs, il ne semble pas cependant que l'on puisse trouver de nature plus noble et plus parfaite que la nature intellectuelle, qui habite sur cette Terre comme dans sa région, même s'il y avait dans d'autres étoiles des habitants d'un autre genre », écrit-il dans *De la docte ignorance*.

Que sur d'autres étoiles des habitants d'un autre genre existent est tout à fait envisageable. Ce d'autant plus dans la mesure où cela ne remet pas en cause la supériorité de la noblesse de l'intelligence humaine, mais qu'au contraire cela atteste, par comparaison, sa perfection. Des extraterrestres, d'accord, mais à condition qu'ils ne soient pas plus intelligents et parfaits que nous, les Terriens ! L'important est que la primauté humaine soit sauvegardée, voire établie par l'existence de ces éventuelles créatures non humaines.

Ces spéculations novatrices sur le caractère infini de l'univers, la pluralité des mondes et l'hypothèse de leur peuplement vont préparer le terrain pour des penseurs comme Giordano Bruno, qui s'engouffreront dans l'argumentation pour en approfondir les thèses.

Giordano Bruno et l'infinité de l'Univers

Philosophe, théologien et astronome italien connu pour ses idées novatrices, Giordano Bruno (1548-1600) va apporter l'une des contributions les plus notables à la défense de la pluralité des mondes à une époque où l'idée était particulièrement radicale et controversée.

À la fin du XVIe siècle, les conceptions coperniciennes, affirmant que la Terre n'est pas le centre de l'univers mais qu'elle tourne autour du Soleil, commencent à se répandre, défiant la vision géocentrique traditionnelle adoptée par l'Église. L'idée d'une multiplicité des mondes va renaître avec la mise en cause du géocentrisme aristotélicien qui a prévalu jusqu'alors. Giordano Bruno va s'appuyer sur les travaux de Copernic pour proposer, notamment dans ses ouvrages *De l'infini, de l'univers et des mondes* (1584) et *Le Banquet des cendres* (1584), un modèle cosmologique révolutionnaire qui va bien au-delà de l'héliocentrisme.

L'astronome italien soutient que l'univers est infini et qu'il contient une multitude de soleils et de planètes, dont certains pourraient abriter la vie. Il avance en effet l'idée que les étoiles que nous voyons dans le ciel nocturne ne sont pas simplement des points lumineux fixes, mais des soleils lointains, chacun potentiellement entouré de ses propres planètes.

Cet univers infini, naturel et homogène est l'expression même de Dieu. Or, selon Bruno, une cause infinie ne peut se cantonner à des effets finis. Dieu a créé « une infinité de terres et une infinité de soleils », organisés selon le principe de l'héliocentrisme : « Il est donc d'innombrables soleils et un nombre infini de terres tournant autour de ces soleils, à l'instar de ces sept terres que nous voyons tourner autour du Soleil qui nous est proche[1]. »

La conception de Bruno appelle une réflexion sur l'immensité et la complexité du cosmos, invitant à repenser notre place dans l'univers. Mais surtout l'infinitisation de l'univers ouvre nécessairement la possibilité d'une existence extraterrestre, remettant en question la place unique de l'humanité dans l'univers. Et Bruno va même plus loin : il affirme aussi que certains de ces mondes doivent nécessairement être habités, et abriter des sociétés plus ou moins semblables à la nôtre.

L'Infini, l'Univers et les Mondes se compose de plusieurs dialogues philosophiques entre différents personnages. Dans le Troisième Dialogue, consacré aux implications philosophiques et théologiques de l'existence de nombreuses planètes habitables, on peut lire l'échange suivant entre Burchio et Fracastorio :

« Ainsi donc les autres mondes sont habités comme celui-ci ?

– S'ils ne sont pas habités ainsi, ou même mieux, ils ne le sont en tout cas pas moins, ni plus mal, parce qu'il est impossible qu'un esprit rationnel et un tant soit peu éveillé

1. Giordano Bruno, *L'Infini, l'Univers et les Mondes*, traduit et commenté par Bertrand Levergeois, Paris, Berg International, 1987, dernière réédition 2015, « Troisième Dialogue », p. 103.

s'imagine qu'ils soient privés de semblables et meilleurs, ces mondes innombrables qui apparaissent semblables à celui-ci, ou plus magnifiques. [...] Les membres innombrables et principaux de l'univers sont donc infinis, de même face, visage, prérogative, vertu et effet. »

Il serait donc, pour Bruno, totalement irraisonnable de penser que nous puissions être seuls dans l'univers. On le sait, Giordano Bruno paiera fort cher l'audace de ses thèses qui remettent en question le dogme de l'Église catholique. Son soutien à l'infinité de l'univers et à la pluralité des mondes a contribué à son arrestation et à sa condamnation par l'Inquisition : déclaré hérétique, il sera jugé, condamné à mort puis exécuté en 1600. Néanmoins, on ne tue pas une idée en supprimant un penseur. Les travaux de Giordano Bruno vont ouvrir une nouvelle ère, inspirant, dans son sillage, audace, résolution et fantaisie à Kepler, Fontenelle et Huygens.

Kepler et le songe de la Lune

La révolution copernicienne ayant renversé le modèle géocentrique de l'univers, la voie était ouverte à de nouvelles spéculations sur l'étendue et la nature du cosmos. Bien qu'elles restent largement spéculatives, les idées de pluralité des mondes et de la possibilité de vie sur d'autres planètes sont de plus en plus discutées. Depuis Giordano Bruno, les spéculations les plus audacieuses sur les autres mondes et leurs habitants ont de nouveau cours.

Bien que principalement connu pour ses contributions à l'astronomie, un autre esprit de premier plan a également influencé le débat sur la possibilité de l'existence de la vie extraterrestre. Johannes Kepler (1571-1630) est demeuré célèbre pour ses lois sur le mouvement des planètes. Ses travaux ont jeté les bases de la mécanique céleste moderne et ont profondément influencé la cosmologie.

Scientifique brillant, original et éclectique, Kepler est considéré comme l'un des plus grands astronomes de tous les temps, mais il est également l'auteur de travaux importants en optique, en géométrie et en dioptrique. Il a également été un astrologue renommé et a écrit plusieurs ouvrages dans ce domaine, à la limite des sciences. Il n'est donc pas surprenant qu'il se soit intéressé à la vie extraterrestre, notamment par le biais de la fiction.

Écrit en 1608, mais publié à titre posthume en 1634 par le fils de Kepler, *Somnium* est une œuvre unique combinant la fiction, les connaissances en astronomie et la spéculation philosophique. L'ouvrage est souvent considéré comme précurseur des œuvres de science-fiction qui fleuriront à partir du XIXe siècle. Il raconte un voyage sur la Lune et surtout décrit en détail comment la vie sur la Lune pourrait être différente de celle sur la Terre en raison des conditions environnementales différentes.

Le texte est né d'un exercice académique lorsque Kepler était étudiant, où il devait défendre les mouvements de la Terre autour du Soleil. *Somnium* est écrit sous la forme d'un rêve raconté par un narrateur fictif, Duracotus. Celui-ci a été vendu par sa mère, une sorcière islandaise, à un astronome danois. Il apprend l'astronomie et, par la suite, est initié à des secrets ésotériques. À travers un rêve, Duracotus est transporté par des démons vers la Lune.

Il fera là la rencontre d'une créature ailée dotée d'une intelligence supérieure, nommée Loth, qui va lui enseigner les lois de l'astronomie lunaire, révélant que la Terre apparaît comme une lune dans le ciel lunaire et que son mouvement apparent est causé par la rotation de la Lune sur elle-même. Loth lui transmettra également une description de la géographie lunaire, de sa zoologie comme de sa botanique qui peuple Subvolva et Privolva, les parties visibles et cachées de la Lune.

Au-delà du récit fictionnel, *Somnium* est pour Kepler l'occasion de diffuser et de populariser de nombreuses connaissances. Le texte ne se cantonne pas à une pure fantaisie fantasmagorique. Il est accompagné d'une seconde partie composée de notes explicatives où Kepler fournit des clarifications sur les aspects scientifiques et des justifications pour les éléments fictifs de son récit. Kepler utilise ces notes pour défendre les idées coperniciennes et pour expliquer les phénomènes astronomiques de manière pédagogique. De plus, une dernière partie, sélénographique (étude de la surface et du relief de la Lune), donne une description détaillée de la Lune telle qu'imaginée par Kepler.

C'est que le sujet n'est pas anecdotique pour le scientifique. Dans ses lettres, Kepler a pu évoquer occasionnellement la possibilité de vie extraterrestre. Il considérait que, si d'autres planètes étaient habitées, leurs habitants seraient adaptés à leurs environnements spécifiques, tout comme les créatures terrestres sont adaptées à la Terre. Le 4 décembre 1623, il écrit au mathématicien et astronome Matthias Bernegger :

« Deux années après mon retour à Linz, je commençais à travailler à nouveau sur l'astronomie de la Lune, ou plutôt à l'élucider par des remarques. […] Je dois ajouter à cela une observation que j'ai faite récemment en regardant la Lune au télescope, chose merveilleuse et remarquable : des villes encerclées de murs, comme on peut le voir par le dessin des ombres. Y aurait-il besoin d'avancer plus de justifications ? Campanella a écrit une *Cité du Soleil.* Ne pourrais-je pas écrire une *Cité de la Lune* ? Ne serait-il pas formidable de décrire les mœurs des cyclopes de notre temps, mais pour ce faire – il faut rester prudent – quitter la Terre pour se rendre sur la Lune ? Cependant, quel serait l'intérêt d'un tel voyage dans les airs ? More dans son *Utopie* comme Érasme dans son *Éloge de la folie* ont dû aborder bien des questions difficiles pour se protéger de la censure. Laissons donc les vicissitudes de la politique et restons dans les fraîches et vertes prairies de la philosophie. »

Kepler n'écrira pas un traité de philosophie mais aura prudemment recours à la fiction. Cependant, en imaginant un voyage vers la Lune et en décrivant des formes de vie extraterrestres, il reflète l'intérêt de nouveau grandissant pour ces questions et les spéculations qui leur sont afférentes, et lui apporte toute la caution de son indéniable autorité scientifique.

Bien que fictionnel, l'ouvrage sera une source d'inspiration pour de nombreux auteurs qui s'en serviront pour leurs descriptions de la vie souterraine des sélénites, par exemple, comme c'est le cas pour *The Man in the Moon* de Francis Godwin et *The Discovery of a World in the Moon* de John Wilkins, deux fictions parues en 1638, quatre ans après la publication du texte de Kepler. La voie est ouverte à de nouvelles façons de penser l'univers et notre place dans celui-ci. Et elle ne va désormais cesser d'être explorée par les esprits les plus brillants, parmi lesquels Bernard Le Bouyer de Fontenelle et Christiaan Huygens.

Fontenelle et la pluralité des mondes

Au XVIIe siècle, la pluralité des mondes a acquis d'éminents défenseurs chez les scientifiques de premier rang, comme chez les philosophes ou les écrivains. Fontenelle (1657-1757) en est le parangon. « Il semble que rien ne devrait nous intéresser davantage que de savoir comment est fait ce monde que nous habitons, s'il y a d'autres mondes semblables, et qui soient habités », écrit l'auteur des *Entretiens sur la pluralité des mondes* (1686). L'homme n'est pas un farfelu : philosophe, poète, mais aussi avocat, dramaturge et astronome, Fontenelle est un esprit éclectique partisan des Modernes et promoteur des avancées intellectuelles de son époque. Il sera nommé secrétaire perpétuel de l'Académie des sciences en 1697 et demeure l'un des précurseurs de la vulgarisation scientifique, avant l'entreprise de l'*Encyclopédie* menée sous l'impulsion de Diderot et d'Alembert.

Publié en 1686, l'ouvrage de Fontenelle représente un jalon important dans l'hypothèse d'une vie extraterrestre intelligente. Il va connaître une énorme popularité. C'est un essai de vulgarisation astronomique se composant de six parties. Chacune d'elles est une soirée structurée sous forme de dialogues entre un philosophe et une marquise curieuse de découvrir les avancées astronomiques de son époque.

Chacune des soirées entre la marquise et le philosophe est consacrée à un thème. Le premier est consacré à l'héliocentrisme. Il s'intitule : « Que la Terre est une planète qui tourne sur elle-même et autour du Soleil ». Il s'agit tout simplement de diffuser les conceptions astronomiques de Nicolas Copernic. À la fin du XVIIe siècle, les découvertes scientifiques de Copernic mais aussi de Kepler ou de Galilée ont révolutionné la vision traditionnelle géocentrique du cosmos. Mais l'héliocentrisme reste confidentiel et Fontenelle cherche à diffuser ces idées auprès d'un plus large public que celui des scientifiques, notamment les esprits éclairés ou en demande de lumières, représentés ici par la marquise.

Mais très vite apparaît le thème d'une possible vie extraterrestre. « Que la Lune est une Terre habitée » est le thème, et le titre, de la deuxième soirée qui se poursuivra d'une troisième, « Particularités du Monde de la Lune. Que les autres Planètes sont habitées aussi ». La Lune, toujours et encore, objet premier de toutes les projections depuis Lucien de Samosate.

Et si la Lune est habitée, pourquoi les autres planètes du système solaire ne le seraient-elles pas ? Le quatrième soir est consacré à une comparaison des différentes particularités des mondes de Vénus, Mercure, Mars, Jupiter et Saturne.

Là encore, le philosophe s'attache à démontrer la plausibilité de la vie extraterrestre, même devant les doutes de la marquise : « La Lune, selon toutes les apparences, est habitée, pourquoi Vénus ne le serait-elle pas aussi ? », questionne Fontenelle par la voix du philosophe avant de poursuivre : « Mais, interrompit la marquise, en disant toujours "Pourquoi non ? Vous m'allez mettre des habitants dans toutes les planètes ?" "N'en doutez pas, répliquai-je, ce 'pourquoi non ?' a une vertu qui peuplera tout. Nous voyons que toutes les planètes sont de la même nature, toutes des corps opaques qui ne reçoivent de la lumière que du Soleil, qui se la renvoient les uns aux autres, et qui n'ont que les mêmes mouvements, jusque-là tout est égal. Cependant, il faudrait concevoir que ces grands corps auraient été faits pour n'être point habités, que ce serait là leur condition naturelle, et qu'il y aurait une exception justement en faveur de la Terre toute seule. Qui voudra le croire le croie ; pour moi, je ne m'y puis pas résoudre." »

On le voit, Fontenelle utilise ici un argument finaliste, à rebours : comment toutes ces planètes, appartenant au même système, pourraient-elles ne pas être habitées, alors que la Terre, elle, l'est ? L'hypothèse de la Terre rare est ici présentée comme absurde.

Le texte de Fontenelle ne se veut pas une fantaisie mais bel et bien un discours argumenté en faveur de la pluralité des mondes et de l'existence d'une vie non terrienne. Comme le relèvent Gress et Mirault, « il ne s'agit pas initialement de prouver positivement l'existence d'intelligences extraterrestres mais bien plutôt de réfuter la réputation de son impossibilité[1] ». Soit.

D'ailleurs, lorsque la marquise interroge le philosophe sur la nature supposée de ces êtres, son interlocuteur fait d'abord preuve de circonspection. « Quelles sortes de gens seraient-ce donc ? reprit la marquise avec un air d'impatience. De bonne foi, Madame, répliquai-je, je n'en sais rien. S'il se pouvait faire que nous eussions de la raison, et que nous ne fussions pourtant pas hommes, et si d'ailleurs nous habitions la Lune, nous imaginerions-nous bien qu'il y eût ici-bas cette espèce bizarre de créatures qu'on appelle le genre humain ? Pourrions-nous bien nous figurer quelque chose qui eût des passions si folles, et des réflexions si sages ;

1. *La Philosophie au risque de l'intelligence extraterrestre*, *op. cit.*, p. 95.

une durée si courte, et des vues si longues, tant de science sur des choses presque inutiles, et tant d'ignorance sur les plus importantes ; tant d'ardeur pour la liberté, et tant d'inclination à la servitude ; une si forte envie d'être heureux, et une si grande incapacité de l'être ? Il faudrait que les gens de la Lune eussent bien de l'esprit, s'ils devinaient tout cela. »

C'est d'ailleurs pourquoi le philosophe explique également que les habitants de la Lune pourraient avoir une vision très différente de la nôtre. Il imagine que, pour eux, la Terre pourrait apparaître comme une petite lune dans leur ciel, changeant de phase comme notre Lune le fait pour nous. On comprend bien ici que Fontenelle utilise une image pour illustrer la relativité des points de vue et encourager le lecteur à envisager des perspectives totalement nouvelles et à remettre en question leur vision géocentrique de l'univers.

Mais la spéculation sur l'existence d'habitants d'autres planètes n'est pas non plus un pur artifice stratégique. Si cela avait été le cas, la cause était entendue. Mais Fontenelle ne s'en tient pas là. Ces spéculations sont même l'occasion d'envisager un contact : « L'art de voler ne fait encore que de naître, il se perfectionnera, et quelque jour on ira jusqu'à la Lune », affirme de façon péremptoire le philosophe. À la marquise dubitative sur nos capacités à pouvoir voler jusqu'à la Lune, il ajoute : « Si vous voulez qu'on vole toujours si mal ici, on volera mieux dans la Lune ; les habitants seront plus propres que nous à ce métier ; car il n'importe que nous allions là, ou qu'ils viennent ici [...]. Les gens de la Lune savent peut-être déjà faire de petits voyages dans l'air, à l'heure qu'il est, ils s'exercent ; quand ils seront plus habiles et plus expérimentés, nous les verrons, et Dieu sait quelle surprise » (« Second soir »).

Encore une fois, rien ne permet de savoir précisément ce que peuvent ou pourraient être ces habitants de la Lune ou bien des autres planètes. Tout n'est qu'hypothèses, conjectures, déduction et imagination. Fontenelle répétera cette précaution liminaire dans le texte du « Quatrième soir » : « Il fallut donc se résoudre à ignorer les figures des habitants de toutes ces planètes, et se contenter d'en deviner ce que nous pourrions, en continuant le voyage des mondes que nous avions commencé. »

Néanmoins, les conjectures peuvent alimenter toutes les spéculations et enflammer l'imagination, notamment lorsqu'il s'agit de celle d'une femme – la marquise, en l'occurrence. Des caractéristiques de la planète Vénus, celle-ci croit pouvoir induire les particularités de ses habitants. Et Fontenelle de laisser libre cours à sa fantaisie : « "Je vois présentement, interrompit la marquise, comment sont faits les habitants de Vénus. Ils ressemblent aux Mores grenadins, un petit peuple noir, brûlé du soleil, plein d'esprit et de feu, toujours amoureux, faisant des vers, aimant la musique, inventant tous les jours des fêtes, des danses et des tournois." "Permettez-moi de vous dire, Madame, répliquai-je, que vous ne connaissez guère bien les habitants de Vénus. Nos Mores grenadins n'auraient été auprès d'eux que des Lapons et des Groenlandais pour la froideur et pour la stupidité." »

Nous sommes loin de la réserve initiale et de la précaution sceptique. Il n'y a qu'un pas de la spéculation à la divagation, et la marquise – à moins que ce ne soit Fontenelle lui-même – le franchit allègrement dans la comparaison, prouvant ainsi, si besoin était, que celle-ci n'est pas toujours raison. Après les habitants de Vénus, c'est au tour de ceux de Mercure :

Les « habitants de Mercure ? Ils sont plus de deux fois plus proches du Soleil que nous. Il faut qu'ils soient fous à force de vivacité. Je crois qu'ils n'ont point de mémoire [...], qu'ils ne font jamais de réflexion sur rien, qu'ils n'agissent qu'à l'aventure, et par des mouvements subits, et qu'enfin c'est dans Mercure que sont les Petites Maisons de l'univers.-[…]-Leur année n'est que de trois mois. La durée de leur jour ne nous est point connue, parce que Mercure est si petit et si proche du Soleil, dans les rayons duquel il est presque toujours perdu, qu'il échappe à toute l'adresse des astronomes, et qu'on n'a pu encore avoir assez de prise sur lui, pour observer le mouvement qu'il doit avoir sur son centre ; mais ses habitants ont besoin qu'il achève ce tour en peu de temps ; car apparemment brûlés comme ils sont par un grand poêle ardent suspendu sur leurs têtes, ils soupirent après la nuit. Ils sont éclairés pendant ce temps-là de Vénus, et de la Terre qui leur doivent paraître assez grandes. Pour les autres planètes, comme elles sont au-delà de la Terre vers le firmament, ils les voient plus petites que nous ne les voyons, et n'en reçoivent que bien peu de lumière. »

Un peu avant Montesquieu qui produira une théorie des climats induisant le caractère des individus du milieu physique dont ils étaient issus, Fontenelle élabore une « théorie des astres » déduisant la nature des créatures des propriétés des planètes qu'ils sont censés habiter. Aussi loufoques qu'elles puissent paraître, ces conjectures illustrent comment les conditions environnementales peuvent influencer la forme et la taille des êtres vivants et invitent les lecteurs à envisager la diversité de la vie dans l'univers et à penser au-delà des limites de leur propre expérience.

Huygens et les terres célestes habitées

Parmi ceux-ci, Christiaan Huygens (1629-1695). L'astronome, physicien et mathématicien hollandais, lecteur critique de Fontenelle (dont il saluera néanmoins l'ingéniosité), va jouer un rôle pionnier dans l'exploration scientifique de la possibilité de vie extraterrestre.

Considéré comme l'un des plus grands scientifiques de son temps, si ce n'est de tous, il est entre autres à l'origine de l'horloge à pendule comme la théorie ondulatoire de la lumière. Huygens est également célèbre pour avoir notamment découvert la lune de Saturne, Titan, et pour être le premier à avoir donné une description de la nature des anneaux de Saturne. C'est peu de dire que ses travaux ont eu un impact profond sur le développement de la science moderne.

Christiaan Huygens va s'inscrire dans les pas de Giordano Bruno et de son hypothèse sur la pluralité des mondes habités. L'argument est connu : l'univers est rempli d'étoiles semblables à notre Soleil, chacune potentiellement entourée de planètes. Étant donné l'immensité et la diversité de l'univers, il est assez improbable que la Terre soit la seule planète habitée. L'idée lui paraît même native de l'astronomie :

« Il est vrai que dès l'origine de l'Astronomie, aussitôt qu'on eut compris que la forme de la Terre est Sphérique et que l'éther l'entoure de toutes parts, il s'est vu des gens osant dire qu'il y a d'autres mondes dans les étoiles, d'innombrables mondes même», écrit Huygens dans *Cosmotheoros*, son dernier ouvrage.

Durant les dernières années de sa vie, l'astronome travailla en effet sur un «traité philosophique» adressé à son frère Constantijn qui ne sera publié qu'en 1698, trois ans après sa mort: *Cosmotheoros ou Conjectures concernant les Terres célestes et leurs habitants* (1698). S'inspirant des thèses coperniciennes tout en s'appuyant sur ses propres observations, ce traité expose ses réflexions sur la structure de l'univers et développe l'idée d'autres formes de vie autour d'autres soleils. «Il n'est guère possible, mon cher frère, qu'un adepte de Copernic, considérant la Terre que nous habitons comme une des Planètes en mouvement autour du Soleil et recevant de lui toute leur lumière, ne se figure parfois qu'il n'est pas déraisonnable d'admettre que, de même que notre Globe, les autres aussi ne soient pas dépourvus de culture et de parure, ni peut-être d'habitants», écrit Christiaan Huygens à son frère.

Et Huygens compte bien en faire la démonstration, à la différence de ses illustres prédécesseurs dont il considère les travaux de façon assez critique: «Quant aux auteurs postérieurs tels que le Cardinal de Cuse, Bruno et Kepler, dont le dernier écrit que tel était aussi le sentiment de Tycho Brahé, ils ont sans doute attribué des habitants aux différentes Planètes, le Cardinal de Cuse et Bruno même au Soleil et aux étoiles fixes. Mais ni les uns ni les autres n'ont apparemment fait une sérieuse recherche sur ces habitants, et la même remarque s'applique à l'auteur Français qui a récemment publié un ingénieux dialogue sur la pluralité des Mondes[1]. Quelques-uns d'entre eux ont seulement

1. *Note des Auteurs*: il s'agit, bien sûr, de Fontenelle.

inventé, par plaisanterie, certaines fables sur les peuples de la Lune, lesquelles ne sont pas beaucoup plus vraisemblables que celles de Lucien que vous connaissez. Je compte parmi celles-ci les fantaisies de Kepler dont il a bien voulu nous amuser dans son rêve Astronomique. »

Huygens n'échappera pas aux conjectures pour autant. Et ses considérations sur la vie extraterrestre resteront, elles aussi, hautement spéculatives malgré l'aspect rationnel et déductif que veut leur imposer son auteur. Huygens envisage ainsi une grande diversité de formes de vie, adaptées à leurs environnements spécifiques. Il s'inspire de la diversité biologique de la Terre pour spéculer sur des créatures potentiellement très différentes des humains, adaptées aux conditions uniques de leurs planètes respectives. Il estime également que les civilisations extraterrestres connaissent elles aussi les arts et les sciences tout comme la guerre, la pauvreté et les afflictions de toutes sortes. « Car, écrit-il, c'est là où nous conduisent les inventions et le progrès. » Soit.

Néanmoins, les idées de Huygens sur la vie extraterrestre vont avoir un impact significatif sur la pensée ultérieure, notamment sur celle d'un penseur majeur qui en fera une source d'inspiration conjointement aux écrits de Fontenelle : Emmanuel Kant.

Kant et le ciel étoilé

« Deux choses remplissent le cœur d'une admiration et d'une vénération toujours nouvelles et toujours croissantes [...] le ciel étoilé au-dessus de moi et la loi morale en moi. » Ainsi s'exprime Emmanuel Kant en 1788 dans la *Critique de la raison pratique*. L'ouvrage fait suite à la célèbre *Critique de la raison pure*, publiée initialement en 1781 puis remaniée en 1787. Le philosophe se penche alors sur la fondation de la morale et cherche à identifier la source de nos obligations morales pour expliquer comment il est possible de fonder une morale universelle et objective.

Emmanuel Kant n'est pas à proprement parler un philosophe porté sur l'emphase ni même sur le sentimentalisme, fût-il cosmique. Considéré comme l'un des plus grands philosophes de tous les temps, c'est un esprit sec, rigoureux et souvent rugueux. Il est la figure majeure de l'*Aufklärung*, les Lumières allemandes, et fondateur du criticisme (philosophie critique). Son œuvre exercera une influence considérable, notamment à partir de la publication d'un ouvrage aussi mythique que difficile à lire : la *Critique de la raison pure*, monument inaugural d'une nouvelle ère de pensée.

Quel rapport peut donc entretenir Emmanuel Kant avec la question extraterrestre ? Bien qu'il ne fasse pas de la vie extraterrestre un sujet central de sa philosophie, Kant a montré très tôt un intérêt pour cette possibilité dans ses écrits cosmologiques et ses spéculations scientifiques. Il a, ainsi, envisagé un univers peuplé de nombreux mondes, certains pouvant être habités par des formes de vie intelligentes. « Lecteur de Fontenelle et de Huygens, Kant manifesta très tôt sa conviction que l'univers était peuplé d'intelligences extraterrestres souvent décrites comme plus évoluées que l'humanité », écrit Thibault Gress[1].

Des 1755, dans son *Histoire générale de la nature et Théorie du Ciel*, sa première publication, Emmanuel Kant propose une vision du cosmos où il spécule sur l'existence d'autres mondes habités. « Dans l'empire de la nature, les mondes et les systèmes ne sont que de la poussière de soleils vis-à-vis de la création entière », écrit le philosophe qui, après avoir considéré la formation de notre système solaire, va se livrer à une étude comparative des différentes planètes de notre système. Mais il va plus loin en envisageant un univers rempli de systèmes stellaires et planétaires. Kant trouve en effet plausible que les lois naturelles, qui permettent la vie sur Terre, puissent également permettre la vie ailleurs. Il est possible que d'autres systèmes solaires existent, explique-t-il, et avec eux des planètes habitables. Non seulement les univers peuvent être infinis mais de surcroît contenir des mondes peuplés.

Et ce n'est là qu'une question de possibilité et… d'imagination : « Je suis d'avis qu'il n'est pas nécessaire d'affirmer que toutes les planètes doivent être habitées, ce serait pourtant une absurdité que de le nier à propos de toutes, ou bien seulement de la plupart », va jusqu'à écrire le jeune auteur de l'*Histoire générale de la nature et Théorie du Ciel*. Avant d'ajouter : « Lorsqu'il s'agit de définir les propriétés des habitants

1. Iphilo.fr

des mondes lointains », on a « le droit de lâcher la bride à la fantaisie, avec plus d'abandon même que le peintre qui veut figurer les plantes et les animaux de terres inconnues ». Il est donc envisageable que les formes de vie extraterrestres puissent être diverses et très différentes des humains, adaptées aux conditions particulières de leurs mondes respectifs. Ne pas le considérer serait même absurde. Voilà qui peut paraître bien étrange pour un philosophe aussi rationnel qui celui qui rédigera la *Critique de la raison pure*.

Audace de jeunesse d'un penseur qui n'a pas encore atteint la maturité et n'a pas été réveillé de son « sommeil dogmatique » comme il a pu l'affirmer bien des années plus tard au sujet de David Hume ? Manifestement pas, car Emmanuel Kant maintiendra son intérêt et son opinion bien des années plus tard, notamment dans la fameuse *Critique de la raison pure* publiée en 1781 (soit plus de vingt-cinq ans après la *Théorie du ciel*). On peut en effet y lire ceci : « S'il était possible de décider la chose par quelques expériences, je parierais bien toute ma fortune que quelqu'une au moins de ces planètes que nous voyons est habitée. Aussi n'est-ce pas simplement une opinion, mais une ferme foi qui me fait dire qu'il y a aussi des habitants dans d'autres mondes. » Kant persiste et signe.

Comment Emmanuel Kant peut-il affirmer une pareille foi dans cette pierre angulaire de la raison critique qu'est la *Critique de la raison pure* ? La réponse est, là aussi, dans l'ouvrage : « Je dus abolir le savoir afin d'obtenir une place pour la croyance », écrit le philosophe de Königsberg.

Il est important de noter que, bien que Kant ait cru en l'existence d'une vie extraterrestre, il ne s'agissait pas d'une croyance fondée sur des preuves empiriques ni même sur des observations, mais plutôt sur des raisonnements « purs ». Il ne s'agit donc pas là de connaissance mais de croyance.

Pour Kant, toute connaissance est une combinaison, le produit de deux facultés : la sensibilité et l'entendement. Pour connaître, nous avons impérativement besoin de la sensibilité, avec ses intuitions, et de l'entendement, avec ses concepts. Tout l'objet de la *Critique de la raison pure* est de montrer que les problèmes en matière de connaissance surviennent lorsque les perceptions sont fausses ou discutables, ou lorsque la raison s'affranchit de la perception pour devenir « pure ». Alors les champs du savoir sont excédés et font place à ceux de la croyance qui n'en sont pas moins inévitables. Ainsi, Dieu, la liberté, la totalité du monde, l'âme et toutes les questions de la métaphysique ne sont pas des objets de savoir, mais des Idées qui relèvent de la croyance, explique Kant. Or le problème avec les questions de métaphysique, c'est qu'on peut tout en dire et n'importe quoi. Et, justement, la question extraterrestre peut finalement se rapporter à la métaphysique. L'existence d'autres mondes habités est une question de foi, alimentée par la probabilité et l'imagination à laquelle on ne peut échapper.

Après avoir aboli le savoir pour faire une place à la croyance, « je dus lâcher la bride à la fantaisie, pour faire une place à l'extraterrestre », nous dit en quelque sorte Kant, car, en dernière instance, on ne peut pas se soustraire à cette question, ni y apporter de réponse sans excéder les limites de la raison.

XXe siècle

Aujourd'hui, les extraterrestres font partie intégrante de notre culture populaire et ils continuent de nous fasciner et de nous interroger sur la place de l'humanité dans l'univers. Il est important de rappeler que la science n'a pas encore prouvé l'existence de vie extraterrestre. Cependant, l'idée qu'il puisse y avoir d'autres formes de vie dans l'univers semble continuer de captiver l'imagination humaine et d'inspirer de nombreux artistes et scientifiques. Et, surtout, elle semble être une évidence, tant elle est devenue un lieu commun du cinéma et de la télévision. La figure de l'extraterrestre a continué d'évoluer au XXe siècle, avec l'apparition de nouveaux sous-genres de science-fiction et la diffusion de films et de séries télévisées populaires tels que *La Guerre des mondes* et *Star Trek* (1966) ou bien *X-Files*, *Les Envahisseurs* (1967) mais aussi *Alf* (1986).

Dès les premières années de sa naissance, le cinéma tout particulièrement a joué un rôle prépondérant dans l'intégration des extraterrestres dans l'imaginaire collectif. Pour mémoire, la première projection publique payante, organisée par les frères Lumière, a lieu en décembre 1895, au Salon indien du Grand Café à Paris. Sorti en 1902, *Le Voyage dans la Lune* de Georges Méliès demeure célèbre pour son audace et ses innovations visuelles. La scène de l'alunissage de la fusée dans l'œil de la lune représentée par un visage est, aujourd'hui encore, iconique. Le film muet d'une douzaine de minutes est inspiré des œuvres de Jules Verne et H. G. Wells. Il met en scène un groupe d'astronautes qui entreprennent un voyage sur la Lune. Après avoir aluni, ils découvriront un paysage rempli de champignons géants et rencontreront là d'étranges sélénites à la tête d'insectes dont on peut se demander si la consommation des premiers n'est pas hallucinogène tant leur comportement est frénétique et manifestement pas tout à fait bienveillants. Capturés et obligés de comparaître devant la cour du roi sélénite, les astronautes en redingote arriveront à s'échapper après avoir fait exploser quelques extraterrestres… à coups de parapluie ! Cela ne s'invente pas ! Il est d'ailleurs à noter que le film de Méliès attribue l'initiative des hostilités aux êtres humains, puisque le premier extraterrestre rencontré sera anéanti à coups de parapluie explosif, provoquant l'ire de ses congénères.

Le film marquera les esprits et l'histoire du cinéma, nous l'avons dit, pour ses prouesses techniques. Mais il nous semble qu'un autre point n'est que rarement mentionné : toute la scénographie attachée au personnage de l'extraterrestre est déjà inscrite dans ces quelques minutes en noir et blanc : l'extraterrestre n'a pas un comportement immédiatement lisible, il paraît même menaçant, l'humain se sent en danger et croit bon de se défendre en l'attaquant ; alors l'extraterrestre devient ouvertement hostile, ouvrant une confrontation. Ce canevas universel sera la trame d'un nombre incommensurable d'autres productions.

Le thème a particulièrement explosé sur les écrans à partir des années 1950. En effet, la décennie connaît aux États-Unis une vague d'observations qui alimente l'intrigue du public pour les extraterrestres, rendant l'idée de visiteurs d'autres mondes plus concrets pour beaucoup. En juillet 1947 notamment, éclate la célèbre affaire de Roswell, probablement la plus retentissante et controversée liée aux OVNI et à la possibilité de visites extraterrestres. Près de Roswell, au Nouveau-Mexique, des débris métalliques étranges sont découverts sur un ranch. L'armée américaine annonce initialement avoir récupéré un « disque volant », avant de se rétracter et d'affirmer qu'il s'agissait d'un ballon-sonde. De nombreuses théories vont alors fleurir, affirmant qu'un vaisseau extraterrestre s'est écrasé et que le gouvernement a dissimulé la vérité.

L'affaire de Roswell alimente l'imagination comme l'intérêt du grand public pour le sujet. Une aubaine pour la production cinématographique. Dès 1951 sort sur les écrans *La Chose d'un autre monde* de Christian Nyby, qui deviendra un classique du film d'horreur extraterrestre : une équipe de scientifiques basée dans une station de recherche militaire en Arctique découvre un vaisseau spatial enfoui sous la glace. En tentant de le dégager avec des explosifs, ils détruisent accidentellement le vaisseau mais trouvent un extraterrestre congelé. Lorsque celui-ci revient à la vie, il commence à attaquer les membres de l'équipe, absorbant leur sang pour se nourrir et se régénérer. La chose d'un autre monde influencera de nombreux autres films et fera l'objet d'un *remake* tourné par John Carpenter en 1982.

La matrice narrative est là, comme le public toujours croissant, qui assure le succès de ces films mettant en scène des extraterrestres. Un nouveau genre naît dont on ne compte plus les films. Citons néanmoins *Rencontres du troisième type* (1977) de Steven Spielberg qui explore le premier contact entre l'humanité et une civilisation extraterrestre avancée. Passionné par le sujet, Spielberg réalisera quelques années plus tard *E.T. l'extraterrestre* (1982), film emblématique d'une époque qui raconte l'amitié entre un jeune garçon et un extraterrestre pour une fois bienveillant, popularisant la figure extraterrestre comme une créature amicale et touchante. Mais, en contrepoint, il portera également à l'écran, en 2005, le classique de H. G. Wells (publié en 1898) *La Guerre des mondes*, où des créatures non terriennes menacent inexorablement l'existence de l'humanité, qui ne devra son salut fortuit qu'à un autre type d'organisme, lui aussi menaçant : les microbes !

On peut également citer la série de films d'*Alien* (Ridley Scott, 1979) et de ses suites, mettant en scène une créature de l'espace terrifiante, défiant l'équipage du *Nostomo*.

De *Le Jour où la Terre s'arrêta* (Robert Wise, 1951) à *Premier Contact* (Denis Villemneuve, 2016) en passant par *Invasion Los Angeles* (John Carpenter, 1989), *District 9* (Neill Blomkamp, 2009) ou *The Edge of tomorrow* (Doug Liman, 2014), les exemples pourraient être multipliés à loisir, tant le nombre de films mettant en scène des extraterrestres et/ou une invasion extraterrestre sont nombreux.

Mais ce n'est pas là notre objet. Il nous importe plutôt de comprendre ce que signifie cette profusion. Disons-le tout de suite : l'extraterrestre est devenu la figure allégorique préférée du 7e art. Et si la figure de l'extraterrestre devient une référence cinématographique de premier plan à partir des années 1950, ce n'est pas seulement dû à la multiplication des observations de phénomènes OVNI. Cet engouement a également été influencé et favorisé par le contexte sociopolitique, historique et de la situation internationale de l'époque comme des suivantes. En effet, la représentation des extraterrestres et la fascination pour la vie extraterrestre vont varier avec le temps et les contextes. Chaque film, chaque livre ou chaque œuvre d'art en propose une vision propre, reflétant les préoccupations et les aspirations de son temps, comme un miroir déformant tendu à l'humanité.

Ainsi, le cinéma américain tout particulièrement s'est saisi et servi de cette figure en tant qu'allégorie. Les années 1950 sont marquées par la guerre froide. La peur de l'arme nucléaire et du «bolchevik» nourrit l'imaginaire collectif. Les films d'invasion extraterrestre prennent alors un nouveau sens, et des fins de propagande politique à peine cryptées: souvent représentés comme des envahisseurs venus d'autres planètes, les extraterrestres symbolisent cette menace extérieure. Ils représentent bien commodément la menace communiste et la diffusent! Et l'allégorie subsistera à l'effondrement du bloc soviétique. Au cours des décennies suivantes, les extraterrestres continueront à être utilisés pour symboliser toute menace extérieure, qu'il s'agisse du terrorisme, de l'immigration ou du changement climatique.

Dépositaire de l'inconnu et de la peur de l'extérieur, de l'autre, l'extraterrestre peut être vu comme une métaphore de l'étranger radical (cf. interview avec Hassen Chalghoumi), de tout ce qui est différent de nous et nous met au défi. Au travers de la peur de l'invasion, de la contamination ou de l'anéantissement, il symbolise nos peurs les plus profondes, nos angoisses les plus archaïques. Il est cette terrifiante étrangeté qui nous renvoie à nous-mêmes, à nos limites comme à nos capacités de surpassement individuel comme collectif. Car l'extraterrestre est aussi le catalyseur rassemblant l'humanité, mettant de côté les différences internes pour affronter un ennemi commun. Il peut paradoxalement symboliser l'espoir d'unité mondiale et de coopération comme l'affirmait Ronald Reagan lors d'un sommet à Genève en 1985 (cf. 2e partie).

Derrière l'outil de propagande politique, plus ou moins consciemment manipulé, l'image de l'extraterrestre agit aussi comme un miroir pour réfléchir nos propres sociétés et, plus largement, pour explorer la condition humaine. Par-delà les peurs et la paranoïa, « ils » sont l'occasion et le vecteur permettant de nous poser des questions fondamentales sur notre place dans l'univers, notre identité et notre avenir. Ils convoquent nos idéaux et nos aspirations comme nos lâchetés et nos bassesses.

Finalement, il n'est absolument pas surprenant que le cinéma se soit à ce point emparé de cette figure de l'extraterrestre et en ait fait une évidence incontournable de la culture populaire, alors même que, répétons-le, la vie en dehors de la Terre n'a pas (encore ?) été ni prouvée ni trouvée. Comme l'écran, dont il est la personnification par excellence, l'extraterrestre est une surface de projection.

C'est pour cela que la figure de l'extraterrestre est en constante mutation, s'adaptant aux connaissances et aux préoccupations qui nous sont contemporaines. L'exploration spatiale croissante et la possibilité de découvrir une vie extraterrestre réelle pourraient encore façonner la façon dont nous percevons et interagissons avec ces représentations dans la culture populaire.

À n'en pas douter, cette figure de l'extraterrestre continuera d'évoluer au XXIe siècle, reflétant nos attentes et nos découvertes à venir. Son influence indéniable sur notre culture ne peut que se renforcer encore… jusqu'à ce que nous trouvions, un jour peut-être, la preuve d'une vie au-delà de la Terre ?

Table des matières

I.
UNE ACTUALITÉ SIDÉRANTE

II.

ENQUÊTE : LES EXPERTS TÉMOIGNENT

III.

PETITE HISTOIRE DES MONDES EXTRATERRESTRES : DE L'ANTIQUITÉ À NOS JOURS